CPDA®数据分析师专业技术考试教材

U0169467

SHUJU FENXI JICHU

数据分析基础

中国商业联合会数据分析专业委员会 编著

中国商业出版社

图书在版编目(CIP)数据

数据分析基础 / 中国商业联合会数据分析专业委员会编著. —北京：中国商业出版社，2021.7

CPDA数据分析师专业技术考试教材

ISBN 978－7－5208－1645－8

Ⅰ. ①数… Ⅱ. ①中… Ⅲ. ①数据处理－资格考试－教材Ⅳ. ①TP274

中国版本图书馆CIP数据核字(2021)第101191号

责任编辑:朱丽丽

中国商业出版社出版发行

010－63180647　www.c-cbook.com

(100053　北京广安门内报国寺1号)

新华书店经销

三河市中晟雅豪印务有限公司印刷

★

787毫米×1092毫米　16开　18.5印张　436千字

2021年7月第1版　　2021年7月第1次印刷

定价:60.00元

★ ★ ★ ★

(如有印装质量问题可更换)

前　言

　　数据资源被视为 21 世纪的"石油"！当前，我国政府和企业均高度重视大数据的开发与利用，大数据为社会和经济的发展带来了机遇，但大数据时代的数据分析也面临许多新的挑战，传统的数据分析思维和方法并不完全适用于大数据分析。这就要求数据分析人才能够运用正确的数据分析方法收集和整合各种数据，选取合理的模型，挖掘这些数据背后的价值，实现企业利润最大化以及社会资源的最优配置。

　　自我国于 2003 年底正式设立"数据分析师"考培认证以来，该项目获得了众多数据分析相关工作者的关注与支持，各地政府机关和企业将其作为人才引进的考察依据，每年的考生人数也呈递增态势。为了更好地帮助企业做好数据化转型，避免无效引入数据化软件，也为引导每一位数据分析人员跳出"分析工具＝数据分析"的误区，助力打通数据价值最后一公里，中国商业联合会数据分析专业委员会组织专家精心编写了此套辅导用书。作为 CPDA 数据分析师专业技术考试教材，在编写的过程中，全书既注重内容的新颖性，理论的成熟性，又强调了方法的实用性，并通过分析大量业界的实际案例，做到了理论联系实际，既有助于读者认识数据分析的全过程，又与国际接轨，符合企业实际。

　　本套书共有三本：《数据分析基础》《客户与产品数据分析》和《供应链优化与投资分析》。三本书是一个相对完整的体系，且各有侧重。

　　《数据分析基础》侧重于介绍数据分析的理论知识与方法，为《客户与产品数据分析》和《供应链优化与投资分析》的学习提供基础性知识和技能工具，注重培养数据分析的底层思维，旨在帮助读者了解数据分析的基本流程，掌握数据分析的基本方法，培养大数据爆炸时代解决问题所需的数据分析思维。全书从实战的角度出发，采用了大量真实案例，既完整体现了数据分析的严谨性和系统性，又增加了学习的趣味性，有助于提高读者的操作能力以及更好地构建数据化思维。

《客户与产品数据分析》侧重在企业经营过程中，针对不同类型的客户和产品所需要的数据分析，提供各种经济学分析模型和方法，注重培养数据分析思维在客户分析和产品分析中的应用。系统地阐述了数据分析在客户分析和产品分析中的应用，介绍了客户分析和产品分析的基础知识和模型方法，旨在帮助读者了解客户和产品数据的价值，掌握客户分析和产品分析的模型和方法，为企业运营策略提供最优的规划方案。

《供应链优化与投资分析》侧重在供应链体系中的最优配置和在投资项目决策中所需要的决策依据，为企业的优化和投资提供合理的数学模型，注重培养数据分析思维在供应链和投资上的应用。旨在分析供应链流程优化和投资分析等多方面内容，提供深度的市场机会研究，以专业的研究方法发现投资价值和投资机会，解决数据应用问题，使供应链在各个价值转换过程产生的数据具备商业价值。

每本教材最后均提供了考试内容解读和考试真题讲解，帮助考生充分了解近年来考试全貌，体会考试特点，为真正走进考场应试提前做好准备。

本书在编写过程中参阅了多位专家和同行的文献和著作，从中深受启发。感谢各位专家和同事的大力支持与帮助，在此对他们的辛苦工作表示感谢！

由于时间仓促和编者水平有限，书中难免有不妥之处，恳请读者批评指正。联系邮箱：services@chinacpda.org。

中国商业联合会数据分析专业委员会

目　录

第1章

数据分析概述

1.1 数据分析的兴起

数据分析早在 1954 年就有关于企业数据分析团队内容的资料。现在数据分析在商业和组织运营中所体现的作用越来越明显,主要原因有:数据量不断增长、分析数据的计算机和软件功能强大。

也正因如此,有关数据分析的计划、工作和组织正在全世界各地涌现。根据相关资料显示:在 1990—2010 年,从事数据分析和数据科学工作的人数已增长了 10 倍。几乎每家大型咨询公司都已提出了一种数据分析实践。2005—2012 年,使用术语"数据分析"来进行搜索的数量已增长了 20 多倍;2010 年,使用术语"大数据"来进行搜索的数量呈现了一个更加惊人的上升趋势。这个时代已经被称为"数据分析时代""算法时代"。

数据分析作为一项"企业"资源,正逐渐被忽视。也就是说,人们不再将数据分析分离成几小块内容,如市场调研、精算或质量管理,而是意识到数据分析能让整个企业受益。在整个企业中,人们正在储备和评估那些数据分析方面的人才。企业级别的团队正在决策自己的计划、举措和各部分内容之间的优先次序。其目标是对企业的影响最大化。

因此,本书的主题和很多章节都是关于以企业级别的方式管理数据分析的理论和实践。虽然我们还没有让数据分析成为一套被人们广泛认可的业务功能,但我们正清晰地朝着这一方向迈进。

1.2　大数据研究内容

1.2.1　"大数据"的兴起

人们对数据分析的热情因大数据的流行而倍增。大数据指的是那些太冗长又不太结构化,且很难通过传统手段来管理和分析的数据。但这种定义显然是相对的,会随着时间的流逝而变化。目前,"太冗长"通常意为流转在 1PB 容量中(1000TB)的数据库或数据,比如谷歌公司每天要处理大约 24PB 的数据。而"不太结构化"通常指那些不易于放入常规数据库传统行列里的数据。

大数据包括众多大量的在线信息,包括来自网络社交媒体的"点击流数据"。此外,大数据还包含视频数据、音频数据等。在生命科学领域中,生物研究与医药中的基因和蛋白质也属于"大数据"的范畴。如果能以一个稳定的基础分析大数据,那么还会产生相当多的业务效益。

那些在大数据领域比较卓越的公司都已开始使用其他诸如传感器和"物联网"这样的新技术。事实上,每一台机械或电子设备都会留下一条描绘其性能、所处方位或状态的痕迹。这些设备和使用它们的人都可以通过导向其他大量数据源的互联网来进行沟通。当所有这些比特数据能和有线或无线电话、电缆、人造卫星等媒质结合在一起的时候,未来的数据就会变得更大。

采用这些工具的公司最终会以最细粒度的级别理解他们所处的业务环境并快速适应它,并通过监控和分析使用模式来区分商业产品与服务。在生命科学领域,有效地使用大数据可以很大程度上帮助人们治愈那些最危险的疾病。

在下一个 10 年,几乎每个行业和业务职能都有希望被以此为基础的大数据分析而改变。早早地开始使用大数据的企业能获取较大的竞争优势。"小数据"时代,那些早期的数据分析竞争者(包括美国第一资本银行、美国前进保险公司和万豪酒店)已经脱颖而出,取得了相当大的竞争优势。对于那些想把握住大数据机遇的公司来说,现在正是一个最佳时机。

1.2.2　数据分析的行业应用

如今很多行业中均有大数据与数据挖掘相关技术的应用,无论是产业管理、分析决策还是评价监测等,数据挖掘的应用都会让事情变得高效、便捷而又理性、可靠。本节列举了三个具有代表性的主要行业应用方向,分别为电力行业、旅游行业和广电行业。

(1)数据挖掘在电力行业中的应用

随着现代电力系统中数字化设备的广泛应用,系统运作过程中产生了越来越多的大规模数据,包括设备运行中的各种状态参数、结果数据等。在劳动力紧缺的今天,若使用传统的专家组测评,依靠人工来分析这些数据并作出决策无疑是存在"瓶颈"问题的。若增添人工则会造成不必要的劳动力资源浪费。而这些广泛、庞杂而又具体的数据集恰恰是大数据挖掘所必要的条件。因此,在电力行业中应用大数据挖掘技术来帮助决策十分必要,具体应用有以下几点。

①数据挖掘技术用于设备运行状态监视。系统运行人员借助基于状态监控和预诊断技术的综合智能系统,对电力系统设备的使用情况进行扫描,发现问题可及时地安排电力设备检修,延长了电力设备使用寿命,降低了检修成本,并保证了系统的高可靠性。

②数据挖掘技术用于决策支持和控制。如在常规的电力系统运行模式下,一旦电力系统发生故障,则需要依赖经验丰富的专家。系统中保护装置的动作信息自动传递给调度中心,调度员则需要根据经验从这些信息中判断出故障原因和故障发生的具体位置,由此来实施具体的故障隔离和恢复处理。为了减少损失,要求在极短时间内完成,这对调度员的压力很大。通过粗糙数据集等数据挖掘方法,可以去除数据冗余,得到可靠的分类判断结果,进而帮助调度员判断故障位置和类型。

③数据挖掘技术可用于负荷预测和电力用户的特征提取。大数据技术下的一大类数据便是用户数据。在以往的电力行业中,大量的用户数据没有得到很好的管理与利用。在如今数据挖掘应用广泛的时代,这些数据可以得到很好的利用。海量的用户数据不仅可以帮助供应商监管用户,更可以帮助其进行市场趋势分析与决策,增加其竞争力。

(2)数据挖掘在旅游行业中的应用

目前,大数据相关技术在旅游行业的应用属于刚刚起步的状态,但已逐步引起相关方的重视。旅游行业存在大量的开放数据,对其挖掘分析可以帮助检测旅游相关的网络舆情,服务旅游目的地以及构建智慧旅游服务系统等。政府、企业与公众三个方面均有数据挖掘技术的应用。

①对于政府旅游管理部门来讲,对旅游过程中产生的所有游客与企业的数据进行数据挖掘,有助于政府对产业的监管与决策。在综合管理方面,政府旨在打造大数据旅游管理平台,能够迅速准确地反馈行业运行信息以实现实时监测和政策绩效评估等功能,帮助政府进行宏观调控。在客流调控方面,大数据技术可以帮助政府统筹规划游客客流动向,实现客流预警等功能,减少因客流过大对旅游业产生的负面影响。在行业管理方面,政府可以通过对海量行业数据的挖掘分析,实现监测管理与风险预警,对行业内的企业进行高效管理并提出警示性建议。

②对于企业经营来讲,数据挖掘技术在精准营销、产品设计以及企业内部管理提升方面均有所应用。精准营销是指根据用户的个性化需求来进行营销,如果是传统营销,这几乎很难实现。但在大数据技术支持下,大量的用户数据被记录下来,而后进行分类等挖掘分析,可以得到用户行为偏好,建立受众分群模型,并根据这些来制定营销策略。产品设计方面,可以根据用户的评价数据对产品进行测评与改进,从而提升企业竞争力。大数据对企业内部的管理模式可以说是颠覆性的,相比传统的管理方法,其高效性和规范性不言而喻。企业要开发或者升级 ERP 企业管理系统、CRM 客户管理系统以及同业分销系统等来实现大数据管理。

③对于消费者而言,大数据技术的主要作用是优化旅行消费体验。消费者在旅行过程中产生的大量消费数据与其对应的评价信息可以被数据挖掘所利用。通过一系列的分析方法,消费者的关注重点便会显现出来。找出主要因素后,增强消费体验的工作便轻松了很多。

(3)数据挖掘在广电行业的应用

在如今的"信息爆炸"时代到来以前,传统的广电行业是人们获取信息重要的途径之一。而在通信系统日益发达的情况下,数据传输速率一天比一天快,数据量越来越大,媒体形式也变得五花八门,传统广电行业渐渐地开始不能满足人们对大量信息的渴求。同时,国家"三网融合"的政策实行,目的就是促进传统的电视网与电信网、互联网融合起来、共同创新发展。因此,广电行业在此背景下引入大数据技术是必不可少的。新技术的融合给了传统广电行业一个新的挑战,同时也是一个新的机遇。在广电行业,大数据技术几乎可以应用在产业的方方面面,如节目评价、节目标签、广告投放和流失分析等。服务对象及其需求业务如图 1-1 所示。

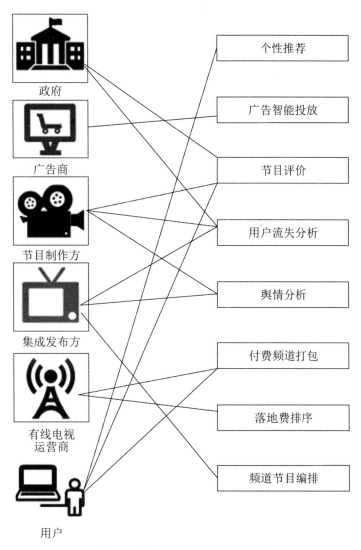

个性推荐

广告智能投放

节目评价

用户流失分析

舆情分析

付费频道打包

落地费排序

频道节目编排

政府

广告商

节目制作方

集成发布方

有线电视运营商

用户

图 1-1　数据服务对象与业务需求

由图 1-1 可知广电行业中大数据技术的主要业务和其服务对象的对应关系,本文对其中几个主要业务进行具体阐述。

①节目评价

在国内外的广播电视领域,电视工作者们已经开展了关于节目评价体系的研究。从国内来看,2002 年起中央和各地方台相继出台了各自的节目评价办法。但除了几个表现突出的地方台有相对完整的评价体系之外,绝大多数地方台只是由几个简单的指标进行评价。2011 年央视出台新的节目评价体系标准,新体系分为四大类:引导力、影响力、传播力和专业性,即"四项指标,一把尺子"。从国外来看,美国的商业电视评价体系中,较为突出的特点是加入了预测性的播前评价。播前评价能够为节目定价、交易以及编排等提供参考。越来越多的人习惯于从互联网这个大媒体获取信息,当然也包括电视节目。各大广电节目发布商与各大互联网视频网站的合作也足以说明这个问题。

在这种趋势下,对广电行业的业务评价一定要进行跨平台多维度分析。首先需要充分吸取国内外评价体系的现有经验,并在此基础上引入新的监测视角和衡量标准,才能够更加全面、深入地对广电业务进行评价。运用自然语言处理文本挖掘技术等可以实现跨平台数据分析,使电视节目评价体系不再局限于传统的广电收视率这一指标。更全面的节目评价使节目制作方、用户等服务对象能够更准确地认识每个节目。

②频道打包

频道打包业务是指将付费频道打包销售,为了提高销量,在打包决策过程中需要用到数据挖掘算法。通过海量的用户收视信息,可以分析出用户群体的观看习惯,即用户喜欢同时看哪几类频道。通过关联分析算法 Apriori 改进算法,我们可以得出合适的关联匹配模型,从而实现频道的合理打包,提高销量。

③舆情分析

在如今自媒体盛行的时代,对于电视节目的舆情信息传播途径再也不是从前的口口相传或者新闻报纸,而是更多地转入了互联网。因此,跨平台的舆情分析对现在的广电行业十分重要。节目在公众心中的评价与地位,节目的优势与不足均能在舆情分析中有很好的体现。目前国内最大的公共社交平台"新浪微博"可以说是舆情的聚集地,那里有海量的舆情数据,对于一个电视节目的舆情信息,可以多达上万条甚至上百万条。运用自然语言处理技术和中文分词等文本分析方法可以有效地对舆情进行监控与预测。更实时准确的舆情信息可以使节目制作方等服务对象更好地决策制作思路与营销思路。

1.2.3 数据分析的应用挑战

(1)数据获取和记录

面临的挑战包括:

• 如何过滤掉原始数据中不需要的数据;

• 在线处理技术可以实现直接对数据进行处理,生成正确的元数据,描述记录数据的内容和度量方式。

可能的研究方向:

- 研究数据压缩(reduction)中的科学问题,能够智能地处理原始数据,在不丢失信息的情况下,将海量数据压缩到可以理解的程度;

- 研究在线数据分析的技术,可以处理实时流数据;

- 研究元数据的自动获取技术和相关系统;

- 研究数据来源的技术,追踪数据产生和处理的过程。

(2)信息抽取和清洗

收集到的信息不能直接进行数据分析,需要进行信息抽取,形成适于分析的结构。抽取的对象包含图像、视频等,该过程与应用高度相关联。

大数据反映事实情况,但是数据中会有虚假数据,在清洗数据时会假设数据是有效的,可这些假设在大数据领域或将不再被认可。

(3)数据集成、聚集和表现

由于大量异构数据的存在,所以在对数据进行有效分析时,需要研究数据的结构、语义以及智能理解技术,实现机器自动处理。

(4)查询处理、数据建模和分析

查询和挖掘大数据的方法,从根本上不同于传统的、基于小样本的统计分析方法。大数据中的噪声数据很多,具有动态性、异构性、相互关联性、不可信性等多种特征。尽管如此,即使是充满噪声的大数据也可能比小样本数据更有价值,因为通过频繁模式和相关性分析得到的一般数据通常强于具有波动性的个体数据,往往透露更可靠的隐藏模式和知识。此外,互联的大数据可以形成大型异构的信息网络,可以披露固有的社区,发现隐藏的关系和模式。此外,信息网络可以通过信息冗余以弥补缺失的数据、交叉验证冲突的情况、验证可信赖的关系。

数据挖掘需要经过清洗的、可信的、可被高效访问的数据,以及声明性的查询和挖掘接口,还需要可扩展的挖掘算法及大数据计算环境。同时,数据挖掘本身也可以提高数据的质量和可信度,了解数据的语义,并提供智能查询的功能。

大数据也使下一代的交互式数据分析实现实时解答。未来,对大数据的查询将自动生成网站上创作的内容、形成专家建议,等等。在 TB(硬盘容量的单位)级别上的可伸缩复杂交互查询技术是目前数据处理的一个重要的开放性研究问题。

大数据分析的一个问题是缺乏数据库系统之间的协作,这些数据库存储数据并提供 SQL 查询,而且具有对多种非 SQL 处理过程支持的工具包。今天的数据分析师一直受到"从数据库导出数据,进行数据挖掘与统计(非 SQL 处理过程),然后再写回数据库"这一烦琐过程的困扰。现有的数据处理方式是交互式复杂处理过程的一个障碍,需要研究并实现将声明性查询语言与数据挖掘、数据统计包有机整合在一起的数据分析系统。

(5)解释

仅仅有能力分析大数据本身,而无法让用户理解分析结果,这样的效果价值不大。如果用户无法理解分析,决策者需要对数据分析结果进行解释。对数据的解释不能凭空出现,通常包括检查所有提出的假设并对分析过程进行追踪。此外,分析过程中可能引入许多可能的误差来源:计算机系统可能有缺陷、模型总有其适用范围和假设、分析结果可能基于错误的数据等等。大数据分析系统应该支持用户了解、验证、分析计算机所产生的结果。大数据由于其复杂性,这一过程特别具有挑战性,是一项重要的研究内容。

在大数据分析的情景下,仅向用户提供结果是远远不够的。系统应该支持用户不断提供附加资料,并解释这种结果是如何产生的。这种附加资料(结果)称之为数据的出处(data provenance)。通过研究如何捕获、存储和查询数据出处,同时配合相关技术捕获足够的元数据,这样就可以创建一个基础设施,为用户提供解释分析的结果,重复分析不同假设、参数和数据集的能力。

具有丰富可视化能力的系统是为用户展示查询结果,并帮助用户理解特定领域问题的重要手段。早期的商业智能系统主要基于表格形式展示数据,大数据时代下的数据分析师需要采用强大的可视化技术对结果进行包装和展示,辅助用户理解系统,并支持用户进行协作。

此外,通过简单的单击操作,用户应该能够向下钻取到每一块数据,看到和了解数据的出处,这是理解数据的一个关键功能。也就是说,用户不仅需要看到结果,而且需要了解为什么会产生这样的结果。然而,数据的原始出处(特别是考虑到整个分析过程具有管线结构)对于用户来说技术性太强,无法抓住数据背后的思想。基于以上问题,需要研究新的交互方式,支持用户采用"玩"的方式对数据分析过程进行小的调整,并立即对增量化的结果进行查看。通过这种方法,用户能够对分析结果有一个直观的理解,从而更好地理解大数据背后的价值。

1.3 数据分析人才定位与就业前景

1.3.1 数据分析师的概念

数据分析师是专业从事投资和运营项目数据分析的高级决策人,是目前国际上相关领域非常权威和流行的职业,以专业的技能与高薪而闻名。数据分析师通过掌握大量行业数据以及科学的计算工具,将经济学原理用数学模型表示,科学合理地分析企业开展项目的未来收益及风险情况,为企业解决决策难题,提供决策依据。

从 20 世纪 90 年代起,欧美国家开始大量培养数据分析师,直到现在,对数据分析师的需求仍然长盛不衰,而且有扩展之势。就算你不是数据分析师,但数据分析技能也是未来必不可少的工作技能之一。

社会越发达,人们对数据的依赖就越多。无论政府决策还是公司运营,科学研究还是媒体宣传,都需要数据支持。那么,对数据有如此大的依赖,就必然导致对数据分析的大量需求。因此,将数据转化为知识、结论和规律,就是数据分析的作用和价值,也是数据分析师的价值所在。对于庞大的数据,数据分析师的职责不仅仅是单纯的分析,更重要的是与相关业务部门合作,将数据真正应用到业务中,根据实际的业务发展情况识别哪些数据可用,哪些不适用,而不是孤立地在"真空环境"下进行分析。这就要求数据分析师不仅具备洞察数据的能力,还要对相关业务的背景有深入的了解,明白客户或业务部门的需求,从而将数据信息化、可视化,最后转化为生产力,帮助企业获得利润。

1.3.2 数据分析师应具备的素质

一名优秀的数据分析师应该具备五方面的素质:态度严谨负责、好奇心强烈、逻辑思维清晰、擅长模仿、勇于创新,如图 1-2 所示。

(1)态度严谨负责

严谨负责是数据分析师的必备素质之一,只有本着严谨负责的态度,才能保证数据的客观、准确。在企业里,数据分析师可以说是企业的医生,他们通过对企业运营数据的分析,为企业寻找症结及问题。一名合格的数据分析师,应具有严谨负责的态度,保持中立立场,客观评价企业发展过程中存在的问题,为决策层提供有效的参考依据;不应受其他因素影响而更改数据,隐瞒企业存在的问题,这样做对企业发展是非常不利的,甚至会造成严重的后果。而且,对数据分析师自身来说,也是前途尽毁,从此以后所做的数据分析结果都将受到质疑,在同事、领导、客户面前失去了信任。因此,作为一名数据分析师就必须持有严谨负责的态度,这也是最基本的职业道德。

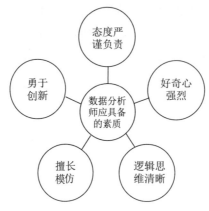

图 1-2 数据分析师应具备的素质

(2)好奇心强烈

好奇心人皆有之,但是作为数据分析师,这份好奇心就是要积极主动地发现和挖掘隐藏在数据内部的真相。在数据分析师的脑子里,应该充满着无数个"为什么",为什么是这样的结果,导致这个结果的原因是什么,为什么结果不是预期的那样,等等。这一系列问题都要在进行数据分析时提出来,并且通过数据分析,找出一个满意的答案。越是优秀的数据分析师,越有一种刨根问底的精神,对数据和结论保持敏感,继而顺藤摸瓜,找出数据背后的真相。

(3)逻辑思维清晰

除了一颗探索真相的好奇心,数据分析师还需要具备缜密的思维和清晰的逻辑推理能力。

从事数据分析时通常所面对的商业问题都是较为复杂的,要考虑错综复杂的成因,分析所面对的各种复杂的环境因素,并在若干发展可能性中选择一个最优的方向。这就需要数据分析师对事实有足够的了解,同时需要真正厘清问题的整体以及局部的结构,进而厘清结构中相互的逻辑关系,只有这样才能真正客观地、科学地找到商业问题的答案。

（4）擅长模仿

在做数据分析时，有自己的想法固然重要，但是"前车之鉴"也是非常有必要学习的，它能帮助数据分析师迅速成长。因此，模仿是快速提高学习成果的有效方法。模仿主要是参考他人优秀的分析思路和方法，成功的模仿需要领会他人方法的精髓，理解其分析原理，透过表面达到实质。

（5）勇于创新

通过模仿可以借鉴他人的成功经验，但模仿的时间不宜太长，每次模仿后都要进行总结，提出可以改进的地方，甚至要有所创新。创新是一个优秀数据分析师应具备的精神，只有不断地创新，才能提高自己的分析水平，使自己站在更高的角度来分析问题，为整个研究领域乃至社会带来更多的价值。

1.3.3　数据分析师从业前景

随着我国经济的快速增长和本土企业规模的不断扩大，经济决策由"经验决策"不断向"数据决策"转变，越来越多的政府机构和企业开始意识到数据决策的准确性和安全性，社会对帮助实现安全准确决策的数据分析专业人士的需求量也越来越大。据国内各大招聘网站数据显示，我国对专业的数据分析师需求量达到几十万人，这说明数据分析行业存在巨大的人才缺口。

数据分析师由于能够运用掌握的数据分析方法与工具解决工作中的实际问题，未来从业前景广阔，主要有以下几个方面：

（1）专职岗位

获得数据分析师专业认证是进入数据分析领域内工作的敲门砖，数据分析行业专职岗位如下：（高级、资深、证券、运营等）数据分析师、数据分析员、数据分析主管、数据分析工程师、数据挖掘人员等。

（2）其他相关岗位

专业的数据分析师使数据分析方法及工具在本职工作中充分发挥作用，提升工作绩效、增强决策的科学性、提高工作决策的成功率。包括项目总监、市场总监、财务总监、审计工作人员、会计工作人员、税务工作人员、投资公司从业人员、银行从业人员、评估公司从业人员、企事业单位的投资部门人员、决策部人员、市场部工作人员、营销策划人员等职位。

（3）成立数据分析师事务所

作为数据分析行业的标志性企业，数据分析师事务所已经正式走进中国市场的经济舞台,开始为国家经济发展贡献力量。其业务方向包括投资项目评估、经济效益评价、项目数据处理、项目融资、投资项目策划、社会经济咨询、投资中介、企业经营分析等。

第2章

确定问题

2.1 确定业务问题

2.1.1 为什么要确定问题

流程再造(Re-engineering)理论的缔造者,著名商界管理大师达文波特在他所著的《成为数据分析师——六步练就数据思维》中将数据分析流程确定为识别问题、回顾之前的发现、建模或选择变量、收集数据、数据分析以及传达结果并采取行动六个步骤。事实上任何一个管理大师或是数据分析师在讲数据分析流程时都会给出类似的划分,而在这之中,识别问题并定义问题与发现机会往往是这一过程中处于龙头地位且不可或缺的一环。

如此强调识别问题的重要性并非是多余的,在此不妨引用战略大师彼得·德鲁克的一句话作为引证:"做对的事情比把事情做对更重要。"显然,数据分析不是盲目的而是具体的,是为了解决一定实际问题而进行的一系列活动,有时人们过分强调数据本身的价值而忽视了数据思维的重要性。而在数据思维中,把握数据分析的方向性则是重中之重。

现实中很多企业正是在识别问题的过程中出现了重大失误而导致了公司运营的失败。例如,很多企业习惯将数据分析系统构建与维护、数据分析整体业务外包给乙方公司来完成,很大一部分企业在这个过程中并不能够向数据分析服务公司提出明确的要求,于是就导致乙方公司并不了解甲方企业的真实意图,所搭建的系统以及数据分析结果无法为甲方企业所利用,最终导致企业花费大量资金却无法得到想要的成果。

因此,任何一个数据分析人员在进行具体业务操作之前都有必要了解数据分析的根本任务,把握住方向性是数据分析能够取得成果的重要保障。

2.1.2 如何确定问题

一般情况下,我们在确定问题的过程中习惯按照识别并描述问题、分解问题并探索问题背后的逻辑、确定主要问题并将其转化为数据分析可以解决的数学问题等一系列步骤来完成。

（1）识别并描述问题

识别问题指的是发现企业在运营过程中的问题或机会，是分析问题、解决问题的基本前提。一些企业并不具备识别问题的能力，等到问题集中爆发已经为时已晚。因此，在企业运营过程中实施全方位的时刻监控是必不可少的，不放过任何存在的、能够给公司带来威胁的问题或是带来收益的机会。

一些企业在成功识别问题之后，便直接进入了寻找解决问题的方法以及改善措施这一环节，而这恰恰是非常不好的做法。因为每个人对于问题理解的不一致，容易导致在问题解决的过程中出现矛盾。因此，即使团队成员都知道问题发生的经过，在进行讨论时仍然需要将问题的发生现象，按照一定的基本原则做仔细的描述。这样描述的目的有两个：一是让自己以及别人更清楚问题的来龙去脉，用科学的思维思考问题发生的现象，二是将问题按照三现（现场、现实、现物）的原则来描述，避免各个成员在思考改善措施时出现主观性偏差。通常很多公司规定描述按照一定的原则，比如 4M2S（MAN——人员、MATERIAL——材料、METHOD——方法、MACHINE——机器、SYSTEM——系统、SPACE——空间）等。

问题描述还需要注意几点：一是确定问题的影响范围和程度；二是要确定问题发生的频次，如果是产品质量问题，则是要确定发生率；三是要确定问题的主体，即发生的主体是什么，是一个零件还是一批材料，或者是某个人，要记录这些主体的详细信息。

（2）分解问题

在这一过程中，我们需要对第一步中提出的问题进行分解。一个好的问题应该表述清晰明确、聚焦于研究目标，并且是细致、可操作、可论证的，但是通过第一步得到的问题往往比较抽象、不够具体。大多数公司在识别问题时找到的并不是原因，而是现象，因此，需要将这样的问题通过不断的分解转化为数据分析师能够处理的问题。在这个过程中有一些方法可以遵循。

一种方式是不断地问自己为什么，通过不断的探究事情背后的逻辑以及因果关系找到问题产生的根本原因或是根本问题。在追寻问题的根源方面，很多经验丰富的公司或团队常用的方法包括鱼骨图、5WHY（5个为什么）等方法。运用5WHY式的询问方式，是追找根因一个很好的工具，在询问为什么的时候，要注意的是了解问题发生的详细过程，了解现场、现实、现物，而不是问询一些粗犷的"为什么"，否则这种询问就不会有很好的针对性和引导性。

　　另一种方式就是采用 MECE 结构化思维的方式对问题进行分解,MECE 结构化思维中最典型的模型就是逻辑树或称为金字塔模型,这种模型通过对抽象问题一层一层不断拆分,最终得到分析师想要的具象问题。例如:当我们思考为什么减肥不成功时,可能将原因归结为饮食问题和运动问题两个方面,而饮食问题又可以进一步细分为时间不规律和营养不均衡,同样地,运动问题也可以分为工作日运动量少和周末运动量少,根据分解结果画出逻辑树方便观察(如图 2-1 所示)。关于MECE 结构化思维的内容会在下一节中给出明确的解释。

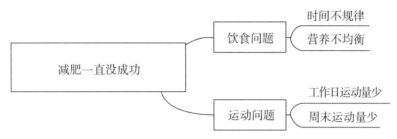

图 2-1　减肥不成功原因的逻辑树

　　不是每个问题都需要按照这种方法,每个公司可以有自己的一些惯用方法,但在寻找问题根本原因方面,进行多次的原因剥皮,才能找到真正的根源,否则只能找到问题的浅层次原因。

　　(3)抓住主要矛盾

　　通过前一步中对抽象问题的分解,我们会得到多个更为细致的问题。如果这些问题无法继续细分了,那么就需要把注意力集中在这些问题上。在这一步骤中的任务就是在众多的问题中最终确定关键问题或主要矛盾。在第二步分解出来的众多问题中,可能很大一部分是没有办法解决或是暂时不需要解决的,这样的问题并非主要问题,应该将精力集中在主要问题上。相反,如果我们将过多的精力集中在这些问题上,不仅会造成资源的浪费,还可能导致问题无法得到有效的解决。

　　例如,在前文提到的减肥例子中,我们将减肥不成功的原因归结为饮食时间不规律、营养不均衡、工作日运动量少以及周末运动量少四个原因。其中,工作日运动量少基本就属于没有办法解决的问题,一个人不太可能将他的工作时间用来做运动。假设每天工作时间很长,这个人同样没有办法在下班后进行运动。如果在这样的情况下,他还是将工作日运动量少选作主要矛盾,那么他将永远无法解决减肥不成功这个问题。

　　这样的道理是浅显易懂的,但是如果把问题延伸到实际情境中,很多人就会迅速地落入陷阱。想要抓住复杂问题的主要矛盾,需要缜密的思维并对业务非常了解。著名的可口可乐公司曾经在此犯下了重大的决策失误。

案例：新可口可乐的决策失败

营销史上有一个著名的案例就是新可口可乐营销失败，这个案例的失败给了我们很多思考和警示，我们在开发新产品并引入时，一定要多去思考更深层次的东西。

时间倒回二十多年前，可口可乐的劲敌百事可乐市场份额越来越大，蚕食掉了很多之前属于可口可乐的市场。在这样的形势下，可口可乐做出判断，认为是消费者的口味改变了，于是研发出一种口味更甜的新配方，试图挽回不断下跌的市场份额。

可口可乐这一举动正是我们常说的"欲速则不达"，他们做出这一判断没有经过广泛的市场调查，没有深入了解消费者需求，没有分析竞争对手的营销策略，更没有顾及可口可乐品牌背后的文化内涵。单纯从产品的口味入手，想提高市场份额改变眼前的尴尬局面，是远远不够的。那么，消费者真正喜欢可口可乐的仅仅是味道吗？

当然不是！可口可乐代表和象征着美国的传统文化价值，它在美国人民的心中是一种标志、一个符号、一面旗帜，他们对可口可乐的喜欢更是一种情怀。然而新可口可乐上市，不仅做了口味上的调整，连经典的包装也做了更换，虽然他们迎合了一些年轻人追求新鲜事物的心理需求，但却失去了大部分可口可乐忠实用户的喜爱。无奈之下，新可口可乐仓皇退出市场。

这个案例告诉我们，当公司要推出一款新产品时，首先要分析自身品牌的核心价值、品牌亮点、竞争对手的情况，竞品优势以及产品受众人群、消费者行为习惯、消费者心理等多方面因素。在掌握了多方面数据并经过科学分析后，才能做出判断，确定目标客户。客户选择我们的产品时，不仅是产品功能的实现，同时可以满足客户的心理期许。

我们要挖掘消费者的购买动机。一个经典老牌子想赢得更多的市场份额，除了要迎合年轻人追赶时髦的心理，更要顾及那些中老年人的怀旧情怀。"山海关"汽水是国宴专用饮料，在 20 世纪 90 年代渐渐淡出人们视线，直到 2014 年"山海关"汽水重新回到市场。它并没有标新立异博人眼球，依然是老包装、老口味，就是这个"老"赢得了市场，赚足了人心。当年喝"山海关"的小朋友们如今已为人父母，他们迫不及待要买来尝尝现在的"山海关"是什么味道，握着老式玻璃瓶子，启开瓶盖,喝上一口,"还是那个味道啊!"一句话勾起无数童年美好的回忆! 而年轻人,看到平时坚决不喝一口饮料、视饮料为洪水猛兽的父母竟然对这样一种其貌不扬的饮料如此青睐,在好奇心的驱使下必然也会选择去尝尝,当他们发现确实不比那些洋饮料差时,自然会产生购买欲望。这就是一个成功的营销案例,除了关注产品本身的品质,更考虑到消费者的心理需求。

当下,很多产品的定位是在年轻的一代,他们朝气蓬勃、热情四射,对新生事物接受很快。如果产品的特性刚好符合这些,那么这就是合适的目标人群定位。正如百事可乐对目标人群的定位就是百事新一代,时尚、活力是产品标签,赢得了众多年轻人的追捧。如果把产品定义为"百搭"类型,那么无论什么营销方案都是"白搭",因为一种产品不会满足所有人群的需求,产品精准定位才能精准营销。把产品深耕细作,哪怕目标群体很小众,它也可以在同类型产品中脱颖而出。

2.1.3　MECE 结构化思维

(1)什么是 MECE 结构化思维

前文在讨论如何确定问题时,一般会遇到如下两个问题:

1)不同问题之间有较强联系,相互之间具有一定交集,有时甚至会遇到一个问题是另一个问题的子集问题;

2)所有问题合在一起依然无法涵盖全部,部分问题被遗漏。

如果用集合理论韦恩图来表示以上两个问题,则是如图 2-2 所示的两种情况,其中阴影部分为不同问题之间的交集,S 则表示所有问题都无法涵盖的部分。

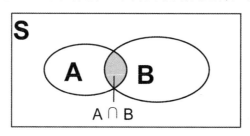

图 2-2　韦恩图

针对以上两个问题,引出 MECE 结构化思维理论,其中 MECE 是英文短语 "Mutually Exclusive,Collectively Exhaustive"的缩写,意思是"相互独立,完全穷尽",这是在学习逻辑思考方面的知识时会经常遇到的一个概念。

由于集合的概念对模型要求较为严格,现实生活中的大多数问题都难以满足要求,构造两个事物之间的完全独立是很难实现的,因此将"相互独立"理解为"相对独立"可以更好地适应实际需要。例如,下文介绍的基于 MECE 结构化思维的 PEST 企业宏观环境分析法中,将宏观环境因素分为政治、经济、社会以及文化四个部分,但事实上,这四个部分之间同样存在一定的交叉性,也只能近似地做到"相对独立"。而这四个不同成分之间的相互作用才最终形成了企业的外部宏观环境。

由于任何数据分析都是在一定场景、满足一定条件下进行的,因此在理解完全穷尽时也需要加入一定的边界。例如,一家生产女性用品的企业所面向的对象必定为市场中的全体女性,那么此时"完全穷尽"原则就不能将市场中的所有人都包含其中。

(2)如何实现 MECE 分析方法

一般来说,MECE 结构化思维可以通过以下四个步骤来实现:

1)第一步:确定范围

根据前文中的假设,MECE 结构化思维的"完全穷尽"是有范围、有条件的穷尽,因此 MECE 思维构建的第一步就需要确定范围,即要明确当下讨论的问题到底是什么,以及想要达到的目的是什么。这个范围决定了问题的边界,这也让"完全穷尽"成为一种可能,否则后续的步骤都会存在一定的偏差。

2)第二步:寻找切入点

所谓的切入点是指划分的标准,或者说是共同属性是什么,需要通过什么标准来保证 MECE 思维构建中的"相互独立"抑或是"相对独立"原则。比如是按照颜色进行划分、按照大小进行划分、按照时间序列进行划分还是按照重要性进行划分。

在寻找切入点的时候一定要做到"以终为始,反复思考"。需要不停地向自己提问并解答以下三个问题:

- 我们最初要解决的问题是什么?
- 我们做数据分析的目的是什么?
- 我们做数据分析要得出怎样的结论?

在进行结构化思维构建的过程中,要始终清楚地明白做数据分析的初衷,否则就可能逐渐偏离方向,最终得出完全不相关或完全没有价值的结果。

如果实在无法确定切入点时,也可以尝试另一种更简单的方法——二分法:A和非 A。事实上使用这种分类方式有很多非常经典的案例,其中最著名的案例就是七喜,当初打出的口号就是"非可乐"。另外,日常生活中也有很多类似的二分法应用,比如男和女、正和反、白天和黑夜、软和硬等。

3) 第三步:确定一级分类后考虑是否可以继续细分

在很多情况下只进行一级划分是无法满足解决实际问题需要的,因此就要不断地重复第二步,即不断地构造更加细致的划分。例如,一个服装企业要针对市场上不同的消费者指定不同的营销计划,企业在第一级的初始划分中可以根据性别将消费者分为男性和女性,在下一级划分中可以进一步根据年龄段分别将男性和女性分为青少年、青年、中年和老年,那么就可以针对不同的消费者群体进行精准营销了。

在上述案例中,两级分类并不是终点,根据实际需要可以继续根据职业、收入、年龄、居住区域等要素进一步细分,才有可能得出最终想要的东西。例如,一位医生在为具有头疼症状的病人诊病时一般会经历如图 2-3 所示的思维过程,在对病人的症状进行分解归类后才能为病人施以合适的疗法。

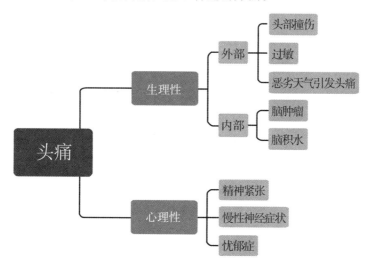

图 2-3　医生为具有头疼症状的病人诊病时的思维过程

4) 第四步:确认有没有遗漏或重复

分类完成之后,重新检视分类结果是必不可少的。在这个步骤中需要检查是否有明显的遗漏或重复。建议画出一个金字塔结构图,用可视化的方式比较容易发现是否有重叠项。当然现实中可能出现另外一种特殊的情况:当分类后,仍然有几项不属于前面分出的几类,但这几项却非常重要,这时可以试着加一个类别——其他。

结构化分析法的 MECE 原则只是为解决问题提供了一定的参考,并不是一成不变的法则,可以根据实际需要做出相应调整。

随着企业战略管理理论的发展,大批经济学家、管理学家、战略分析家们已经创造了很多优秀的并且实用的企业战略分析模型,而这些模型中的大多数符合MECE原则,本书将在下一节中重点介绍以下典型模型,旨在帮助大家构建MECE结构化思维的同时讲解企业战略管理模型。

- SWOT 分析法。
- 安索夫矩阵。
- BCG 矩阵与 GE 矩阵。
- PEST 分析法。
- 波特五力模型。

案例:七喜如何与强大对手可口可乐展开品牌竞争

20 世纪 60 年代,是百事可乐和可口可乐如日中天的时代。此时七喜横空出世,一举突破强大封锁,在品牌竞争中获得了成功。

这是一种非常巧妙的营销策略,利用的就是两乐的竞争缝隙,把握住消费者某天不想喝两乐的心理,为消费者提供更多选择,从而占据了饮料市场份额。

七喜汽水的成功是因为它建立了两乐替代品的定位,当"非可乐"的定位确定后,却没有利用好两乐的弱势去打攻击战,反而撞向了领先者的强势,七喜汽水的实际销售情况却令人失望,它在软饮市场中的份额下降了 10%。

我们从战略的角度分析了七喜汽水滞销的原因,那么两乐的弱势是什么呢?咖啡因。所有可乐饮料里都含有咖啡因,依照美国政府法规,没有咖啡因就不能叫可乐,这恰好是七喜重新定位自己的机会。

1980 年,咨询公司向七喜推荐将"非可乐"定位为"不含咖啡因的汽水",这点非常吸引父母,孩子们喜欢喝饮料,但含咖啡因的饮料会影响孩子的发育,那么"不含咖啡因"的七喜就成为家长们的最佳选择。

然而,接下来七喜公司犯了战略上的错误,即同时推出了不含咖啡因的可乐,这让消费者产生了疑惑。再后来,七喜公司的目标更加分散,加入了"不含人工色素",但这并不是竞争对手的弱势。七喜未能坚持自己的定位,左右摇摆,最终走向平庸。

2.2　企业战略管理

2.2.1　SWOT 分析法

SWOT 分析包括：企业的优势（Strengths）、劣势（Weaknesses）、机会（Opportunities）和威胁（Threats）。SWOT 分析是将企业内部外部综合条件进行概括，它可以帮助企业在制定战略时更清晰准确。

（1）SWOT 分析模型的维度

优劣势分析是针对企业自身实力情况，与竞争对手进行对比；机会和威胁分析是注重外部环境对企业的影响。

　1）优势与劣势分析（Strengths and weaknesses）

企业要经常评估自己的优势和劣势。竞争优势可以是区别于竞品的任何东西，虽然指的是综合优势，但仍要明确具体是哪一方面的优势，才可以让企业具有足够的竞争力。

　2）机会与威胁分析（Opportunities and threats）

伴随经济、科技等方面的迅速发展，企业所处的环境更加动荡和开放，因此，环境分析对企业的发展起到重要作用。

环境发展趋势分为两大类：一类是环境威胁，另一类是环境机会。环境威胁指环境中不利的发展趋势所带来的挑战；环境机会是对公司有吸引力的领域，在该领域中，公司拥有竞争优势。

（2）SWOT 模型

基于 SWOT 分析法在发展环境上的机会与威胁，以及在战略能力上的优势和劣势四个维度，可以构建 SWOT 分析模型，见表 2-1。

表 2-1　SWOT 分析模型

		内部要素	
		优势（S）	劣势（W）
外部要素	机会（O）	SO 战略 （杠杆效应） 利用优势从机会中获益	WO 战略 （抑制性） 利用机会克服自身劣势
	威胁（T）	ST 战略 （脆弱性） 利用优势避免威胁	WT 战略 （问题性） 最小化劣势，避免威胁

在使用 SWOT 分析过程中,当掌握了外部因素的变量和内部问题的原变量后,可以综合考量杠杆效应、抑制性、脆弱性、问题性这四个大概念来完成 SWOT 模型的分析。

1)杠杆效应(优势＋机会)

在外部机会与内部优势互为一致并适应的条件下,就产生了杠杆效应。这种情况下,企业就可以充分利用内部优势撬动外部机会,使机会与优势相结合发挥出更大价值。但机会稍纵即逝,企业想要发挥杠杆效应就要提升洞察能力,敏锐地把握机会,继而寻求更大的发展。

2)抑制性(机会＋劣势)

顾名思义,抑制性是影响、控制、阻止、妨碍的代名词。当外部机会和内部的资源不匹配,或者不能相互咬合时,企业就没办法发挥最大优势。这种情况下,企业就要整合某种资源,让内部发生各种变化趋于转向优势的部分,这样才能适应外部的机会。

3)脆弱性(优势＋威胁)

企业优势的强度或程度减少或降低,可以用脆弱性来定义。当外部状况不断影响企业的优势,甚至构成一定威胁时,企业出现了窘境或明显的脆弱特征。那么,企业就必须克服这种脆弱带来的影响力,找到破题方式,尽快放大优势。

4)问题性(劣势＋威胁)

当企业同时面临外部竞争压力与内部危机的时候,这就意味着企业迎来了最大、最严峻的挑战,能否很好地应对,关乎企业的存亡。

企业的经营有着较为复杂的逻辑,核心竞争力的因素很广泛,这就要求我们在做 SWOT 分析时务必从价值链的每个环节入手,更要结合市场上的竞争对手进行深入比对分析。比如产品是否有竞争力,生产流程是否能更优化,销售模式是否达到了最优的 SOP。举个例子:一个企业在一个或多个领域里的优势都领先于所在行业的标准,那么这个企业的综合优势就更强一些。但是,我们来决断企业是否有强竞争力应该从客户化的视角来判断,而不是站在企业主观角度来定义。

企业想要持续保持强有力的竞争力,就需要不断反省认知,深刻了解自身的真实能力和资源整合能力。在所处领域成为领头羊的企业,势必会成为竞争对手的目标对象。竞争对手经过不断的努力,会建立起针对性的竞争态势。如果竞争对手目标明确、策略有度,就会对目标企业形成一定影响力,削弱企业优势。

多数情况下,企业的发展局限有两种可能。一种是企业的高层决策者不去纠正客观存在的劣势,也不会将目前的核心优势进行放大。企业陷入了一个自己布下的局,将自己局限在已经拥有的优势中并没有不断去优化和发展出更新的优势。另一种是企业各部门都具备自身的优势,但不能将这些优势形成合力发挥出 $1+1>2$ 的作用。举个例子:深圳的一家大型电子公司,销售部抱怨工程师们设计的产品缺乏市场化意识。工程师们轻视销售员,认为他们不懂技术讲解不到位,客服部门则瞧不起销售人员,认为他们在与客户接触的过程中过于浮夸,给客服留下不少"疑难杂症"。由此可见,各部门之间相互衔接、融洽交互、有效统筹优势资源,是企业发展中很重要的部分。

应用 SWOT 分析法包括以下五个简单规则:

- 必须对公司的优势与劣势有客观的认识;
- 必须区分公司的现状与前景;
- 必须考虑全面;
- 必须与竞争对手进行比较,比如优于或是劣于竞争对手;
- 保持 SWOT 分析法的简洁化,避免复杂化与过度分析。

麦肯锡所提出的 SWOT 模型由来已久,与其他很多战略模型一样都带有时代局限性。以前的企业关注点在成本和质量上,而现今的企业对组织流程更加注重。例如,随着市场上电动打字机逐渐被印表机取代,电动打字机厂商就面临着转型问题,即改做印表机,还是选择其他机电产品?我们从 SWOT 分析来看,电动打字机厂商转型改做印表机看着发展机会比较多,但最终结果可能并不乐观;而转型改做其他机电,如电动剃须刀的发展却非常成功。这就是因为改做其他机电的电子打字机厂商看到了机电是自身最大的优势。所以,我们在选择成长策略时就要明确自身的需求,是需要机会为主的成长策略还是能力为主的成长策略。SWOT 模型分析没有考虑到企业改变现状的主动性,但企业还是可以通过寻找新资源优势来满足企业的需求,成功挑战看似无法完成的战略目标。

案例:星巴克的经营策略

星巴克作为全球最大的咖啡连锁店,在 2004 年实现了收入超过 50 亿美元的良好业绩,盈利超过 6 亿美元,是一个盈利能力极强的连锁企业。星巴克遍布世界 40 个国家,约 9000 家门店,通过提供声誉良好的产品和服务,成了一个全球性的咖啡品牌。2005 年,星巴克被评为《财富》最佳雇主 100 强公司之一,由于对员工的待遇非常重视,因而被认为是一个值得尊敬的雇主。一直以来,星巴克致力于充当行业的领头羊。

星巴克在新产品开发和创造上享有盛誉,然而随着时间的推移,他们在产品创新上仍然受到其他企业的威胁。同时星巴克对于美国市场的依赖度过高,公司旗下超过四分之三的咖啡店都开在美国市场,很多战略学家认为他们需要投资于不同的国家(国家组合),用来分散经营风险。"零售咖啡"是星巴克所依赖的一大竞争优势,但其也阻碍着星巴克进入其他相关领域的步伐。

星巴克不会放过任何一个可以利用的机会,在 2004 年与惠普公司在美国加州圣莫尼卡咖啡馆共同创建的 CD 记录服务就是其中之一,顾客可以制作专属于自己的音乐 CD。与此同时,星巴克在它的咖啡店里推陈出新提供新的产品及服务,例如平价产品等。该企业有大量的机会扩大其全球业务来占领新的咖啡市场,近些年印度和太平洋地区的国家也都成为星巴克市场扩张的目标。

如今的饮品市场变幻莫测,新的饮料品种及休闲饮品层出不穷,咖啡市场是维护现状还是持续扩张或是被新品所取代,是星巴克必须要面对的课题。与此同时,星巴克还要面对咖啡原料及乳制品成本不断上涨的问题。从 1971 年至今,星巴克的经营理念不断被市场认可,被竞争对手复制,这些也是星巴克所要面对的潜在威胁。星巴克的品牌使命是将星巴克建立为世界上最优秀的咖啡,同时保持持续的成长。

将以上一段材料及其背后所蕴含的信息加以整理后可以得到表 2-2。

表 2-2　星巴克各项经营情况分析

优势	星巴克集团的盈利能力很强,2004 年的收入超过 6 亿美元 星巴克是咖啡市场的先进入者,已经确立了它在行业中的地位 星巴克已经成功建立了它的品牌形象 咖啡研磨、调制、烘焙等技术已经趋于成熟 员工流动率低,人力资源丰富 市场策略执行的追踪记录完整 市场成长快速:在咖啡馆、速食店、加油站、便利店等多个渠道确立招牌 采用咖啡保香袋以确保运送期间的品质 采用高级的阿拉比卡豆 在同行业中率先采用员工持股制度 在同行业中率先采用邮购方式 在世界各地都能够迅速回应消费者的反馈

续表

劣势	星巴克的产品不断更新,产品线不稳定 咖啡行业进入壁垒低,只要投资 8000~15000 美元就可以当老板 星巴克的店面全是自有资金承租与装修,店面成本较同行业较高 因巴西霜冻之故导致咖啡豆成本上扬 两部制组织结构重叠造成员工需要同时向两位主管负责,延缓了处理事情的速度 因使用咖啡保香袋以及高级咖啡豆导致成本较高 后勤补给线过长导致订单速度不够快
机会	欧美国家人民不轻易背弃星巴克品牌 人们逐渐习惯星巴克口味而逐渐排斥其他口味的咖啡 新产品与服务的推出,例如在展会销售咖啡
威胁	巴西霜冻之故后咖啡豆现货市场价格暴涨 有医学研究表明喝咖啡会增加胃酸分泌从而有碍于健康 咖啡等级多样化导致价格千差万别,但消费者无从分辨 现在对于咖啡的需求大幅降低 其他非咖啡饮料与冰品的销售逐渐上扬

经过以上针对星巴克各项经营情况的总结,我们可以构建 SWOT 分析模型并提出如下策略。

首先,餐饮业属于服务行业,除了品质要维持一定水准外,员工的服务态度同样非常重要,而星巴克一向标榜与顾客的互动关系,员工与公司之间的信任感。如果星巴克能够坚持其经营策略优势并注意国际推广,融合各个国家的饮食文化,如墨西哥人喜欢把肉桂加入咖啡中同饮、中国人喜欢在咖啡中加同分量的牛奶、奥地利人喜欢在咖啡中加入鲜奶油、意大利人喜欢加柠檬等,那么星巴克的市场经营就能更上一层楼。

其次,星巴克应该维持其公司文化,细分为下列三项:

1)结合员工、股东与消费者对于咖啡的热情,继续保持员工募股分红制度及健康医疗保险政策等措施,使得员工对于公司更有向心力。

2)持续教育消费者懂得品尝咖啡。

3)继续坚持高品质产品,研发新口味、新产品。

同时星巴克应该建立正式的组织形式。公司采用的功能型部门与产品型部门并行的方式经营,非常容易产生工作上的重复并造成员工的无所适从,因此公司应该建立简单的组织架构,并针对部门的重叠问题制定相应的解决办法。

最后,公司应加强国际化加盟经营方式的后续管理。加盟者虽然认同公司的产品,但不一定对公司的文化以及组织形式完全认同,充其量是想得到其产品并借此获取利润。因此星巴克在开放国际化加盟之后应该加强其后续经营管理,以免损害其辛苦建立的品牌形象。例如不断优化管理结构;加强产品品质管理;不断创新与研发,加强公司特色,增加其他公司模仿的障碍。现代人的饮食观已经从过去求量转而趋向追求品质的完美,因此咖啡连锁从业者应该从根本做起并注意多方细节才能实现成功的经营。

2.2.2 安索夫矩阵

安索夫矩阵(Ansoff Matrix)是 1965 年由"策略管理之父"伊戈尔·安索夫(H. Igor Ansoff)在其经典著作《企业战略》(*Corporate Strategy*)中提出的 2×2 的产品市场矩阵。

安索夫矩阵以产品和市场作为两大维度,横轴为"现有产品"和"新产品",纵轴为"现有市场"和"新市场",划分出四种组合(市场渗透、产品延伸、市场开发、多元化经营)和对应的营销策略,用来分析不同产品在不同市场的发展对策,如图 2-4 所示。

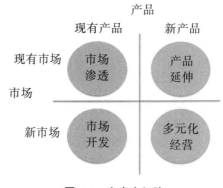

图 2-4 安索夫矩阵

(1)市场渗透

对于结构简单、业务单一的企业,最佳的战略选择是加强市场渗透力。市场渗透(market penetration)意味着提高现有产品在现有市场中的份额。这一战略不需要企业冒险进入未知领域,企业的经营范围也不需要做任何改变。此外,更大的市场份额意味着在采购商和供应商面前有更大的议价能力以及更大的规模经济效应。尽管如此,市场渗透会遇到如下三个制约因素。

1)竞争对手报复

市场渗透过强会加剧行业竞争,竞争对手为了保持自己的市场份额,会导致价格战或是营销战。在竞争中,企业所付出的代价很有可能远大于赢得的市场份额。

2）法律约束

大多数国家都设立监管市场的政府部门，当市场渗透过强可能引发不正当竞争时，相关政府部门就会制约权力过大的公司，阻止权力过度集中产生的兼并或收购。

3）经济约束

在市场经济低迷时，市场渗透并不是一个好的选择。此时企业应该考虑的是收缩战略，将精力投入现有的重点业务中，撤出边缘业务。

（2）产品开发

产品开发（product development），是指企业改进老产品或开发新产品。产品开发虽然潜力巨大，但也存在高投入和高风险的问题。

1）新的战略能力

通常，产品开发战略要求组织掌握不熟悉的新工艺或新技术。例如，许多银行在 20 世纪初开展网上银行业务，但遭受了许多技术上的挫折。因此，产品开发通常需要大量投资，并承担项目失败的高风险。

2）项目管理风险

产品开发即使在相当熟悉的领域中进行，也会由于项目的复杂多变而存在时间延误和成本递增的风险。波音 787 飞机的项目就是一个典型的例子，波音公司创新性地采用碳纤维复合材料制造该型号的飞机，到 2021 年项目发布时已延误了 2 年半的时间，波音公司最后因订单取消损失了 25 亿美元。

（3）市场开发

产品开发具有高风险、高代价的特点，一个替代的选择是市场开发（market development），即将现有产品推向新市场。当然，市场开发通常也需要开发一些新产品，而不仅仅是包装和服务，考虑相似产品的来源，市场开发或多或少地保留了相关多元化的形式。市场开发有两种基本途径：新用户与新地区。

不管哪种情况，市场开发战略的基础是产品或服务要满足新市场的需求，这是市场开发成功的关键因素。面对新市场，如果只是简单地提供传统的产品或服务，不可能带来战略成功。此外，市场开发还面临与产品开发类似的问题。在战略能力方面，市场开发者面对不熟悉的客户，往往缺乏合适的营销技巧和品牌策略，因而难以在新市场有所进展；在管理方面，市场开发者面临的挑战是协调不同用户和地区的不同需求。

（4）多元化经营

多元化经营（divercification）需要超越现有市场和现有产品，从根本上扩大了企业的经营范围。许多研究者都不认可多元化经营战略,因为将众多业务合并在一起,并不是一个明显提高企业赢利的方式,却明显给企业管理者带来控制下属业务的成本。因此,企业实行多元化经营后,往往在股价上遭受所谓的"大折扣",换言之,得到的评价反而低于单独的业务单元。2009 年,法国维旺迪集团(Vivendi)持着对移动电话和媒体的极大兴趣,将其资产以 24% 的折扣价出售。当然,股东们也在给管理层施压,让他们在公开市场上抛售最有价值的部分。

案例:可口可乐百年经营

可口可乐公司在近 100 年的经营历史中推出了无数口味和包装的可口可乐,让人眼花缭乱,其背后的策略可以用安索夫矩阵来解释,见表 2-3。

表 2-3　可口可乐安索夫矩阵

	现有产品	新产品
现有市场	市场渗透: 可口可乐通过建立可口可乐与圣诞节之间的联系,通过每年的圣诞广告,在不改变产品的情况下,提升节日期间的销售。在中国区,利用新年广告来建立可口可乐与春节之间的联系,达到节日促销的目的	产品延伸: 可口可乐公司的樱桃、柠檬、香草系列就是这一策略的应用,是在现有市场里推出了创新的产品
新市场	市场开发: 2005 年,可口可乐推出的 Coke Zero,它与健怡可乐(Diet Coke)概念相同,而健怡可乐一直是"女性化"的产品,但是可口可乐通过对 Coke Zero 的"男性化"包装与广告宣传,成功打开了该产品的男性化市场	多元化经营: 2007 年,可口可乐斥资 41 亿美元收购酷乐仕(Glaceau),其中包括其健康饮品品牌"维他命水"(Vitaminwater),提升了可口可乐在不含糖饮料领域的份额

2.2.3　BCG 矩阵与 GE 矩阵

(1)BCG 矩阵

BCG 矩阵(波士顿矩阵)是由美国著名的管理学家、波士顿咨询公司创始人布鲁斯·亨德森于 20 世纪 60 年代末期首创的。BCG 矩阵通过研究市场增长率与相对市场份额的不同组合为企业分析和规划产品组合,其核心是实现资源的有效配置以及使产品符合市场需求发展的变化,促使企业盈利水平的提高。

BCG 矩阵将决定产品或业务结构的要素分为市场吸引力与企业实力两类。在反映市场吸引力的众多指标(销售增长率、目标市场容量、竞争对手强弱及利润

高低)中,市场增长率(Market Growth)是最具代表性的综合指标;而在反映企业
实力的指标(市场占有率,技术、设备、资金利用能力)中,市场份额(Market Share)
是最能直接显示出企业竞争实力的指标。因此,BCG 矩阵选取的纵坐标与横坐标
分别是"市场增长率"及"市场份额",如图 2-5 所示。

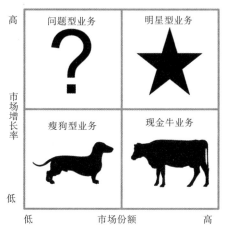

图 2-5　BCG 矩阵

由市场增长率和市场份额的相互作用产生了四个不同的象限,从而划分出四
类性质的产品或业务:

- 明星型业务(Stars):市场增长率和市场份额都较高;
- 瘦狗型业务(Dogs):市场增长率和市场份额都较低;
- 问题型业务(Question Marks):市场增长率高而市场份额低;
- 现金牛业务(Cash Cows):市场增长率低而市场份额高。

现假设一家通信企业的业务可以总结为 BCG 矩阵,分析结果见表 2-4。

表 2-4　一家通信企业业务的 BCG 矩阵

		市场份额	
		低	高
市场增长率	高	(问题型业务) 国内卫星机顶盒 EOC 终端设备 IPTV 机顶盒 基于三网融合的产品 海外机顶盒业务	(明星型业务) 商业客户
	低	(瘦狗型业务) 国内地面机顶盒	(现金牛业务) 国内有线机顶盒

　　该通信企业的明星型业务只有"商业客户",既有增长性,也有一定的市场份额,需要继续投入、扶持。支撑该企业资金运转的现金牛业务是"国内有线机顶盒"业务,但该业务的市场增长比较缓慢。"国内地面机顶盒"既没有较高的占有率,也没有较好的发展前景,属于衰退中的业务,应该退出。问题型业务最多,都是尚未打开市场但有较大发展空间的业务。充分了解了四种业务的特点后,还须进一步明确各项业务单位在企业中的不同地位,从而进一步明确其战略举措。常见的战略举措有以下四种:

　　1)发展:对于问题型业务,可以将提高相对市场占有率为目标,甚至不惜放弃短期收益,问题型业务若想尽快成为明星型业务,就需增加资金投入;

　　2)保持:对于处境较好的现金牛业务,可以维持现状以使它们产生更多的收益;

　　3)收割:对处境不佳的现金牛业务以及瘦狗型业务,应视情况采取收割策略,以求最大限度地获得短期收益;

　　4)放弃:企业有必要清理无利可图的瘦狗型业务以减轻负担,并将这部分资源用于收益较高的业务。

　　通过 BCG 矩阵,企业管理层能够看到每一业务在业务组合中的位置,并且据此制定动态战略。过剩的资金应从现金牛业务中抽出并重新配置,首先用于明星业务,其次用于一些经过仔细选择之后的问题型业务,目的是将其转化为明星型业务。

　　BCG 矩阵的优势在于它依据两个客观标准——市场增长率和市场份额来评估一个企业活动领域的利益,并且可以使集团在资源有限的情况下合理安排产品系列组合,收获明星产品或放弃萎缩产品,加大在更有发展前景的产品上的投资。当然 BCG 矩阵也存在一定的局限性,主要表现在以下几个方面:

　　首先,模型忽略了除市场增长率和市场份额之外的其他因素,导致分类结果过于简单(只能分作四类),同时导致的另一结果就是将部分盈利能力较强且无须大量投入的业务归入应该被舍弃的瘦狗型业务。显然仅仅通过市场增长率和市场份额来评判一项业务是片面的。

　　其次,市场份额能否客观反映盈利能力是存在质疑的,具体可以参见 2011 年的苹果与诺基亚,就算是市场容量第 1 位的诺基亚低端手机业务也不一定是"现金牛"。

　　此外,BCG 矩阵仅仅假设公司的业务发展依靠的是内部融资,而没有考虑外部融资。举债等方式筹措资金并不在 BCG 矩阵的考虑之中。BCG 矩阵还假设公司业务是独立的,但是许多公司的业务是紧密联系在一起的。比如,如果现金牛型业务和瘦狗型业务是互补的业务组合,如果放弃瘦狗型业务,那么现金牛型业务也会受到影响。此外还有人提出 BCG 矩阵并不是一个利润极大化的方式,模型中市场增长率与市场份额的关系并不非常固定,而且并没告诉企业如何去找新的投资机会等一系列问题。

(2)GE 矩阵

针对 BCG 矩阵所存在的几个问题,美国通用电气公司于 20 世纪 70 年代开发了新的投资组合分析方法——GE 矩阵(也称作通用电气矩阵)。GE 矩阵提供了市场吸引力(Industry Attractiveness)和企业实力(Business Unit Strength)之间的比较,但与 BCG 矩阵不同的是它不再用单一指标来衡量一个维度,而是使用了数量更多的因素来衡量这两个变量,同时增加了中间等级。通过增减某些因素或改变它们的权重分配,GE 矩阵可更好地适应企业的具体情况或某产业特殊性的要求。

根据不同等级的市场吸引力和企业实力所组合出来的九种情况,可以大致概括为三种对应策略,即投资增长策略、维持策略以及收割策略,如图 2-6 所示。投资增长策略指的是企业应当采取扩大投资、市场细分等方式,谋求更进一步地占有市场份额、扩大市场主导。维持策略表示企业应当采取专门化方案或采用并购的方式维持市场份额以及企业竞争力。收割策略表示,企业应当最大程度上吸收产品或业务在当前所带来的利益,并在此之后减少投资或者选择性放弃此项业务。

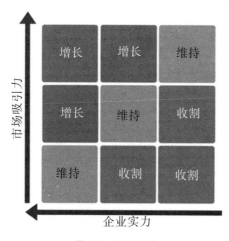

图 2-6 GE 矩阵

一般来说,利用 GE 矩阵来对企业产品或业务进行具体划分,大致分为如下步骤:

1)确定产品或业务

根据企业产品或业务性质、所处行业、地域等属性,确定待评价的产品或业务单位。

2)确定影响因素及权重

提炼影响企业产品或业务的多项因素并赋予相应的权重。一般来说,影响市场吸引力的因素包括市场规模、营利性、竞争对手、进入壁垒、市场容量、宏观环境、通货膨胀、人才可获得性以及行业获利能力等;影响企业实力的因素包括营销能力、企业知名度、技术开发能力、产品质量、行业经验、融资能力、管理水平、产品系列宽度以及人员水平等。关于如何对这些因素赋予权重,可以先对各项指标进行打分,然后根据评分结果确定权重。

3)根据各项因素及其权重对产品或业务进行评价

在确定了评价指标(影响因素)的基础上,对企业产品或业务进行打分并确定加权分数,将分数分级处理,分为低、中、高三个等级。

4)将各项产品或业务写入 GE 矩阵

根据第三步中企业产品或业务的加权分数以及分级结果,将其对应到 GE 矩阵的九个分区中。圆圈的大小表示战略业务单位的市场总量规模,在此之上还可以用扇形反映企业的市场占有率。

5)综合解读 GE 矩阵

根据企业产品或业务在 GE 矩阵上的位置及其他战略考量因素(比如与关键业务强相关,需要战略保留),对各个战略业务单位的发展战略指导思想进行说明,也可以用箭头表示对该业务的期望,即发展方向。

按照以上步骤我们能够得到如图 2-7 的 GE 矩阵。

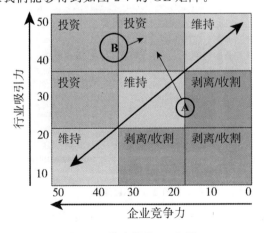

图 2-7 综合解读 GE 矩阵

在使用 GE 矩阵时,要注意以下两点:

1)评价指标尽可能量化,无法量化则分量级,并使用统一的量级评分标准;

2)不同业务之间的评价指标,权重可以不同,这是由不同业务所处的行业性质、特点所决定的。

GE 矩阵是在 BCG 矩阵的基础上优化而来的,但这并不代表 GE 矩阵就是十全十美的。在使用过程中,GE 矩阵存在评估指标及权重的设计存在较大的主观性、没考虑到业务间可能存在的关联性、组织企业高管进行探讨比较耗时以及需要客户的全力配合等一系列问题。因此,企业战略分析人员在使用两种分析工具时,应该根据实际需要灵活选择模型,综合 BCG 矩阵直观、明了、便于操作与 GE 矩阵全面、精细、针对性强的特点,才能为企业发展提供最有效的建议。

2.2.4　PEST 分析法

PEST 分析是战略咨询顾问用来帮助企业检阅其外部宏观环境的一种方法,是指宏观环境的分析;宏观环境又称一般环境,是指影响一切行业和企业的各种宏观力量。对宏观环境因素做分析,不同行业和企业根据自身特点和经营需要,分析的具体内容会有差异,但一般应对政治(Political)、经济(Economic)、社会(Social)和技术(Technological)这四大类影响企业的主要外部环境因素进行分析。简单而言,称之为 PEST 分析法。

PEST 分析与外部总体环境的因素互相结合就可归纳出 SWOT 分析中的机会与威胁。PEST 分析可以作为企业与环境分析的基础工具。表 2-5 描述的是宏观环境因素。

表 2-5　宏观环境因素

政治	政治体制与经济体制 政府管制与税法、专利法、环境保护法、反垄断法 产业与投资政策 国防开支与政府补贴 与重要大国关系 地区关系 民众参与政治行为 政局稳定状况以及各政治利益集团

经济	GDP 及其增长率、可支配收入、居民消费倾向以及通货膨胀率 贷款的可得性 利率与汇率 政府预算赤字 消费模式与失业趋势 劳动生产率水平 外国经济状况以及进出口因素 不同地区和消费群体间的收入差别 价格波动 货币与财政政策
社会	人口结构比例与性别比例 人口出生、死亡率、人口移进移出率、人口预期寿命 城市、城镇和农村的人口变化 社会保障计划 人均收入、平均可支配收入以及生活方式 对政府的态度以及信任度 消费、储蓄、投资倾向 平均教育状况 对工作、退休、质量、闲暇、服务、职业、道德、权威的态度 污染防治与能源节约 社会活动与社会责任 种族平等与宗教信仰状况
技术	国家对科技开发的投资和支持重点 该领域技术发展动态和研究开发费用总额 技术转移和技术商品化速度 专利及其保护情况等

案例：五粮液的经营环境

四川省宜宾五粮液集团有限公司是五粮液集团有限公司在 1998 年改制而成的。2016 年 8 月,五粮液集团在"2016 中国企业 500 强"中排名第 208 位。2018 年 10 月 11 日,福布斯发布 2018 年全球最佳雇主榜单,五粮液集团位居第 66 位。

五粮液是中国高档白酒之一,也是浓香型白酒的杰出代表。五粮液产自四川省宜宾市,是由宋代宜宾绅士姚氏家族私坊采用高粱、大米、糯米、小麦和玉米五种粮食酿制而成的"姚子雪曲"。"姚子雪曲"就是五粮液最成熟的雏形。明朝初年(1368 年),宜宾陈氏继承了姚氏产业,后总结出陈氏秘方,酿造出"杂粮酒",后由晚清举人杨惠泉改名为"五粮液"。

以下给出了五粮液集团发展的 PEST 分析。

1）政治因素

改革开放以来,为适应国民经济建设的总体要求,并提高白酒行业的投入产出和综合经济效益,国家对白酒行业制定了"以市场为导向,以节粮、满足消费为目标,走优质、低度、多品种、低能耗、少污染、高效益"的政策对白酒产业进行调控和调整。五粮液集团作为由国家控股的国有企业,在拥有良好的政策环境下,受到国家相应的法律、法规的支持,在国家的领导下从事生产经营活动。

2）经济因素

我国国民人均收入不断提高,经济结构持续优化,转型升级步伐加快,新经济活力四射,新产业发展快速。中国作为世界最大的发展中国家,国民经济发展相对稳定,人们的消费意愿日益增强,在一定程度上使得白酒的消费量快速增长。

3）社会因素

20 世纪 90 年代,我国随着改革开放国民经济进入了高速发展的时代,人们的价值观、消费观受到市场经济及社会变革潜移默化的影响。人们的观念正逐渐被外来文化渗透,传统的白酒产业将面临的最大挑战就是如何培养新一代忠实的消费者。五粮液集团为了更好地满足大众的需求,从事多种经营,包括运输、制药、旅游等行业,拓展了企业的发展渠道。

4）技术因素

白酒产业的高耗粮、高耗能及环境污染等问题都未得到完善的解决。我国虽然是粮食生产大国,同样也是粮食进口大国,白酒产业过多的粮食投入不利于国家粮食安全。随着白酒的酿造工艺不断改进和提高,对于生产白酒所带来的高耗粮、高能耗、废料污染等问题都在一定程度上得到了相应的解决,这为白酒产业的进一步发展提供了一个非常好的机遇。因此五粮液的生产工艺和技术在白酒市场中更有竞争力。

2.2.5 波特五力模型

波特五力（Porter five forces）模型针对一家企业所要面临的来自行业内现有竞争者、潜在的进入者、替代品、买方以及卖方五种竞争力量的压力,帮助企业制定相应对策,如图 2-8 所示。这五种力量共同构成了行业的"结构",正常情况下行业的结构是相对稳定的,当任何一种力量发生变化时,企业都会重新制定策略从而保证乃至获取更大的盈利空间。

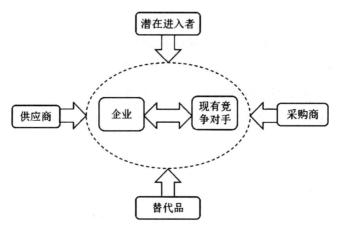

图 2-8　波特五力模型

虽然五力模型最初只是在企业经营过程中的一种设想,但是五力框架却和大多数组织相关。即使当利润标准不管用的时候,五力模型也能够为战略分析打下良好的基础。在公共部门中,理解有议价能力的卖方如何抬高成本十分重要;对于慈善机构而言,避免市场中过度竞争也很关键。一旦了解了行业吸引力的程度,五力模型就能够针对许多识别出来的关键问题,制定行动日程表。例如,需要采取什么措施控制行业中的过度竞争。在本节余下部分,将对每种竞争力量进行详细介绍。

(1)进入者威胁

一般来说,具有一定吸引力的行业也会有较高的进入壁垒。进入壁垒会削弱进入者威胁,因为进入者威胁越大对行业中现有竞争者越不利,所以已经在行业中拥有一定份额的企业会通过一些特殊的方式制造壁垒,新进入者若想进入行业就必须要克服这些因素。进入壁垒一般包含以下几种形式:

1)规模与经验

规模经济在某些行业是特别重要的。在需要较大投资的行业中这种规模效应非常明显,新进入者要跟上他们的代价很高,例如汽车制造业、医药行业等。同时,经验曲线效应也是造成进入壁垒的重要原因,在位者往往比潜在进入者具有更高的学习效率。

2)供应或分销渠道

许多企业都控制着供应或分销渠道,这种控制可以通过纵向整合或者提升客户忠诚度的方式进行,从而造成行业进入壁垒。

3)预期的报复

如果在位者能够给进入者一种可信的威胁,使得他们相信进入该行业会遭到极大的报复,换言之,进入的代价过高,则会形成进入壁垒。这种报复往往会以价格战或营销战的方式进行。

4)政府行为

由于一定程度内的垄断会激发企业的进取心,这对市场来说是有利的,政府可能会出台相应措施来保护在位者的利益,例如专利保护、市场监管或者更直接的政府行为等。

5)差异化

企业为消费者提供个性化服务能够有效提升顾客忠诚度,从而降低进入者威胁。对于不存在差异化的产品来说,消费者的关注重点就仅仅是价格,在这种情况下进入者有可能通过销售低价产品抢占市场份额。

(2)替代品威胁

替代品是通过不同的流程提供与行业内产品与服务价值近似的产品与服务,例如,在一定程度上飞机和火车互为替代品。通常情况下企业更关注本行业的竞争者却忽视了替代品的威胁,消费者对于替代品消费的增加会减少对于本商品的消费,同时商品的定价也会受到替代品的影响。

替代品的威胁很多时候并不是通过价格,而是通过性价比来发挥作用。替代品的价格即便很高,但是只要能提供消费者看重的性能优势就会构成强有力的威胁。例如,铝的价格虽然比钢更贵,但它相对较轻并且耐腐蚀,这使其在一些汽车生产中优势明显。

同时,行业外部效应也是替代品概念的重要考量。替代品来自在位者所在行业之外,因此需要将其与行业内竞争者分开考察。替代品的存在使得企业人员必须对行业之外同样保持高度警惕,并考虑更远期的威胁。

(3)买方议价能力

买方在此指的是企业的直接客户,而不一定是最终消费者。如果买方有足够的议价能力,就能给出更低的价格或坚持要求产品或服务做出昂贵的改进。将买方与最终消费者进行区分十分重要。因此,对于宝洁、联合利华这样的企业,它们的买方是家乐福、沃尔玛这样的零售商而非普通的客户。家乐福、沃尔玛这样的零售商比普通客户的议价能力高很多,这些超市的高议价能力已经成为供应商们主要的压力来源。

买方议价能力可能在以下几种情况中更强。

1）买方集中度高

在少数大客户占全部销售额较高的行业中，买方议价能力更强。如果买方对某一产品或者服务的采购量很大，那么其议价能力也可能提高，因为比起不太重要的买家，这样的买家更可能到处搜购以获得更好的价格，从而"压榨"卖家。

2）转移成本低

如果买家能低成本地更换供应商，就会拥有很强的谈判能力，并且在谈判过程中给那些不具有议价能力的供应商制造巨大的压力。一般而言，差异化程度低的商品如钢铁、粮食等，转移成本比较低。

3）买方竞争威胁

如果买方有能力给自己提供原材料，或者可能获得这种能力，则它的议价能力就强。与供应商进行谈判时，如果买方从事卖方的业务，则会增加对卖方的威胁，这叫作后向一体化，即整合上游的供应商。在买方不能从供应商那儿获得满意的价格或者质量时，这种情况可能发生。例如，一些钢铁企业在自己获得铁矿石资源之后，其议价能力就高于其铁矿石供应商。

（4）卖方议价能力

卖方是向企业提供生产所需的产品或服务的供应商，所需商品包括燃料、原材料装备、劳动力以及财务资源。由于买方和卖方对于一家企业而言在结构上是对称的，因此那些能够增强（减弱）买方议价能力的因素，相反也减少（增强）了卖方的议价能力。

卖方议价能力可能在如下情况较强。

1）卖方集中度高

在少数几家供应商主导市场的行业中，卖方议价能力比买方更强。铁矿石行业目前就集中在三大供应商手中，而钢铁企业则相对更为分散，因此对于这种不可或缺的原材料，钢铁企业处于较弱的谈判地位。

2）转换成本高

如果买方更换供应商的行为所造成的代价或遭受的损失很大，那么买方就会形成对卖方较大的依赖性，同时议价能力也相对更弱。微软就是一个议价能力较强的卖方，因为买方将原有的操作系统换成别的操作系统的转移成本很大。

3）卖方竞争威胁

当买方只是中间交易人而非最终消费者时，卖方有能力阻断其业务甚至直接同消费者进行接触，因此也就具备了更强的议价能力。这种更加接近最终消费者的策略叫作向前一体化。

（5）竞争对手

与替代品不同,竞争对手是指面向相同的消费者群体提供类似产品或服务的企业。竞争对手的分析聚焦于企业所处的微观市场,分析竞争企业在市场中的各种行为。

1）竞争者平衡

当竞争者规模相当时,就会产生激烈的竞争行为,因为任何一家都想通过压低价格等方式超过竞争对手。相反,竞争者较少的行业通常有一两家主导企业,其他小企业只能勉强应战大企业,这样的情况下,小企业倾向于放弃市场份额的竞争而躲避大企业的"注意"。

2）行业增长

在行业增长强劲的情况下,企业能够和行业一起成长,因此企业更倾向于同竞争对手友好相处,行业增长所带来的利益已经足以满足它们的胃口。但当行业增长缓慢甚至衰退时,价格战或营销战会经常发生,因为在这种情况下企业只有占据更多的市场份额才能收获更多的利益,行业生命周期影响着行业增长,进而影响竞争态势。

3）固定成本

固定成本较高的行业,可能由于在固定设备或者前期研发方面需要更高的投资,因此竞争更为激烈。如果只允许大型在位企业增加额外的产能（许多制造业如此,如化工或者玻璃厂）,竞争对手这样做就可能导致行业内短期产能过剩,从而使企业利用产能的竞争加剧。

4）退出壁垒

如果行业存在高退出壁垒,那么竞争就会加剧,特别是处于衰退的行业。产能持续过剩使得在位者要努力地维持市场份额。退出壁垒高可能由许多原因导致,例如,高裁员成本或者高特殊资产投资（如无法出售的厂房和设备）。

5）低差异化

商品市场中,如果产品或服务几乎没有什么差异,竞争就会加剧,因为消费者能够轻易地在不同竞争企业之间进行转换,唯一的竞争因素就是价格。

第3章

数据获取

数据分析在企业的经营决策中起到了越来越重要的作用,不但可以帮助企业优化内部的管理,还可以帮助企业制订正确的市场营销方案。一个数据分析项目需要获取不同来源的数据并对数据进行整合清洗,并使用正确的数据分析方法来得到有价值的建议。例如某电商企业针对节日要做一次促销活动,需要对历史的活动效果进行分析,该分析不但涉及企业内部不同系统的数据,还需要外部竞争对手的数据。只有对这些数据进行有效的获取,才能够进行后续的数据分析。不同的数据来源对应的数据获取方式也不尽相同(见表 3-1),本节将对常用的数据获取方式进行介绍。

表 3-1　常用数据获取方式

	ODS 订单数据
	WMS 库存数据
	ERP 采供数据
内部数据	消息数据
	活动数据
	……
	竞争对手价格数据
	行业分析数据
外部数据	政府数据
	……

3.1　内部数据获取

企业的日常经营会产生大量的数据,对于大量数据的存储会涉及数据库相关技术。本节对企业常用数据库进行介绍,通过这些知识,可以了解常用数据的存储方式、数据库的特点以及查询方法。

3.1.1　数据库获取

(1)数据库定义

数据库是按照数据结构来组织、存储和管理数据的仓库。数据库通常分为层次式数据库、网络式数据库和关系式数据库三种。不同的数据库是按不同的数据结构来联系和组织的。而在互联网行业中,最常见的数据库模型主要是两种,即关系型数据库和非关系型数据库。

(2)数据库相关基础

1)信息与数据

有一种说法是"数据是爆炸了,信息却很贫乏",那么数据与信息之间到底有什么关系呢?数据和信息又该如何理解呢?其实我们通常所说的信息可以简单地理解为数据中包含的有用的内容,而这些有用的内容的获取是需要对数据进行加工处理才能够实现的。准确地说,数据与信息的关系是数据是信息的载体,是信息的具体表示形式,而信息是数据的内涵。信息和数据是密切相关的,信息是各种数据所包含的意义,数据则是载荷信息的物理符号。

2)数据处理和数据管理

通常所说的数据处理是指从某些已知的数据出发,推导加工出一些新的信息。这些信息的具体使用才能够体现数据处理的价值,也是数据存在的意义所在。对数据的处理可以分为数据的收集、整理、存储、维护、检索、传送等操作。这部分操作是数据处理业务的基本环节,而且是任何数据处理业务中必不可少的共有部分。

3)数据库相关概念

对于数据的有效管理可以借助于数据库相关技术得以实现,数据库的基本术语包括:

数据库(DB):长期存储在计算机内、有组织的、统一管理的相关数据的集合。

数据库管理系统(DBMS):位于用户和操作系统之间的一层数据管理软件。

数据库系统(DBS):实现有组织地、动态地存储大量关联数据、方便多用户访问的计算机硬件、软件和数据资源组成的系统。

数据库技术:与数据库的结构、存储、设计、管理和使用的相关技术。

4)数据库技术的发展阶段

数据库技术的发展经历了三个阶段:手工管理阶段、文件系统阶段和数据库阶段。

①手工管理阶段:在20世纪50年代以前,外存只有磁带、卡片和纸带,还没有直接存取设备,没有操作系统,没有管理数据的软件,也没有文件的概念。数据量少,由用户自己管理,且数据没有组织结构,是面向应用的,依赖于应用程序,不能独立存在。

②文件系统阶段:50年代后期到60年代中期,出现了磁鼓、磁盘等存储设备,于是数据被组织成独立的数据文件,这样数据以"文件"形式长期保存在外部存储

器的磁盘上,系统通过文件名访问,对文件里的记录进行存取,并可对文件中的记录进行增删改。文件系统实现了记录的结构化,即给出了记录间各种数据的关系,使得数据的逻辑结构与物理结构有了区别。文件组织也已经多样化。数据不再属于某个特定的程序,可以重复使用。

但文件从整体上看仍是无结构的,数据共享性、独立性差,数据之间联系弱,数据不一致,且有大量冗余,因此管理和维护的代价很大。

③数据库阶段:20 世纪 60 年代后期,出现了数据库这样的数据管理技术。1968 年 IBM 推出层次模型的 IMS 系统。1969 年数据系统语言协会(CODASYL)组织发布了 DBTG 报告,总结了当时各种数据库,提出网状模型。可以说,层次数据库是数据库系统的先驱,而网状数据库则是数据库概念、方法、技术的奠基者。1970 年 IBM 的 E. F. Codd 连续发表论文,提出关系模型,奠定了关系数据库的理论基础。

5)数据库的特点与分类

数据库的特点有:采用数据模型表示复杂的数据结构;有较高的数据独立性;数据库系统为用户提供了方便的用户接口。数据库系统提供了数据库的并发控制、数据库的恢复、数据的完整性、数据安全性这四方面的数据控制功能。除了关系数据库,如今还有一些高级数据库,比如分布式数据库系统、对象数据库系统、网络数据库系统。

分布式数据库通常使用位于不同地点的较小的计算机系统,通过网络连接构成完整的、全局的大型数据库。每台计算机有 DBMS 的一份完整拷贝,且具有自己局部的数据库。

对象数据库是用以对象形式表示信息的数据库。对象数据库的管理系统称为 ODBMS 或 OODBMS。

网络数据库由数据和资源共享这两种方式结合在一起而成,也称 Web 数据库。它以后台(远程)数据库为基础,加上一定的前台(本地计算机)程序,通过浏览器完成数据的存储、查询等操作。

6)数据库系统的体系结构

数据库系统的结构常采用三级模式结构:概念模式、内模式、外模式。

①概念模式简称为模式,它表示了对数据的全局逻辑级的抽象级别,是数据库中全部数据的整体逻辑结构的描述。它由若干个概念记录类型组成,还包含记录间联系、数据的完整性、安全性等要求。在实现中,它可以对应于所有的表格。

②内模式也称存储模式,表示了对数据的物理级的抽象级别。它是数据库中

全体数据的内部表示或底层描述,是数据库最低一级的逻辑描述,它描述了数据在存储介质上的存储方式和物理结构,对应着实际存储在外存储介质上的数据库。它包括记录类型、索引、文件的组织等,用内模式描述语言来描述、定义。

③外模式也称子模式,表示了对数据的局部逻辑级的抽象级别。它对应于用户级,是用户与数据库系统的接口,是用户用到的那部分数据的描述。在现实中可以对应于视图。

(3)数据模型

数据模型是指表示实体类型及实体间联系的模型,数据模型可以分为概念数据模型、逻辑数据模型和物理数据模型。

1)概念数据模型(Conceptual Data Model)

贴近于现实世界,它独立于计算机系统,完全不涉及信息在计算机中的表示,只是用来描述某个特定组织所关心的信息结构。最常用的概念数据模型是 E-R(Entity-Relationship)模型,即实体—联系模型。它的数据描述有:

实体:客观存在,可以互相区别的事物。

实体集:性质相同的同类实体的集合。

属性:实体的特性。

联系:实体之间的相互联系。

E-R 模型可以用 E-R 图来表示,如图 3-1 所示。

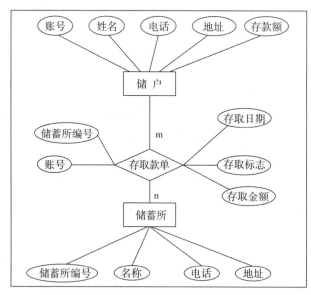

图 3-1　E-R 图示例

E-R 图有三个基本成分：

矩形框，用于表示实体类型（考虑问题的对象）；

菱形框，用于表示联系类型；

椭圆形框，用于表示实体和联系类型的属性，实体的主键属性里文字下方应该有下划线。

从上图可以看到实体和联系都可以有属性。一般说来，E-R 图里实体都是名词，而联系都是动词。E-R 图的优点有：简单、容易理解，真实反映用户的需求；与计算机无关，用户容易接受。与一个联系有关的实体集个数被称为元数。一个联系可以是一元联系、二元联系或多元联系。上图展示的联系就是二元联系。根据实体参与的数量，二元联系又可分为一对一（1∶1，乘客和座位）、一对多（1∶N，车间和工人）和多对多（M∶N，学生和课程）。上表中的联系 m 和 n 表示多对多的关系。一元联系的一个例子是零件的组合关系，一个零件可以用若干子零件组成。

属性的分类：根据属性的可分性，属性有基本属性和复合属性。比如地址可以包含邮编、街道、门牌号，它是一个复合属性。根据属性的值的数量，属性有单值属性和多值属性。比如一个人的姓名是一个单值属性，而他的网名是多值属性。多值属性在 E-R 图里用双线椭圆表示。

此外，还有导出属性（派生属性），它通过具有相互信赖的属性推导出来，比如一个学生的平均成绩。导出属性在 E-R 图里用虚线椭圆表示。

存在依赖（Existence Dependency）：如果实体 x 的存在依赖于实体 y 的存在，则称 x 存在依赖于 y。y 称作支配实体，而 x 称作从属实体（弱实体）。弱实体主键的一部分或全部从被依赖实体获得。如果 y 被删除，那么 x 也要被删除。从属实体的集合便称为弱实体集。弱实体在 E-R 图里用双线矩形表示。比如某单位的职工子女信息，如果职工不在该单位了，其子女信息也没有意义了，因此职工子女信息是一个弱实体。

2）逻辑数据模型（Logical Data Model）

逻辑数据模型是贴近于计算机上的实现，是用户从数据库看到的模型，是具体 DBMS 所支持的数据模型。此模型既要面向用户，又要面向系统，主要用于 DBMS 的实现。逻辑模型有层次模型、网状模型和关系模型。

层次模型：用树形结构表示实体类型及实体间联系的数据模型，盛行于 20 世纪 70 年代。缺点是只能表示 1∶N 的关系，且查询和操作很复杂。

网状模型：用有向图表示实体类型及实体间联系的数据模型，盛行于 20 世纪

70 年代至 80 年代中期。它的特点是记录之间联系通过指针实现,M：N 也容易实现,查询效率较高。缺点是数据结构复杂,编程复杂。

关系模型:用二维表格表示实体集;用关键码而不是用指针导航数据。

3)物理数据模型(Physical Data Model)

面向于计算机物理表示,描述了数据在存储介质上的组织结构,不仅和具体的 DBMS 有关,还与操作系统和硬件有关。每一种逻辑数据模型在实现时都有对应的物理数据模型。DBMS 为了保证其独立性与可移植性,大部分物理数据模型的实现工作由系统自动完成,而设计者只设计索引、聚集等特殊结构。

(4)数据表及约束

关系型数据库是以一个二维表的形式存在的,表中的每一个字段都要有固定的存储类型,包括数值类型、日期和时间类型、字符串类型等,常见的约束包括:

1)主键约束(Primay Key Coustraint):唯一性,非空性;

2)唯一约束(Unique Counstraint):唯一性,可以空,但只能有一个;

3)检查约束(Check Counstraint):对该列数据的范围、格式的限制(如年龄、性别等);

4)默认约束(Default Counstraint):该数据的默认值;

5)外键约束(Foreign Key Counstraint):需要建立两表间的关系并引用主表的列。

3.1.2 关系型数据库

关系型数据库,是建立在关系模型基础上的数据库,借助于集合代数等数学概念和方法来处理数据库中的数据。在关系型数据库中,数据以表格的形式呈现,行为记录的名称,列为记录的数据域,许多行和列组成表单,若干个表单组成数据库。目前为止,商品化的数据库管理系统以关系型数据库的技术比较成熟。面向对象的数据库管理系统虽然技术先进,数据库易于开发、维护,但尚未有成熟的产品。国际国内的主导关系型数据库管理系统有 Oracle、SQL Server、MYSQL、Sybase 等(如图 3-2 所示)。

图 3-2　国际国内的主导关系型数据库管理系统

（1）数据库连接方式

连接数据库可以直接在服务器通过数据库的连接命令进行连接，也可以通过使用其他的图形化管理工具，例如 SQLyog 进行连接。SQLyog 是一个易于使用、快速、简洁的图形化管理 MYSQL 数据库的工具，它能够在任何地点有效地管理数据库。

直接连接：通过咨询数据库管理人员（DBA）获得数据库的基本信息后，登录数据库所在的服务器，输入数据库连接命令后，便可以进入数据库的操作界面。

```
mysql – h  127. 0. 0. 1 – u root – p123 – P 3306
```

命令需要包括数据库的 IP 地址、用户名、密码、端口号等信息，连接进入后的操作界面如图 3-3 所示。

```
C:\Users\Administrator>mysql -h 127.0.0.1 -u root -p123 -P 3306
mysql: [Warning] Using a password on the command line interface can be insecure.
Welcome to the MySQL monitor.  Commands end with ; or \g.
Your MySQL connection id is 9
Server version: 8.0.11 MySQL Community Server - GPL

Copyright (c) 2000, 2018, Oracle and/or its affiliates. All rights reserved.

Oracle is a registered trademark of Oracle Corporation and/or its
affiliates. Other names may be trademarks of their respective
owners.

Type 'help;' or '\h' for help. Type '\c' to clear the current input statement.
```

图 3-3　MYSQL 操作界面

该界面表示数据库连接成功，已经进入了操作界面，可以在这个界面进行数据的查询等操作，通过 SHOW DATABASES 命令查询不同的数据库名称，如图 3-4 所示。

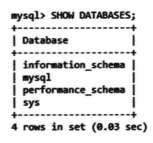

```
mysql> SHOW DATABASES;
+--------------------+
| Database           |
+--------------------+
| information_schema |
| mysql              |
| performance_schema |
| sys                |
+--------------------+
4 rows in set (0.03 sec)
```

图 3-4　数据库查询

相较于直接使用命令进行查询的方法，使用图形化的数据库管理工具可以更方便地实现数据库的操作。

MySQL 常用的图形化管理工具：

1）Navicat

Navicat 是一个桌面版 MySQL 数据库管理和开发工具，和微软 SQLServer 的管理器很像，易学易用。Navicat 使用图形化的用户界面，可以让用户使用和管理更为轻松。支持中文，有免费版本提供。

2）MySQL GUI Tools

MySQL GUI Tools 是 MySQL 官方提供的图形化管理工具，功能很强大，值得推荐，可惜的是没有中文界面。

3）MySQL ODBC Connector

MySQL 官方提供的 ODBC 接口程序，系统安装了这个程序之后，就可以通过 ODBC 来访问 MySQL，这样就可以实现 SQLServer、Access 和 MySQL 之间的数据转换，还可以支持 ASP 访问 MySQL 数据库，如图 3-5 所示。

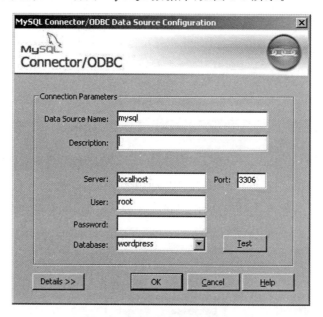

图 3-5　MySQL ODBC Connector

4）SQLyog

SQLyog 是业界著名的 Webyog 公司出品的一款简洁高效、功能强大的图形化 MySQL 数据库管理工具。使用 SQLyog 可以快速直观地从世界的任何角落通过网络来维护远端的 MySQL 数据库。

SQLyog 相比其他类似的 MySQL 数据库管理工具，有如下特点：

①基于 C＋＋和 MySQLAPI 编程；

②方便快捷的数据库同步与数据库结构同步工具；

③易用的数据库、数据表备份与还原功能；

④支持导入与导出 XML、HTML、CSV 等多种格式的数据；

⑤直接运行批量 SQL 脚本文件，速度极快；

⑥新版本更是增加了强大的数据迁移组件。

如下以 SQLyog 为例来介绍常用的查询操作：

安装 SQLyog 后点击文件，新连接进入图 3-6 所示的界面，输入主机地址、用户名、密码、端口号等相关信息连接进入数据库查询界面，输入查询语句便可以进行数据库查询的相关操作。

图 3-6　连接 SQLyog

（2）数据库查询语言

结构化查询语言（Structured Query Language）简称 SQL，是一种特殊目的的编程语言，是一种数据库查询和程序设计语言，用于存取数据以及查询、更新和管理关系数据库系统。

1）功能与特点

SQL 的功能：SQL 语言提供了对数据库的各类操作语言，其中包括了操纵语言（DML）、定义语言（DDL）、控制语言（DCL）。

SQL 的特点：综合统一，高度非过程化，面向集合的操作方式，以同一种语法结构提供多种使用方式，语言简洁，易学易用，对于数据统计方便直观。

2）基础操纵

操纵语言（DML）：用来操纵数据库中数据的命令。

包括：SELECT、INSERT、UPDATE、DELETE。

定义语言(DDL):用来建立数据库、数据库对象和定义列的命令。

包括:CREATE、ALTER、DROP。

控制语言(DCL):用来控制数据库组件的存取许可、权限等的命令。

包括:GRANT、DENY、REVOKE。

在实际分析过程中,对数据的操纵语言、定义语言使用得比较多,对于数据控制相对较少,下节将结合具体场景对相关语句进行介绍,包括建库、建表、查询等相关操作。

(3)库的基本操作

使用 SHOW DATABASES 语句找出服务器上当前存在什么数据库,如图 3-7所示。

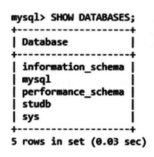

图 3-7 查询服务器上当前存在的数据库

MySQL 8.0 安装完成后会自动生成四个数据库。

information_schema:提供对数据库元数据的访问,元数据即关于数据的数据,如数据库名或表名,列的数据类型或访问权限等。

mysql:核心数据库,主要负责存储数据库的用户、权限设置、关键字等,MySQL 自己需要使用的控制和管理信息,不可以删除,如果对 mysql 不是很了解,也不要轻易修改这个数据库里面的表信息。

performance_schema:用于监控 MySql server 在一个较低级别的运行过程中的资源消耗、资源等待等情况;这个功能默认是关闭的,需要设置参数 performance_schema 才可以启动该功能。

sys:系统数据库,通过这个库可以快速了解系统的元数据信息,这个库是通过视图的形式把 information_schema 和 performance_schema 结合起来,查询出更加令人容易理解的数据,执行诸如性能架构配置和生成诊断报告等操作的存储过程。

上图中的 studb 是用户新建的一个库,接下来会介绍如何新建一个库。

1)创建数据库

如果管理员在设置权限时为你创建了数据库,你可以开始使用它。否则,你需要自己创建数据库：

CREATE DATABASE 库名

库名的命名规范：

①库名自定义，由数字、字母、下划线组成，禁止与关键字冲突，禁止使用纯数字，尽量见名知意；

②为了区分库名和表名，可以在库名后添加 db；

【例】 studb

③Windows 下 mysql 库名和表名大小写不敏感，Linux 下大小写敏感；

【例】 Windows 下 stuDB 和 studb 是一样的，Linux 则不一样

```
mysql> CREATE DATABASE testdb;
Query OK, 1 row affected (0.12 sec)
```

创建好 testdb 后，接下来看一下服务器上有什么数据库。如图 3-8 所示，testdb 已经存在。

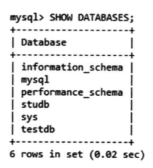

```
mysql> SHOW DATABASES;
+--------------------+
| Database           |
+--------------------+
| information_schema |
| mysql              |
| performance_schema |
| studb              |
| sys                |
| testdb             |
+--------------------+
6 rows in set (0.02 sec)
```

图 3-8　新建数据库 testdb

2）查看创建库的语句（如图 3-9 所示）

SHOW CREATE DATABASE testdb;

```
mysql> SHOW CREATE DATABASE testdb;
+----------+-----------------------------------------------------------------------------------------------------+
| Database | Create Database                                                                                     |
+----------+-----------------------------------------------------------------------------------------------------+
| testdb   | CREATE DATABASE `testdb` /*!40100 DEFAULT CHARACTER SET utf8mb4 COLLATE utf8mb4_0900_ai_ci */        |
+----------+-----------------------------------------------------------------------------------------------------+
1 row in set (0.03 sec)
```

图 3-9　查看创建数据库

3）切换数据库（如图 3-10 所示）

USE 库名；

```
mysql> USE studb;
Database changed
```

图 3-10　切换数据库

4)查看当前所在库(如图 3-11 所示)

SELECT DATABASE();

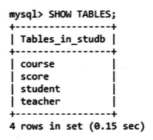

图 3-11　查看当前所在库

5)查看当前数据库中的所有表(如图 3-12 所示)

创建数据库是很容易的部分,但是在这时它是空的,正如 SHOW TABLES 将告诉你的:

SHOW TABLES;

```
mysql> SHOW TABLES;
+----------------+
| Tables_in_studb |
+----------------+
| course          |
| score           |
| student         |
| teacher         |
+----------------+
4 rows in set (0.15 sec)
```

图 3-12　查看当前数据库中的所有表

6)删除数据库(如图 3-13 所示)

DROP DATABASE 库名;

```
mysql> DROP DATABASE testdb;
Query OK, 0 rows affected (0.10 sec)
```

图 3-13　删除数据库

删除 testdb 后,查看服务器上的数据库,testdb 已经不存在(如图 3-14 所示)。

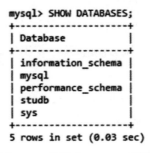

图 3-14　数据库 testdb 已删除

(4)表的基本操作

1)创建表(如图 3-15 所示)

CREATE TABLE 表名(字段名 数据类型，字段名 数据类型，字段名 数据类型)；

```
mysql> CREATE TABLE student( `s_id` VARCHAR ( 20 ), `sname` VARCHAR ( 20 ),
`s_birth` VARCHAR ( 20 ), `s_sex` VARCHAR ( 10 ) );
Query OK, 0 rows affected (0.23 sec)
```

图 3-15　创建表

2）查看创建表的语句（如图 3-16 所示）

SHOW CREATE TABLE 表名；

```
mysql> SHOW CREATE TABLE student;
+---------+-------------------------------------------------------------
------------------------------------------------------------------------
| Table   | Create Table

+---------+-------------------------------------------------------------
------------------------------------------------------------------------
| student | CREATE TABLE `student` (
  `s_id` varchar(20) DEFAULT NULL,
  `sname` varchar(20) DEFAULT NULL,
  `s_birth` varchar(20) DEFAULT NULL,
  `s_sex` varchar(10) DEFAULT NULL
) ENGINE=InnoDB DEFAULT CHARSET=utf8mb4 COLLATE=utf8mb4_0900_ai_ci |
+---------+-------------------------------------------------------------
------------------------------------------------------------------------
1 row in set (0.04 sec)
```

图 3-16　查看创建表的语句

3）查看表结构（如图 3-17 所示）

查看表中包含哪些字段

DESC 表名；

```
mysql> DESC student;
+---------+-------------+------+-----+---------+-------+
| Field   | Type        | Null | Key | Default | Extra |
+---------+-------------+------+-----+---------+-------+
| s_id    | varchar(20) | YES  |     | NULL    |       |
| sname   | varchar(20) | YES  |     | NULL    |       |
| s_birth | varchar(20) | YES  |     | NULL    |       |
| s_sex   | varchar(10) | YES  |     | NULL    |       |
+---------+-------------+------+-----+---------+-------+
4 rows in set (0.09 sec)
```

图 3-17　查看表结构

4）删除表（如图 3-18 所示）

DROP TABLE 表名；

```
mysql> DROP TABLE student;
Query OK, 0 rows affected (0.20 sec)
```

图 3-18　删除表

5）表记录管理（如图 3-19 所示）

①插入记录

INSERT INTO 表名 VALUES（字段值，字段值），（字段值，字段值）；

```
mysql> INSERT INTO student VALUES( '01', '赵雷', '1990-01-01', '男' )
,('02' , '钱电' , '1990-12-21' , '男');
Query OK, 2 rows affected (0.16 sec)
Records: 2  Duplicates: 0  Warnings: 0
```

图 3-19   插入记录

②查询记录（如图 3-20～3-22 所示）

● 查询所有数据

SELECT ＊ FROM 表名；

```
mysql> SELECT * FROM student;
+------+--------+------------+-------+
| s_id | sname  | s_birth    | s_sex |
+------+--------+------------+-------+
| 01   | 赵雷   | 1990-01-01 | 男    |
| 02   | 钱电   | 1990-12-21 | 男    |
+------+--------+------------+-------+
2 rows in set (0.04 sec)
```

图 3-20   查询所有数据

● 查询指定字段

SELECT 字段名，字段名 FROM 表名；

```
mysql> SELECT s_id,sname FROM student;
+------+--------+
| s_id | sname  |
+------+--------+
| 01   | 赵雷   |
| 02   | 钱电   |
+------+--------+
2 rows in set (0.04 sec)
```

图 3-21   查询指定字段

● 指定查询条件

SELECT ＊ FROM 表名 WHERE 条件；

```
mysql> SELECT * FROM student WHERE s_id = '01';
+------+--------+------------+-------+
| s_id | sname  | s_birth    | s_sex |
+------+--------+------------+-------+
| 01   | 赵雷   | 1990-01-01 | 男    |
+------+--------+------------+-------+
1 row in set (0.03 sec)
```

图 3-22   指定条件查询

③删除记录（如图 3-23 所示）

DELETE FROM 表名 WHERE 条件；

```
mysql> DELETE FROM student WHERE s_id = '01';
Query OK, 1 row affected (0.13 sec)
```

图 3-23   删除记录

注意：WHERE 条件可以省略；DELETE FROM 表名，表示清空表记录

④ 更新记录（如图 3-24 所示）

UPDATE 表名 SET 字段名＝值，字段名＝值 WHERE 条件；

注意：更新操作中，WHERE 条件必须写，如果省略，表中所有记录都将进行修改。

```
mysql> SELECT * FROM student;
+------+-------+------------+-------+
| s_id | sname | s_birth    | s_sex |
+------+-------+------------+-------+
| 02   | 钱电  | 1990-12-21 | 男    |
+------+-------+------------+-------+
1 row in set (0.04 sec)

mysql> UPDATE student SET s_birth = '1990-01-01',s_sex = '女'
WHERE s_id = '02';
Query OK, 1 row affected (0.14 sec)
Rows matched: 1  Changed: 1  Warnings: 0

mysql> SELECT * FROM student;
+------+-------+------------+-------+
| s_id | sname | s_birth    | s_sex |
+------+-------+------------+-------+
| 02   | 钱电  | 1990-01-01 | 女    |
+------+-------+------------+-------+
1 row in set (0.04 sec)
```

图 3-24　更新记录

（5）修改表字段

ALTER TABLE 表名 执行操作；

1）添加字段（如图 3-25 所示）

ALTER TABLE 表名 ADD 字段名 数据类型；

```
mysql> ALTER TABLE student ADD s_tel VARCHAR (20);
Query OK, 0 rows affected (1.01 sec)
Records: 0  Duplicates: 0  Warnings: 0

mysql> SELECT * FROM student;
+------+-------+------------+-------+-------+
| s_id | sname | s_birth    | s_sex | s_tel |
+------+-------+------------+-------+-------+
| 01   | 赵雷  | 1990-01-01 | 男    | NULL  |
| 02   | 钱电  | 1990-12-21 | 男    | NULL  |
+------+-------+------------+-------+-------+
2 rows in set (0.04 sec)
```

图 3-25　添加字段

2）调整添加字段的位置

①ALTER TABLE 表名 ADD 字段名 数据类型 FIRST;（放在第一列）

②ALTER TABLE 表名 ADD 字段名 数据类型 AFTER 某字段名;（放在某字段名后）

3）移除字段（如图 3-26 所示）

ALTER TABLE 表名 DROP 字段名；

```
mysql> ALTER TABLE student DROP s_tel;
Query OK, 0 rows affected (0.87 sec)
Records: 0  Duplicates: 0  Warnings: 0
```

图 3-26　调整添加字段的位置

4) 修改数据类型（如图 3-27 所示）

ALTER TABLE 表名 MODIFY 字段名 新数据类型；

```
mysql> ALTER TABLE student MODIFY s_birth date;
Query OK, 2 rows affected (0.75 sec)
Records: 2  Duplicates: 0  Warnings: 0
```

图 3-27　修改数据类型

5) 修改数据字段（如图 3-28 所示）

ALTER TABLE 表名 CHANGE 字段名 新字段名；

```
mysql> ALTER TABLE student CHANGE sname s_name VARCHAR(20);
Query OK, 0 rows affected (0.11 sec)
Records: 0  Duplicates: 0  Warnings: 0
```

图 3-28　修改数据字段

6) 表的重命名（如图 3-29 所示）

ALTER TABLE 表名 RENAME 新表名；

```
mysql> ALTER TABLE student rename students;
Query OK, 0 rows affected (0.33 sec)
```

图 3-29　表的重命名

（6）运算符

1) 比较运算符

$>$　$>=$　$<$　$<=$　$=$　$!=$

① 从成绩表 score 中选出不及格（<60）的记录（如图 3-30 所示）

```
mysql> SELECT * FROM score WHERE s_score < 60;
+------+------+---------+
| s_id | c_id | s_score |
+------+------+---------+
| 04   | 01   |      50 |
| 04   | 02   |      30 |
| 04   | 03   |      20 |
| 06   | 01   |      31 |
| 06   | 03   |      34 |
+------+------+---------+
5 rows in set (0.03 sec)
```

图 3-30　从成绩表 score 中选出不及格的记录

② 从学生表中选出性别为女的记录（如图 3-31 所示）

```
mysql> SELECT * FROM student WHERE s_sex = '女';
+------+--------+------------+-------+
| s_id | s_name | s_birth    | s_sex |
+------+--------+------------+-------+
| 05   | 周梅   | 1991-12-01 | 女    |
| 06   | 吴兰   | 1992-03-01 | 女    |
| 07   | 郑竹   | 1989-07-01 | 女    |
| 08   | 王菊   | 1990-01-20 | 女    |
+------+--------+------------+-------+
4 rows in set (0.04 sec)
```

图 3-31　从学生表中选出性别为女的记录

2) 逻辑运算符

① AND 与,连接两个条件,要求同时成立

从学生记录表中选出性别为女并且是 90 后的记录(如图 3-32 所示)。

```
mysql> SELECT * FROM student WHERE s_sex = '女' AND s_birth >=
'1990-01-01';
+------+--------+------------+-------+
| s_id | s_name | s_birth    | s_sex |
+------+--------+------------+-------+
| 05   | 周梅   | 1991-12-01 | 女    |
| 06   | 吴兰   | 1992-03-01 | 女    |
| 08   | 王菊   | 1990-01-20 | 女    |
+------+--------+------------+-------+
3 rows in set (0.05 sec)
```

图 3-32　从学生记录表中选出性别为女并且是 90 后的记录

② OR 或,连接条件,表示任意一个条件成立都可以

从学生记录表中选出性别为男或者出生在 1990 年以前的记录(如图 3-33 所示)。

```
mysql> SELECT * FROM student WHERE s_sex = '男'
OR s_birth < '1990-01-01';
+------+--------+------------+-------+
| s_id | s_name | s_birth    | s_sex |
+------+--------+------------+-------+
| 01   | 赵雷   | 1990-01-01 | 男    |
| 02   | 钱电   | 1990-12-21 | 男    |
| 03   | 孙风   | 1990-05-20 | 男    |
| 04   | 李云   | 1990-08-06 | 男    |
| 07   | 郑竹   | 1989-07-01 | 女    |
+------+--------+------------+-------+
5 rows in set (0.04 sec)
```

图 3-33　从学生记录表中选出性别为男或者出生在 1990 年以前的记录

AND 和 OR 可以混用,但 AND 比 OR 具有更高的优先级。

3) 运算符号

＋　－　＊　／　％

查询时所有学生成绩每科翻倍(如图 3-34 所示)。

```
mysql> SELECT s_id,c_id,s_score*2 AS sc FROM score;
+------+------+------+
| s_id | c_id | sc   |
+------+------+------+
| 01   | 01   | 160  |
| 01   | 02   | 180  |
| 01   | 03   | 198  |
| 02   | 01   | 140  |
| 02   | 02   | 120  |
| 02   | 03   | 160  |
| 03   | 01   | 160  |
| 03   | 02   | 160  |
| 03   | 03   | 160  |
| 04   | 01   | 100  |
| 04   | 02   | 60   |
| 04   | 03   | 40   |
| 05   | 01   | 152  |
| 05   | 02   | 174  |
| 06   | 01   | 62   |
| 06   | 03   | 68   |
| 07   | 02   | 178  |
| 07   | 03   | 196  |
+------+------+------+
18 rows in set (0.04 sec)
```

图 3-34　查询时所有学生成绩每科翻倍

4）范围内查找

①BETWEEN 值 1 AND 值 2

从成绩表中选出分数在 90 到 100 之间的记录（如图 3-35 所示）。

```
mysql> SELECT * FROM score WHERE s_score BETWEEN 90 AND 100;
+------+------+---------+
| s_id | c_id | s_score |
+------+------+---------+
| 01   | 02   |      90 |
| 01   | 03   |      99 |
| 07   | 03   |      98 |
+------+------+---------+
3 rows in set (0.03 sec)
```

图 3-35　从成绩表中选出分数在 90 到 100 之间的记录

②WHERE 字段名 IN（值 1，值 2）

查找字段值在给定集合范围内的数据（如图 3-36 所示）。

```
mysql> SELECT * FROM score WHERE s_score IN (80,90);
+------+------+---------+
| s_id | c_id | s_score |
+------+------+---------+
| 01   | 01   |      80 |
| 01   | 02   |      90 |
| 02   | 03   |      80 |
| 03   | 01   |      80 |
| 03   | 02   |      80 |
| 03   | 03   |      80 |
+------+------+---------+
6 rows in set (0.06 sec)
```

图 3-36　查找字段值在给定集合范围内的数据

③WHERE 字段名 NOT IN（值 1，值 2）

查找字段值不在给定集合范围内的数据（如图 3-37 所示）。

```
mysql> SELECT * FROM score WHERE s_score NOT IN (80,90);
+------+------+---------+
| s_id | c_id | s_score |
+------+------+---------+
| 01   | 03   |      99 |
| 02   | 01   |      70 |
| 02   | 02   |      60 |
| 04   | 01   |      50 |
| 04   | 02   |      30 |
| 04   | 03   |      20 |
| 05   | 01   |      76 |
| 05   | 02   |      87 |
| 06   | 01   |      31 |
| 06   | 03   |      34 |
| 07   | 02   |      89 |
| 07   | 03   |      98 |
+------+------+---------+
12 rows in set (0.05 sec)
```

图 3-37　查找字段值不在给定集合范围内的数据

5）匹配空与非空

注意：NULL 是特殊的值类型，表示空

使用比较运算符 ＝ 查询时，返回空的数据，查询无果

区分：NULL：关键字，值类型

　　'NULL'：字符串，普通字符串

①匹配 NULL，WHERE 字段 IS NULL（如图 3-38 所示）

```
mysql>  INSERT INTO score(s_id,c_id) VALUES( '08', '01');
Query OK, 1 row affected (0.13 sec)

mysql> SELECT * FROM score where s_score IS NULL;
+------+------+---------+
| s_id | c_id | s_score |
+------+------+---------+
| 08   | 01   | NULL    |
+------+------+---------+
1 row in set (0.04 sec)
```

图 3-38　匹配 NULL，WHERE 字段 ISNULL

②匹配非空 WHERE 字段 IS NOT NULL（如图 3-39 所示）

```
mysql> SELECT * FROM score WHERE s_score IS NOT NULL;
+-------+-------+----------+
| s_id | c_id | s_score |
+-------+-------+----------+
| 01    | 01    |      80 |
| 01    | 02    |      90 |
| 01    | 03    |      99 |
| 02    | 01    |      70 |
| 02    | 02    |      60 |
| 02    | 03    |      80 |
| 03    | 01    |      80 |
| 03    | 02    |      80 |
| 03    | 03    |      80 |
| 04    | 01    |      50 |
| 04    | 02    |      30 |
| 04    | 03    |      20 |
| 05    | 01    |      76 |
| 05    | 02    |      87 |
| 06    | 01    |      31 |
| 06    | 03    |      34 |
| 07    | 02    |      89 |
| 07    | 03    |      98 |
+-------+-------+----------+
18 rows in set (0.05 sec)
```

图 3-39 匹配非空 WHERE 字段 IS NOT NULL

③空字符串

空字符串,指没有任何有效显示字符的字符串(如图 3-40 所示)。

```
mysql> SELECT * FROM student WHERE s_birth = '';
+-------+---------+----------+--------+
| s_id | s_name | s_birth | s_sex |
+-------+---------+----------+--------+
| 09    | 高欣    |          | 女     |
+-------+---------+----------+--------+
1 row in set (0.04 sec)
```

图 3-40 空字符串

6)模糊查找

语法:WHERE 字段名 LIKE 表达式

①_:表示匹配单个字符

查询以'周'开头并且后面只有 1 个字符的学生姓名)(如图 3-41 所示)。

```
mysql> SELECT * FROM student WHERE s_name LIKE '周_';
+-------+---------+------------+--------+
| s_id | s_name | s_birth    | s_sex |
+-------+---------+------------+--------+
| 05    | 周梅    | 1991-12-01 | 女     |
+-------+---------+------------+--------+
1 row in set (0.03 sec)
```

图 3-41 查询以'周'开头并且后面只有 1 个字符的学生姓名

②%:表示匹配 0 个或多个字符(如图 3-42 所示)

```
mysql> SELECT * FROM student WHERE s_birth LIKE '1990%';
+------+--------+------------+-------+
| s_id | s_name | s_birth    | s_sex |
+------+--------+------------+-------+
| 01   | 赵雷   | 1990-01-01 | 男    |
| 02   | 钱电   | 1990-12-21 | 男    |
| 03   | 孙风   | 1990-05-20 | 男    |
| 04   | 李云   | 1990-08-06 | 男    |
| 08   | 王菊   | 1990-01-20 | 女    |
+------+--------+------------+-------+
5 rows in set (0.05 sec)
```

图 3-42 匹配 0 个或多个字符

注意：

NULL 空类型不会被匹配出来，只能通过 IS NULL / IS NOT NULL 匹配

空字符串可以通过 '%' 模糊匹配

(7)SQL 查询操作总结

1)书写顺序总结

①SELECT 聚合函数 FROM 表名

②WHERE 条件

③GROUP BY...

④HAVING ...

⑤ORDER BY...

⑥LIMIT

2)对查询结果进行排序

语法：WHERE 条件 ORDER BY 字段名 ASC/DESC，其中 ASC：升序排列（默认排序方式），DESC：降序排列。

①从学生表 student 中选出性别为男且生日用降序排列（如图 3-43 所示）

```
mysql> SELECT * FROM student WHERE s_sex = '男' ORDER BY s_birth DESC;
+------+-------+------------+-------+
| s_id | sname | s_birth    | s_sex |
+------+-------+------------+-------+
| 02   | 钱电  | 1990-12-21 | 男    |
| 04   | 李云  | 1990-08-06 | 男    |
| 03   | 孙风  | 1990-05-20 | 男    |
| 01   | 赵雷  | 1990-01-01 | 男    |
+------+-------+------------+-------+
4 rows in set (0.06 sec)
```

图 3-43 从学生表 student 中选出性别为男且生日用降序排列

②从学生表 student 中选出性别为男且生日用升序排列（如图 3-44 所示）

```
mysql> SELECT * FROM student WHERE s_sex = '男' ORDER BY s_birth;ASC
+-------+----------+--------------+---------+
| s_id  | s_name   | s_birth      | s_sex   |
+-------+----------+--------------+---------+
| 01    | 赵雷     | 1990-01-01   | 男      |
| 03    | 孙风     | 1990-05-20   | 男      |
| 04    | 李云     | 1990-08-06   | 男      |
| 02    | 钱电     | 1990-12-21   | 男      |
+-------+----------+--------------+---------+
4 rows in set (0.03 sec)
```

图 3-44   从学生表 student 中选出性别为男且生日用升序排列

3)限制查询结果(如图 3-45、3-46 所示)

LIMIT 语法:

①LIMIT 永远放在 SQL 语句的最后书写

②LIMIT n:显示 n 条数据

```
mysql> SELECT * FROM student WHERE s_sex = '男' ORDER BY s_birth DESC LIMIT 2;
+-------+----------+--------------+---------+
| s_id  | s_name   | s_birth      | s_sex   |
+-------+----------+--------------+---------+
| 02    | 钱电     | 1990-12-21   | 男      |
| 04    | 李云     | 1990-08-06   | 男      |
+-------+----------+--------------+---------+
2 rows in set (0.05 sec)
```

图 3-45   限制结果显示两条数据

③LIMIT m,n:表示从第 m+1 条数据开始显示,显示 n 条数据,例:LIMIT 2,2 表示显示从第三条数据开始显示,显示 4 条数据;

```
mysql> SELECT * FROM student WHERE s_sex = '男' ORDER BY s_birth DESC
       LIMIT 2,2;
+-------+----------+--------------+---------+
| s_id  | s_name   | s_birth      | s_sex   |
+-------+----------+--------------+---------+
| 03    | 孙风     | 1990-05-20   | 男      |
| 01    | 赵雷     | 1990-01-01   | 男      |
+-------+----------+--------------+---------+
2 rows in set (0.05 sec)
```

图 3-46   限制从第三条数据开始显示

④ 若已知每页显示 5 条数据,显示第四页的数据。

第一页:1～5,第二页:6～10,第三页:11～15,第四页:16～20,所以显示第四页的限制语句为:LIMIT 15,5

4)聚合函数

对指定字段中的数据进行二次处理

avg(字段):求平均值

max(字段):求最大值

min(字段):求最小值

sum(字段):求和

count(字段):统计当前字段中记录的条数

5)对查询结果进行分组(如图 3-47、图 3-48 所示)

GROUP BY:对查询的结果进行分组,查询字段和 GROUP BY 后字段不一致,则必须对该查询字段进行聚合处理。

①计算每个课程的平均分

```
mysql> SELECT c_id,avg(s_score) FROM score GROUP BY c_id;
+------+---------------+
| c_id | avg(s_score) |
+------+---------------+
| 01   | 64.5000      |
| 02   | 72.6667      |
| 03   | 68.5000      |
+------+---------------+
3 rows in set (0.05 sec)
```

图 3-47　计算每个课程的平均分

②查找所有学生中 3 科平均分最高的前 2 名,显示学生 s_id 和平均分 s_score

```
mysql> SELECT s_id,avg( s_score ) FROM score GROUP BY s_id ORDER BY
avg( s_score ) DESC LIMIT 2;
+------+-----------------+
| s_id | avg( s_score ) |
+------+-----------------+
| 07   | 93.5000        |
| 01   | 89.6667        |
+------+-----------------+
2 rows in set (0.03 sec)
```

图 3-48　查找所有学生中 3 科平均分最高的前两名

6)对聚合结果进行筛选

HAVING:HAVING 语句通常和 GROUP BY 语句联合使用,HAVING 语句弥补了 WHERE 关键字不能与聚合函数使用的不足,WHERE 只能操作表中实际存在字段。

查询平均分大于 80 的前 3 名,显示学生 s_id 和平均分(如图 3-49 所示)

```
mysql> SELECT s_id,avg( s_score ) FROM score GROUP BY s_id HAVING
avg(s_score) > 80 ORDER BY avg( s_score ) DESC LIMIT 3;
+------+-----------------+
| s_id | avg( s_score ) |
+------+-----------------+
| 07   | 93.5000        |
| 01   | 89.6667        |
| 05   | 81.5000        |
+------+-----------------+
3 rows in set (0.03 sec)
```

图 3-49　查询平均分大于 80 的前 3 名

7)不显示字段的重复值

①查询表中有哪些学生 s_id 号（如图 3-50 所示）

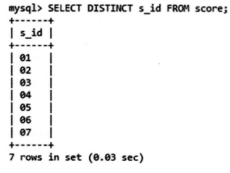

图 3-50　查询表中有哪些学生 s_id 号

②计算有多少个学生（如图 3-51 所示）

```
mysql> SELECT count(DISTINCT s_id) FROM score;
+---------------------+
| count(DISTINCT s_id) |
+---------------------+
|                   7 |
+---------------------+
1 row in set (0.02 sec)
```

图 3-51　计算有多少个学生

(8)复合查询

1)嵌套查询

定义:把内层的查询结果作为外层的查询条件

SELECT ... FROM 表名 WHERE 字段名 运算符（查询）;

查询分数小于平均分的学生 s_id 和课程 c_id

①先算出平均分（如图 3-52 所示）

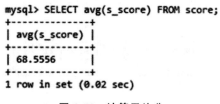

图 3-52　计算平均分

②嵌套查询实现找小于平均值（如图 3-53 所示）

```
mysql> SELECT s_id,c_id,s_score FROM score where s_score < (SELECT
avg(s_score) FROM score);
+------+------+---------+
| s_id | c_id | s_score |
+------+------+---------+
| 02   | 02   |      60 |
| 04   | 01   |      50 |
| 04   | 02   |      30 |
| 04   | 03   |      20 |
| 06   | 01   |      31 |
| 06   | 03   |      34 |
+------+------+---------+
6 rows in set (0.03 sec)
```

图 3-53　查询最小平均分

③找出每个课程 c_id 得分最高的学生 s_id 和分数 s_score（如图 3-54 所示）

```
mysql> SELECT s_id,c_id, s_score FROM score WHERE (c_id,s_score) IN (SELECT
c_id,max(s_score) FROM score GROUP BY c_id);
+------+------+---------+
| s_id | c_id | s_score |
+------+------+---------+
| 01   | 01   |      80 |
| 01   | 02   |      90 |
| 01   | 03   |      99 |
| 03   | 01   |      80 |
+------+------+---------+
4 rows in set (0.03 sec)
```

图 3-54　找出每个课程 c_id 得分最高的学生 s_id 和分数 s _score

2）多表查询

笛卡尔积：从第一张表中取出第一条记录与第二张表的所有记录组合，从第一张表中取出第二条记录与第二张表的所有记录组合……以此类推，得到的结果称为笛卡尔积。

①查询学生姓名、各科成绩详细信息（如图 3-55 所示）

```
mysql> SELECT * FROM student,score WHERE student.s_id = score.s_id;
+------+--------+------------+-------+------+------+---------+
| s_id | s_name | s_birth    | s_sex | s_id | c_id | s_score |
+------+--------+------------+-------+------+------+---------+
| 01   | 赵雷   | 1990-01-01 | 男    | 01   | 01   |      80 |
| 01   | 赵雷   | 1990-01-01 | 男    | 01   | 02   |      90 |
| 01   | 赵雷   | 1990-01-01 | 男    | 01   | 03   |      99 |
| 02   | 钱电   | 1990-12-21 | 男    | 02   | 01   |      70 |
| 02   | 钱电   | 1990-12-21 | 男    | 02   | 02   |      60 |
| 02   | 钱电   | 1990-12-21 | 男    | 02   | 03   |      80 |
| 03   | 孙风   | 1990-05-20 | 男    | 03   | 01   |      80 |
| 03   | 孙风   | 1990-05-20 | 男    | 03   | 02   |      80 |
| 03   | 孙风   | 1990-05-20 | 男    | 03   | 03   |      80 |
| 04   | 李云   | 1990-08-06 | 男    | 04   | 01   |      50 |
| 04   | 李云   | 1990-08-06 | 男    | 04   | 02   |      30 |
| 04   | 李云   | 1990-08-06 | 男    | 04   | 03   |      20 |
| 05   | 周梅   | 1991-12-01 | 女    | 05   | 01   |      76 |
| 05   | 周梅   | 1991-12-01 | 女    | 05   | 02   |      87 |
| 06   | 吴兰   | 1992-03-01 | 女    | 06   | 01   |      31 |
| 06   | 吴兰   | 1992-03-01 | 女    | 06   | 03   |      34 |
| 07   | 郑竹   | 1989-07-01 | 女    | 07   | 02   |      89 |
| 07   | 郑竹   | 1989-07-01 | 女    | 07   | 03   |      98 |
+------+--------+------------+-------+------+------+---------+
18 rows in set (0.07 sec)
```

图 3-55　查询学生姓名、各科成绩详细信息

②查询学生姓名、学生成绩、科目及授课老师详细信息（如图 3-56 所示）

```
mysql> SELECT student.s_id,student.s_name,score.s_score,course.c_name
,teacher.t_name FROM student,score,course,teacher WHERE student.s_id =
score.s_id AND course.c_id = score.c_id AND course.t_id = teacher.t_id
;
+-------+--------+---------+--------+--------+
| s_id  | s_name | s_score | c_name | t_name |
+-------+--------+---------+--------+--------+
| 01    | 赵雷   |      80 | 语文   | 李四   |
| 01    | 赵雷   |      90 | 数学   | 张三   |
| 01    | 赵雷   |      99 | 英语   | 王五   |
| 02    | 钱电   |      70 | 语文   | 李四   |
| 02    | 钱电   |      60 | 数学   | 张三   |
| 02    | 钱电   |      80 | 英语   | 王五   |
| 03    | 孙风   |      80 | 语文   | 李四   |
| 03    | 孙风   |      80 | 数学   | 张三   |
| 03    | 孙风   |      80 | 英语   | 王五   |
| 04    | 李云   |      50 | 语文   | 李四   |
| 04    | 李云   |      30 | 数学   | 张三   |
| 04    | 李云   |      20 | 英语   | 王五   |
| 05    | 周梅   |      76 | 语文   | 李四   |
| 05    | 周梅   |      87 | 数学   | 张三   |
| 06    | 吴兰   |      31 | 语文   | 李四   |
| 06    | 吴兰   |      34 | 英语   | 王五   |
| 07    | 郑竹   |      89 | 数学   | 张三   |
| 07    | 郑竹   |      98 | 英语   | 王五   |
+-------+--------+---------+--------+--------+
18 rows in set (0.07 sec)
```

图 3-56　查询学生姓名、学生成绩、科目及授课老师详细信息

3）连接查询

①内连接（INNER JOIN：只显示满足匹配条件的结果）

SELECT ... FROM 表 1 INNER JOIN 表 2 ON 条件；

查询不同课程成绩相同的学生的学生编号、课程编号、学生成绩（如图 3-57 所示）。

```
mysql> SELECT a.c_id, a.s_id, a.s_score FROM score as a INNER JOIN
score AS b ON a.s_id = b.s_id AND a.c_id != b.c_id AND a.s_score =
b.s_score GROUP BY c_id, s_id;
+------+------+---------+
| c_id | s_id | s_score |
+------+------+---------+
| 01   | 03   |      80 |
| 02   | 03   |      80 |
| 03   | 03   |      80 |
+------+------+---------+
3 rows in set (0.08 sec)
```

图 3-57　查询不同课程成绩相同的学生的学生编号、课程编号、学生成绩

②左外连接（LEFT JOIN：以左表为主显示查询结果）

SELECT ... FROM 表 1 LEFT JOIN 表 2 ON 条件；

查询所有学生的学生编号、学生姓名、选课总数、所有课程的总成绩（如图 3-58

所示）。

```
mysql> SELECT a.s_id,a.s_name,count(b.c_id) AS sum_course,sum(b.s_score)
AS sum_score FROM student a LEFT JOIN score b ON a.s_id = b.s_id GROUP BY
a.s_id,a.s_name;
+------+--------+------------+-----------+
| s_id | s_name | sum_course | sum_score |
+------+--------+------------+-----------+
| 01   | 赵雷   |          3 | 269       |
| 02   | 钱电   |          3 | 210       |
| 03   | 孙风   |          3 | 240       |
| 04   | 李云   |          3 | 100       |
| 05   | 周梅   |          2 | 163       |
| 06   | 吴兰   |          2 | 65        |
| 07   | 郑竹   |          2 | 187       |
| 08   | 王菊   |          0 | NULL      |
+------+--------+------------+-----------+
8 rows in set (0.12 sec)
```

图 3-58　查询所有学生的学生编号、学生姓名、选课总数、所有课程的总成绩

③右外连接（RIGHT JOIN:以右表为主显示查询结果）

SELECT ... FROM 表 1 RIGHT JOIN 表 2 ON 条件；

查询平均成绩大于等于 60 分的学生的学生编号、学生姓名、平均成绩（如图 3-59 所示）。

```
mysql> SELECT student.s_id,student.s_name,r.av_sc FROM student RIGHT JOIN
(SELECT s_id, AVG( s_score ) AS av_sc FROM score GROUP BY s_id HAVING AVG(
s_score ) > 60 ) r ON student.s_id = r.s_id;
+------+--------+---------+
| s_id | s_name | av_sc   |
+------+--------+---------+
| 01   | 赵雷   | 89.6667 |
| 02   | 钱电   | 70.0000 |
| 03   | 孙风   | 80.0000 |
| 05   | 周梅   | 81.5000 |
| 07   | 郑竹   | 93.5000 |
+------+--------+---------+
5 rows in set (0.05 sec)
```

图 3-59　查询平均成绩大于等于 60 分的学生的学生编号、学生姓名、平均成绩

（9）数据导入与导出

1）数据导入

数据导入:把文件内容导入数据库表中。

语法格式（如图 3-60 所示）:

LOAD DATA LOCAL INFILE"文件名绝对路径" INTO TABLE 表名 FIELDS TERMI-NATED BY "分隔符" LINES TERMINATED BY "\n。

```
mysql> LOAD DATA LOCAL INFILE 'C:\\Users\\Administrator\\Desktop\\student.csv'
INTO TABLE student FIELDS TERMINATED BY "," LINES TERMINATED BY '\r\n';
Query OK, 2 rows affected (0.15 sec)
Records: 2  Deleted: 0  Skipped: 0  Warnings: 0

mysql> SELECT * FROM student;
+------+-------+------------+-------+
| s_id | sname | s_birth    | s_sex |
+------+-------+------------+-------+
| 01   | 赵雷  | 1990-01-01 | 男    |
| 02   | 钱电  | 1990-12-21 | 男    |
| 03   | 孙风  | 1990-05-20 | 男    |
| 04   | 李云  | 1990-08-06 | 男    |
| 05   | 周梅  | 1991-12-01 | 女    |
| 06   | 吴兰  | 1992-03-01 | 女    |
| 07   | 郑竹  | 1989-07-01 | 女    |
| 08   | 王菊  | 1990-01-20 | 女    |
| 11   | 杨过  | 1888-01-01 | 男    |
| 12   | 乔峰  | 1777-01-01 | 男    |
+------+-------+------------+-------+
10 rows in set (0.06 sec)
```

图 3-60　数据导入

2）数据导出

数据导出：把数据库表导出到文件内容中。

语法格式（如图 3-61 所示）：

SELECT ... FROM 表名 WHERE 条件 INTO OUTFILE "文件名绝对路径" FIELDS TERMINATED BY "分隔符" LINES TERMINATED BY "分隔符"；

将 student 表里数据导出到桌面上并生成新的文件 student1.csv

```
mysql> SELECT * FROM student INTO OUTFILE "C:\\Users\\Administrator\\Desktop\\
student1.csv" FIELDS TERMINATED BY "," LINES TERMINATED BY "\r\n";
Query OK, 10 rows affected (0.00 sec)
```

图 3-61　数据导出

3.1.3　非关系型数据库

（1）什么是 NoSQL

NoSQL 指的是非关系型的数据库。NoSQL 有时也称作 Not Only SQL 的缩写，是对不同于传统的关系型数据库的数据库管理系统的统称。NoSQL 用于超大规模数据的存储。这些类型的数据存储不需要固定的模式，无须多余操作就可以横向扩展。

（2）为什么使用 NoSQL

今天我们可以通过第三方平台（如谷歌、脸谱等）很容易地访问和抓取数据。用户的个人信息、社交网络、地理位置、用户生成的数据和用户操作日志已经成倍地增加。如果我们要对这些用户数据进行挖掘，那 SQL 数据库已经不适合这些应用了，NoSQL 数据库的发展却能很好地处理这些大的数据。一般 NoSQL 数据库适合于具备不确定的表结构的使用场景，可以很好地处理非关系型数据。

（3）NoSQL 数据库的分类

非关系数据应用场景的日益广泛，对非关系型数据库的发展起到了重要的作用。常用的非关系型数据库可以分为列存储类型、文档存储类型、K-V 存储类型、图存储类型、对象存储类型等，详见表 3-2 所示。

表 3-2　常用的非关系型数据库

类型	部分代表	特点
列存储	Hbase Cassandra Hypertable	顾名思义，是按列存储数据的。最大的特点是方便存储结构化和半结构化数据，方便做数据压缩，针对某一列或者某几列的查询有非常大的 IO 优势
文档存储	MongoDB CouchDB	文档存储一般用类似 json 的格式存储，存储的内容是文档型的。这样也就有机会对某些字段建立索引，实现关系数据库的某些功能
key-value 存储	MemcacheDB Redis	可以通过 key 快速查询到其 value。一般来说，存储不管 value 的格式，照单全收。（Redis 包含了其他功能）
图存储	Neo4J FlockDB	图形关系的最佳存储。如果使用传统关系数据库来解决，则性能低下，而且设计使用不方便
对象存储	db4o Versant	类似面向对象语言的语法操作数据库，通过对象的方式存取数据

（4）MongoDB 数据库的基本操作

在实际的应用过程中，非关系型数据库用得比较多的是 MongoDB、Hbase、Redis，各种数据库的特征与操作方式均有不同，本节将以 MongoDB 为例介绍常用的数据操作。

①MongoDB 简介（如图 3-62 所示）

MongoDB 是由 C++语言编写的，是一个基于分布式文件存储的开源数据库系统。

在高负载的情况下，添加更多的节点，可以保证服务器性能。

MongoDB 旨在为 WEB 应用提供可扩展的高性能数据存储解决方案。

MongoDB 将数据存储为一个文档，数据结构由键值（key ＝＞ value）对组成。MongoDB 文档类似于 JSON 对象。字段值可以包含其他文档、数组及文档数组。

```
{
    name: "sue",                              ←——  field: value
    age: 26,                                  ←——  field: value
    status: "A",                              ←——  field: value
    groups: [ "news", "sports" ]              ←——  field: value
}
```

图 3-62   MongoDB 存储数据示例

②MongoDB 主要特点

MongoDB 提供了一个面向文档存储，操作起来比较简单和容易。

可以在 MongoDB 记录中设置任何属性的索引（如：FirstName＝"Sameer"，Address＝"8 Gandhi Road"）来实现更快的排序。

可以通过本地或者网络创建数据镜像，这使得 MongoDB 有更强的扩展性。

如果负载的增加（需要更多的存储空间和更强的处理能力），它可以分布在计算机网络中的其他节点上，这就是所谓的分片。

MongoDB 支持丰富的查询表达式。查询指令使用 JSON 形式的标记，可轻易查询文档中内嵌的对象及数组。

MongoDB 使用 update()命令可以实现替换完成的文档（数据）或者一些指定的数据字段 。

MongoDB 中的 Map/reduce 主要用来对数据进行批量处理和聚合操作。

Map 函数调用 emit(key,value)遍历集合中所有的记录，将 key 与 value 传给 Reduce 函数进行处理。

Map 函数和 Reduce 函数是使用 Javascript 编写的，并可以通过 db. runCommand 或 mapreduce 命令来执行 MapReduce 操作。

GridFS 是 MongoDB 中的一个内置功能，可以存放大量小文件。

MongoDB 允许在服务端执行脚本，可以用 Javascript 编写某个函数，直接在服务端执行，也可以把函数的定义存储在服务端，下次直接调用即可。

MongoDB 支持各种编程语言：RUBY、PYTHON、JAVA、C＋＋、PHP、C♯等多种语言。

MongoDB 安装简单。

③MongoDB 基本概念

不管学习什么数据库都应该学习其中的基础概念，在 MongoDB 中，基本的概念是文档、集合、数据库。

通过表 3-3 可以更容易理解 MongoDB 中的一些概念：

表 3-3　MongoDB 基本概念

SQL 术语/概念	MongoDB 术语/概念	解释/说明
database	database	数据库
table	collection	数据库表/集合
row	document	数据记录行/文档
column	field	数据字段/域
index	index	索引
table joins		表连接,MongoDB 不支持
primary key	primary key	主键,MongoDB 自动将_id 字段设置为主键

通过图 3-63 中的实例,也可以更直观地了解 MongoDB 中的一些概念:

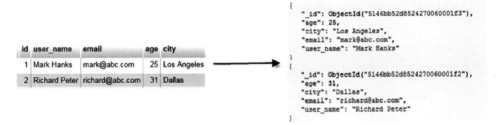

图 3-63　MongoDB 实例

④ MongoDB 常规操作

• MongoDB 插入文档

本章节中,将向大家介绍如何将数据插入 MongoDB 的集合中。

文档的数据结构和 JSON 基本一样。

所有存储在集合中的数据都是 BSON 格式。

BSON 是一种类 json 的二进制形式的存储格式,简称 Binary JSON。

MongoDB 使用 insert() 或 save() 方法向集合中插入文档,语法如下:

db. COLLECTION_NAME. insert(document)

实例

以下文档可以存储在 MongoDB 的 runoob 数据库的 col 集合中:

>db.col.insert({title：'MongoDB 教程',

description：'MongoDB 是一个 Nosql 数据库',

tags：['mongodb','database','NoSQL'],

likes：100

})

以上实例中 col 是集合名，我们已经创建过了，如果该集合不在该数据库中，MongoDB 会自动创建该集合并插入文档。

查看已插入文档：

```
> db.col.find()
{ "_id" : ObjectId("56064886ade2f21f36b03134"),"title" : "MongoDB 教程","description" : "MongoDB 是一个 Nosql 数据库","tags" : [ "mongodb","database","NoSQL" ],"likes" : 100 }
>
```

也可以将数据定义为一个变量，如下所示：

```
> document = ({title：'MongoDB 教程',
    description：'MongoDB 是一个 Nosql 数据库',
    tags：['mongodb', 'database', 'NoSQL'],
    likes：100
});
```

执行后显示结果如下：

```
{
        "title": "MongoDB 教程",
        "description": "MongoDB 是一个 Nosql 数据库",
        "tags": [
                "mongodb",
                "database",
                "NoSQL"
        ],
        "likes": 100
}
```

执行插入操作：

```
> db.col.insert(document)
```

插入文档也可以使用 db. col. save(document) 命令。如果不指定 _id 字段，则 save()方法类似于 insert() 方法。如果指定 _id 字段，则会更新该 _id 的数据。

- MongoDB 更新文档

MongoDB 使用 update() 和 save() 方法来更新集合中的文档。接下来让我们详细来看下两个函数的应用及其区别。

update( ) 方法

update() 方法用于更新已存在的文档。语法格式如图 3-64 所示：

```
db. collection. update(
    <query>,
    <update>,
        {
            upsert: <boolean>,
            multi: <boolean>,
            writeConcern: <document>
        }
)
```

图 3-64　update( )语法格式

参数说明：

- query：update 的查询条件，类似 sql update 查询内 where 后面的。
- update：update 的对象和一些更新的操作符（如 $, $ inc...）等，也可以理解为 sql update 查询内 set 后面的。
- upsert：可选，这个参数的意思是，如果不存在 update 的记录，是否插入 objNew，true 为插入，默认是 false，不插入。
- multi：可选，MongoDB 默认是 false，只更新找到的第一条记录，如果这个参数为 true，就把按条件查出来的多条记录全部更新。
- writeConcern：可选，抛出异常的级别。

实例

在集合 col 中插入如图 3-65 所示的数据：

```
>db.col.insert({
    title: 'MongoDB 教程',
    description: 'MongoDB 是一个 Nosql 数据库',
    tags: ['mongodb', 'database', 'NoSQL'],
    likes: 100
})
```

图 3-65　插入数据

接着通过 update() 方法来更新标题(title),如图 3-66 所示。

```
>db.col.update({'title':'MongoDB 教程'},{ $ set:{'title':'MongoDB'}})
WriteResult({ "nMatched": 1, "nUpserted": 0, "nModified": 1 })    # 输出信息
> db.col.find().pretty()
{
"_id": ObjectId("56064f89ade2f21f36b03136"),
"title": "MongoDB",
"description": "MongoDB 是一个 Nosql 数据库",
"tags": [
"mongodb",
"database",
"NoSQL"
],
"likes": 100
}
>
```

图 3-66　更新标题

可以看到标题(title)由原来的 "MongoDB 教程" 更新为了 "MongoDB"。

以上语句只会修改第一条发现的文档,如果要修改多条相同的文档,则需要设置 multi 参数为 true,如图 3-67 所示。

```
>db.col.update({'title':'MongoDB 教程'},{ $ set:{'title':'MongoDB'}},{multi:true})
```

图 3-67　修改多条相同文档

save() 方法

save() 方法通过传入的文档来替换已有文档。语法格式如图 3-68 所示。

```
db. collection. save(
<document>,
    {
     writeConcern: <document>
    }
)
```

图 3-68　save( )语法格式

参数说明：

● document：文档数据。

● writeConcern：可选，抛出异常的级别。

实例

图 3-69 的实例替换了 _id 为 56064f89ade2f21f36b03136 的文档数据：

```
>db. col. save({
        "_id": ObjectId("56064f89ade2f21f36b03136"),
    "title": "MongoDB",
    "description": "MongoDB 是一个 Nosql 数据库",
    "tags": [
        "mongodb",
        "NoSQL"
    ],
    "likes": 110
})
```

图 3-69　替换文档数据

替换成功后，可以通过 find( ) 命令来查看替换后的数据，如图 3-70 所示。

```
>db. col. find(). pretty()
{
        "_id": ObjectId("56064f89ade2f21f36b03136"),
        "title": "MongoDB",
        "description": "MongoDB 是一个 Nosql 数据库",
"tags": [
                "mongodb",
                "NoSQL"
        ],
        "likes": 110
}
>
```

图 3-70　替换效果查询

● MongoDB 删除文档

在前面章节中已经介绍了在 MongoDB 中如何为集合添加数据和更新数据。

在本章节将继续介绍 MongoDB 集合的删除。

MongoDB remove()函数是用来移除集合中的数据。

MongoDB 数据更新可以使用 update()函数。在执行 remove()函数前先执行 find()命令来判断执行的条件是否正确,这是一个比较好的习惯。

语法

remove() 方法的基本语法格式如图 3-71 所示。

```
db. collection. remove(
<query>,
<justOne>
)
```

图 3-71　remove()语法格式

如果 MongoDB 是 2.6 版本以后的,语法格式如图 3-72 所示。

```
db. collection. remove(
<query>,
   {
      justOne: <boolean>,
      writeConcern: <document>
   }
)
```

图 3-72　MongoDB 2.6 以上版本中 remove ()语法格式

参数说明:

- query:(可选)删除的文档的条件。

- justOne:(可选)如果设为 true 或 1,则只删除一个文档。

- writeConcern:(可选)抛出异常的级别。

实例

图 3-73 中的文档执行两次插入操作:

```
>db. col. insert({title: 'MongoDB 教程',
    description: 'MongoDB 是一个 Nosql 数据库',
    tags: ['mongodb', 'database', 'NoSQL'],
    likes: 100
})
```

图 3-73　插入数据

使用 find() 函数查询数据,如图 3-74 所示。

```
> db.col.find()
{ "_id": ObjectId("56066169ade2f21f36b03137"), "title": "MongoDB 教程", "descrip-
tion": "MongoDB 是一个 Nosql 数据库", "tags": [ "mongodb", "database", "NoSQL" ],
"likes": 100 }
{ "_id": ObjectId("5606616dade2f21f36b03138"), "title": "MongoDB 教程", "descrip-
tion": "MongoDB 是一个 Nosql 数据库", "by": "菜鸟教程", "url": "http://www.runoob.com",
"tags": [ "mongodb", "database", "NoSQL" ], "likes": 100 }
```

图 3-74　查询数据

接下来移除 title 为 'MongoDB 教程' 的文档，如图 3-75 所示。

```
>db.col.remove({'title':'MongoDB 教程'})
WriteResult({ "nRemoved": 2 })              # 删除了两条数据
>db.col.find()
……                                         # 没有数据
```

图 3-75　移除数据

● MongoDB 查询文档

语法

MongoDB 查询数据的语法格式如图 3-76 所示。

```
>db.COLLECTION_NAME.find()
```

图 3-76　MongoDB 查询数据的语法格式

find()方法以非结构化的方式来显示所有文档。

如果需要以易读的方式来读取数据，可以使用 pretty()方法，语法格式如图 3-77 所示。

```
>db.col.find().pretty()
```

图 3-77　pretty()语法格式

pretty() 方法以格式化的方式来显示所有文档。

实例

图 3-78 中的实例我们查询了集合 col 中的数据。

```
> db.col.find().pretty()
{
        "_id": ObjectId("56063f17ade2f21f36b03133"),
        "title": "MongoDB 教程",
        "description": "MongoDB 是一个 Nosql 数据库",
        "tags": [
                "mongodb",
                "database",
                "NoSQL"
        ],
        "likes": 100
}
```

图 3-78　查询集合 col 中的数据

除了 find() 方法之外,还有一个 findOne() 方法,它只返回一个文档。

MongoDB 与 RDBMS Where 语句比较

如果熟悉常规的 SQL 数据,通过表 3-4 可以更好地理解 MongoDB 的条件语句查询。

表 3-4　MongoDB 的条件语句查询

操作	格式	范例	RDBMS 中的类似语句
等于	{<key>:<value>}	db.col.find({"title":" MongoDB"}).pretty()	Where likes = '100'
小于	{<key>:{$lt:<value>}}	db.col.find({"likes":{$lt:50}}).pretty()	where likes < 50
小于或等于	{<key>:{$lte:<value>}}	db.col.find({"likes":{$lte:50}}).pretty()	where likes <= 50
大于	{<key>:{$gt:<value>}}	db.col.find({"likes":{$gt:50}}).pretty()	where likes > 50
大于或等于	{<key>:{$gte:<value>}}	db.col.find({"likes":{$gte:50}}).pretty()	where likes >= 50
不等于	{<key>:{$ne:<value>}}	db.col.find({"likes":{$ne:50}}).pretty()	where likes != 50

MongoDB AND 条件

MongoDB 的 find() 方法可以传入多个键(key),每个键(key)以逗号隔开,及常规 SQL 的 AND 条件。

语法

MongoDB 的 find( )方法的基本语法格式如图 3-79 所示。

```
>db. col. find({key1:value1, key2:value2}). pretty()
```

图 3-79 MongoDB 的 find( )方法的基本语法格式

实例

图 3-80 中的实例通过 description 和 title 键来查询。

```
> db. col. find({"description ":" MongoDB 是一个 Nosql 数据库", "title":"MongoDB 教
程"}). pretty()
{
        "_id": ObjectId("56063f17ade2f21f36b03133"),
        "title": "MongoDB 教程",
        "description": "MongoDB 是一个 Nosql 数据库",
        "tags": [
                "mongodb",
                "database",
                "NoSQL"
        ],
        "likes": 100
}
```

图 3-80 查询数据的示例

以上实例中类似于 WHERE 语句:WHERE description ＝ 'MongoDB 是一个
Nosql 数据库'AND title ＝ 'MongoDB 教程'.

MongoDB OR 条件

MongoDB OR 条件语句使用了关键字$ or,语法格式如图 3-81 所示。

```
>db. col. find(
  {
     $ or: [
          {key1：value1}, {key2:value2}
     ]
  }
). pretty()
```

图 3-81 MongoDB OR 条件语句的语法格式

实例

图 3-82 中的实例中,我们演示了查询键 description 值为'MongoDB 是一个 Nosql 数据库'或键 title 值为'MongoDB 教程'的文档。

```
>db.col.find({$or:[{"description":"MongoDB 是一个 Nosql 数据库"},{"title":"
MongoDB 教程"}]}).pretty()
{
        "_id": ObjectId("56063f17ade2f21f36b03133"),
        "title":"MongoDB 教程",
        "description":"MongoDB 是一个 Nosql 数据库",
        "tags":[
                "mongodb",
                "database",
                "NoSQL"
        ],
        "likes":100
}
>
```

图 3-82　条件语句使用实例

3.1.4　大数据获取

随着新的技术发展,人们对数据的获取变得更加的便利,获取大量数据后,如何进行数据的存储与分析计算便成了关键。以互联网公司为例,记录用户的行为数据、订单数据,如果单独使用某一个数据表来记录,随着业务的增加,数据的历史累计量是越来越多的,这种情况下,对于历史的累积数据,就需要借助大数据的相关技术来存储分析了。

(1)Hive 是什么

Hive 是一个数据仓库基础工具,在 Hadoop 中用来处理结构化数据。它架构在 Hadoop 之上,总归为大数据,并使得查询和分析方便。能够提供简单的 sql 查询功能,可以将 sql 语句转换为 MapReduce 任务进行运行。

(2)Hive 特点

• 它存储架构在一个数据库中并处理数据到 HDFS。

• 它是专为 OLAP 设计。

• 它提供 SQL 类型语言查询叫 HiveQL 或 HQL。

（3）Hive 架构

图 3-83 中的组件图描绘了 Hive 的结构。

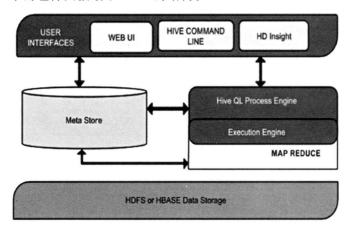

图 3-83 Hive 组件结构

该组件图包含不同的单元。表 3-5 描述每个单元。

表 3-5　Hive 组件中的单元

单元名称	操作
用户接口/界面	Hive 是一个数据仓库基础工具软件,可以创建用户和 HDFS 之间互动。用户界面,Hive 支持是 Hive 的 Web UI,Hive 命令行,HiveHD 洞察(在 Windows 服务器)
元存储	Hive 选择各自的数据库服务器,用以储存表,数据库,列模式或元数据表,它们的数据类型和 HDFS 映射
HiveQL 处理引擎	HiveQL 类似于 SQL 的查询上 Metastore 模式信息。这是传统的方式进行 MapReduce 程序的替代品之一。相反,使用 Java 编写的 MapReduce 程序,可以编写为 MapReduce 工作,并处理它的查询
执行引擎	HiveQL 处理引擎和 MapReduce 的结合部分是由 Hive 执行引擎。执行引擎处理查询并产生结果和 MapReduce 的结果一样。它采用 MapReduce 方法
HDFS 或 HBASE	Hadoop 的分布式文件系统或者 HBASE 数据存储技术是用于将数据存储到文件系统

（4）Hive 与 Hadoop 工作流程

图 3-84 描述了 Hive 和 Hadoop 之间的工作流程。

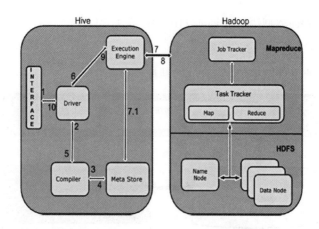

图 3-84   Hive 和 Hadoop 之间的工作流程

表 3-6 显示的是 Hive 和 Hadoop 之间的具体工作步骤。

表 3-6   Hive 和 Hadoop 之间的具体工作步骤

Step No.	操作
1	Execute Query Hive 接口,如命令行或 Web UI 发送查询驱动程序(任何数据库驱动程序,如 JDBC,ODBC 等)来执行
2	Get Plan 在驱动程序帮助下查询编译器,分析查询检查语法和查询计划或查询的要求
3	Get Metadata 编译器发送元数据请求到 Metastore(任何数据库)
4	Send Metadata Metastore 发送元数据,以编译器的响应
5	Send Plan 编译器检查要求,并重新发送计划给驱动程序。到此为止,查询解析和编译完成
6	Execute Plan 驱动程序发送的执行计划到执行引擎
7	Execute Job 在内部,执行作业的过程是一个 MapReduce 工作。执行引擎发送作业给 JobTracker,在名称节点并把它分配作业到 TaskTracker,这是在数据节点。在这里,查询执行 MapReduce 工作
7.1	Metadata Ops 与此同时,在执行时,执行引擎可以通过 Metastore 执行元数据操作
8	Fetch Result 执行引擎接收来自数据节点的结果
9	Send Results 执行引擎发送这些结果值给驱动程序
10	Send Results 驱动程序将结果发送给 Hive 接口

（5）Sqoop 原理

Sqoop 是一个用来将 Hadoop 和关系型数据库中的数据相互转移的工具，可以将一个关系型数据库（例如：MySQL，Oracle，Postgres 等）中的数据导进到 Hadoop 的 HDFS 中，也可以将 HDFS 的数据导进关系型数据库中。

Sqoop 在 import 时，需要制定 split-by 参数。Sqoop 根据不同的 split-by 参数值来进行切分，然后将切分出来的区域分配到不同 map 中。每个 map 在处理数据库中获取的一行的值，写入 HDFS 中。同时 split-by 根据不同的参数类型有不同的切分方法，如比较简单的 int 型，Sqoop 会取最大和最小 split-by 字段值，然后根据传入的 num-mappers 来确定划分几个区域。比如 select max(split_by)，min(split-by) from 得到的 max(split-by) 和 min(split-by) 分别为 1000 和 1，而 num-mappers 为 2 的话，则会分成两个区域（1，500）和（501－100），同时也会分成 2 个 sql 给 2 个 map 去进行导入操作，分别为 select XXX from table where split-by>=1 and split-by<500 和 select XXX from table where split-by>=501 and split-by<=1000。最后每个 map 各自获取各自 SQL 中的数据进行导入工作。

3.1.5　数据仓库

（1）数据仓库的定义与特点

数据仓库，英文名称为 Data Warehouse，可简写为 DW 或 DWH。数据仓库，是为企业所有级别的决策制定过程，提供所有类型数据支持的战略集合。它是单个数据存储，出于分析性报告和决策支持目的而创建，为需要业务智能的企业提供指导业务流程改进、监视时间、成本、质量以及控制。

从数据仓库的定义可以看出数据仓库中数据的特点：

①数据的存储是面向主题的：在操作型系统中，数据集合是以单独的应用程序为中心专门组织存放的，数据是面向应用程序事务的，而数据仓库中的数据是按商业主题存放的，商业主题会随着企业的不同而不同。

②数据是集成的：数据仓库中的数据来源于不同的操作型系统，其中文件布局、编码表示方式、命名习惯和度量单位等都有可能不同。还有一些企业除了从操作系统获取内部数据，外部系统数据也是很重要的。所以，在将不同来源的数据存入数据仓库之前，必须把这些不同的数据元素标准化，对数据进行清洗、转换等集成操作。

③数据的时间特性：操作型系统存储的数据一般包含当前值，反映的是当前信息，而数据仓库的数据是供分析和决策使用的，决策者必须根据数据趋势进行决

策,这不但需要当前数据,也需要历史数据。所以,数据仓库的目的决定了它包含当前数据之外,也必须包含历史数据。数据仓库中的数据结构都包含时间特性,对于设计阶段和实现阶段都具有重要意义。

④ 数据的稳定性:操作型系统中的数据是实时更新的,而数据仓库中的数据在载入之后几乎不会再更新,主要是查询分析使用。另外,数据仓库中数据的粒度与操作型系统中的数据粒度也不一样,在操作型系统中数据的存储通常非常详细,但是数据仓库是按不同的粒度层次来存放数据的。

(2)数据仓库与数据库的区别

简言之,数据库是面向事务设计的,数据仓库是面向主题设计的。数据库一般存储在线交易数据,数据仓库存储的一般是历史数据。数据库设计是尽量避免冗余,一般采用符合范式的规则来设计,数据仓库在设计上是有意引入冗余,采用反范式的方式来设计。数据库是为捕获数据而设计,数据仓库是为分析数据而设计,它的两个基本的元素是维表和事实表。维是看问题的角度,比如时间、部门,维表放的就是这些东西的定义,事实表里放着要查询的数据和有维的 ID。

(3)数据仓库的基本结构

数据仓库的目的是构建面向分析的集成化数据环境,为企业提供决策支持(Decision Support)。其实数据仓库本身并不"生产"任何数据,同时自身也不需要"消费"任何数据,数据来源于外部,并且开放给外部应用,这也是为什么叫"仓库",而不叫"工厂"的原因。因此数据仓库的基本架构主要包含的是数据流入流出的过程,可以分为三层——源数据、数据仓库、数据应用,具体模式如图 3-85 所示。

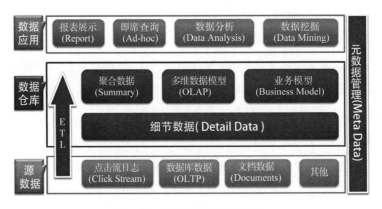

图 3-85 数据仓库的基本架构

从图 3-85 中可以看出数据仓库的数据来源于不同的源数据,并提供多样的数据应用,数据自下而上流入数据仓库后向上层开放应用,而数据仓库只是中间集成化数据管理的一个平台。

数据仓库从各源数据获取数据并在数据仓库内的数据转换和流动都可以认为是 ETL(抽取 Extra，转化 Transfer，装载 Load)的过程，ETL 是数据仓库的流水线，也可以认为是数据仓库的血液，它维系着数据仓库中数据的新陈代谢，而数据仓库日常管理和维护工作的大部分精力就是保持 ETL 的正常和稳定。

下面主要简单介绍下数据仓库架构中的各个模块，当然这里所介绍的数据仓库主要是指网站数据仓库。

1)数据仓库的数据来源

对于网站数据仓库而言，点击流日志是一块主要的数据来源，它是网站分析的基础数据；当然网站的数据库数据也必不可少，其记录着网站运营的数据及各种用户操作的结果，对于分析网站 Outcome 这类数据更加精准；网站内外部可能产生的文档及其他各类对于公司决策有用的数据也是重要来源。

2)数据仓库的数据存储

源数据通过 ETL 的日常任务调度导出，并经过转换后以特性的形式存入数据仓库。其实这个过程一直有很大的争议，就是到底数据仓库需不需要储存细节数据，一方的观点是数据仓库面向分析，所以只需要存储特定需求的多维分析模型；另一方的观点是数据仓库先要建立和维护细节数据，再根据需求聚合和处理细节数据生成特定的分析模型。

数据仓库基于维护细节数据的基础上对数据进行处理，使其真正地能够应用于分析。主要包括三个方面：

①聚合数据

这里的聚合数据指的是基于特定需求的简单聚合(基于多维数据的聚合体现在多维数据模型中)，简单聚合可以是网站的总 Pageviews、Visits、Unique Visitors 等汇总数据，也可以是 Avg. time on page、Avg. time on site 等平均数据，这些数据可以直接地展示于报表上。

②多维数据模型

多维数据模型提供了多角度多层次的分析应用，比如基于时间维、地域维等构建的销售星形模型、雪花模型，可以实现在各时间维度和地域维度的交叉查询，以及基于时间维和地域维的细分。所以多维数据模型的应用一般都是基于联机分析处理(Online Analytical Process，OLAP)的，而面向特定需求群体的数据集市也会基于多维数据模型进行构建。

③业务模型

这里的业务模型指的是基于某些数据分析和决策支持而建立起来的数据模型,比如用户评价模型、关联推荐模型、RFM 分析模型等,或者是决策支持的线性规划模型、库存模型等;同时,数据挖掘中前期数据的处理也可以在这里完成。

3)数据仓库的数据应用

前端工具主要包括各种报表工具、查询工具、数据分析工具、数据挖掘工具等各种基于数据仓库和数据集市的应用开发工具,组成了数据仓库的技术结构之一。

①报表展示

报表几乎是每个数据仓库的必不可少的一类数据应用,将聚合数据和多维分析数据展示到报表,提供了最为简单和直观的数据。

②即席查询

理论上数据仓库的所有数据(包括细节数据、聚合数据、多维数据和分析数据)都应该开放即席查询,即席查询提供了足够灵活的数据获取方式,用户可以根据自己的需要查询获取数据,并提供导出到 Excel 等外部文件的功能。

③数据分析

数据分析大部分可以基于构建的业务模型展开,当然也可以使用聚合的数据进行趋势分析、比较分析、相关分析等,而多维数据模型提供了多维分析的数据基础;同时从细节数据中获取一些样本数据进行特定的分析也是较为常见的一种途径。

④数据挖掘

数据挖掘用一些高级的算法可以让数据展现出各种令人惊讶的结果。数据挖掘可以基于数据仓库中已经构建起来的业务模型展开,但大多数时候数据挖掘会直接从细节数据上入手,而数据仓库为挖掘工具诸如 SAS、SPSS 等提供数据接口。

4)元数据管理

元数据(Meta Data),其实应该叫作解释性数据,或者数据字典,即数据的数据。主要记录数据仓库中模型的定义、各层级间的映射关系,监控数据仓库的数据状态及 ETL 的任务运行状态。一般会通过元数据资料库(Metadata Repository)来统一地存储和管理元数据,其主要目的是使数据仓库的设计、部署、操作和管理能达成协同和一致。

3.2　外部数据获取

对于企业外部数据的获取,可以通过数据 API 获取,也可以通过相关政府网站获取,在日常的经营中获取竞争对手数据的一个有效方式是网络爬虫。

3.2.1　爬虫获取

所谓网络爬虫,其实是一个自动下载网页的计算机程序。网络爬虫通常从一个称为种子集的 URL 集合开始运行。首先,将种子 URL 放入待爬取的爬行队列中,按照定义好的顺序读取 URL,并下载所指向的页面,分析页面的内容,提取新的 URL 并放入待爬取的 URL 队列中,重复上面的过程直到 URL 队列为空或者满足某一个终止条件,这就是爬虫的工作过程。

在企业的经营过程中,如果需要及时获取竞争对手的价格,可以通过登录竞争对手的网站获取,然而当竞争对手的网站商品丰富,价格时常变化的时候,单独靠人工获取就变得不太现实了,这时候就需要编写程序脚本来自动获取了。对于这类外部数据的获取,网络爬虫是一个重要的获取数据的工具。

3.2.1.1　网络爬虫的基本结构

网络爬虫的结构主要包括:下载模块;网页分析模块;URL 去重模块;URL 分配模块。

其基本工作流程如图 3-86 所示:

(1)首先选取一部分精心挑选的种子 URL。

(2)将这些 URL 放入待抓取 URL 队列。

(3)从待抓取 URL 队列中取出待抓取的 URL,解析 DNS,并且得到主机的 ip,然后将 URL 对应的网页下载下来,存储进已下载的网页库中。此外,还要将这些 URL 放进已抓取 URL 队列中。

(4)分析已抓取 URL 队列中的 URL,从中抽取出新的 URL 种子,并且将其放入待抓取 URL 队列,从而进入下一个循环。

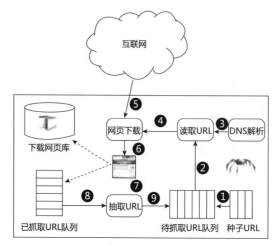

图 3-86　网络爬虫的基本结构

3.2.1.2　网络爬虫的基本爬取策略

在爬虫系统中,待抓取 URL 队列是很重要的一部分。待抓取 URL 队列中的 URL 以什么样的顺序排列也是一个很重要的问题,因为这涉及先抓取哪个页面,后抓取哪个页面,而决定这些 URL 排列顺序的方法,叫作抓取策略。下面重点介绍几种常见的抓取策略:

1)广度优先搜索策略

广度优先搜索策略是指在抓取过程中,在完成当前层次的搜索后,才进行下一层次的搜索。该算法的设计和实现相对简单。目前为覆盖尽可能多的网页,一般使用广度优先搜索方法。也有很多研究将广度优先搜索策略应用于聚焦爬虫中,其基本思想是与初始 URL 在一定链接距离内的网页具有主题相关性的概率很大。另外一种方法是将广度优先搜索与网页过滤技术结合使用,先用广度优先策略抓取网页,再将其中无关的网页过滤掉。这些方法的缺点在于,随着抓取网页的增多,大量的无关网页将被下载并过滤,算法的效率将变低。

2)最佳优先搜索策略

最佳优先搜索策略按照一定的网页分析算法,预测候选 URL 与目标网页的相似度,或与主题的相关性,并选取评价最好的一个或几个 URL 进行抓取。它只访问经过网页分析算法预测为"有用"的网页。这种方法存在的一个问题是,在爬虫抓取路径上的很多相关网页可能被忽略,因为最佳优先策略是一种局部最优搜索算法。因此需要将最佳优先结合具体的应用进行改进,以跳出局部最优点。相关研究表明,这样的闭环调整可以将无关网页数量降低 30%～90%。

3.2.1.3　网络爬虫的更新策略

互联网是实时变化的,具有很强的动态性。网页更新策略主要是决定何时更新之前已经下载过的页面。常见的更新策略有以下三种:

1)历史参考策略

顾名思义,根据页面以往的历史更新数据,预测该页面未来何时会发生变化。一般通过泊松过程进行建模和预测。

2)用户体验策略

尽管搜索引擎针对某个查询条件能够返回数量巨大的结果,但是用户往往只关注前几页结果。因此,抓取系统可以优先更新那些显示在查询结果前几页中的网页,而后再更新那些后面的网页。这种更新策略也是需要用到历史信息的。用户体验策略保留网页的多个历史版本,并且根据过去每次内容变化对搜索质量的影响,计算出一个平均值,用这个值作为何时重新抓取的依据。

3)聚类抽样策略

前面提到的两种更新策略都有一个前提:需要网页的历史信息。这样就存在两个问题:第一,要是为每个系统保存多个版本的历史信息,无疑会增加系统负担;第二,如果新的网页完全没有历史信息,就无法确定更新策略。

聚类抽样策略认为,网页具有很多属性,相似属性的网页,可以认为其更新频率也是相似的。如果计算某一个类别网页的更新频率,只需要对这一类网页抽样,以它们的更新周期作为整个类别的更新周期。基本思路如图 3-87 所示。

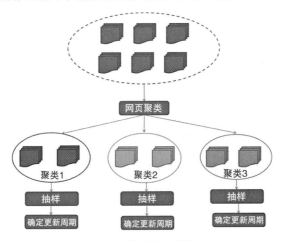

图 3-87　聚类抽样策略的基本思路

3.2.1.4　分布式网络爬虫

一般来说,抓取系统需要面对的是整个互联网上数以亿计的网页。单个抓取程序不可能完成这样的任务,因此往往需要多个抓取程序一起来处理。一般来说,抓取系统往往是一个分布式的三层结构,如图 3-88 所示。

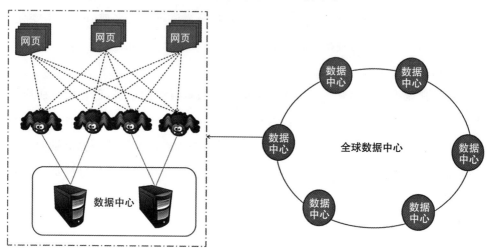

图 3-88　分布式网络爬虫的抓取系统

最下一层是分布在不同地理位置的数据中心,在每个数据中心里有若干台抓取服务器,而每台抓取服务器上可能部署了若干套爬虫程序。这就构成了一个基本的分布式抓取系统。对于一个数据中心内的不同抓取服务器,协同工作的方式有几种:

1)主从式(Master-Slave)

主从式基本结构如图 3-89 所示。

对于主从式而言,有一台专门的 Master 服务器来维护待抓取 URL 队列,它负责将每次 URL 分发到不同的 Slave 服务器,而 Slave 服务器则负责实际的网页下载工作。Master 服务器除了维护待抓取 URL 队列以及分发 URL 之外,还要负责调解各个 Slave 服务器的负载情况,以免某些 Slave 服务器过于清闲或者劳累。这种模式下,Master 往往容易成为系统瓶颈。

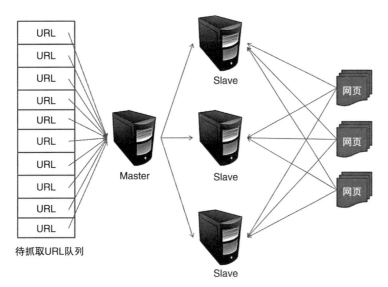

图 3-89 主从式基本结构

2)对等式(Peer to Peer)

对等式的基本结构如图 3-90 所示。

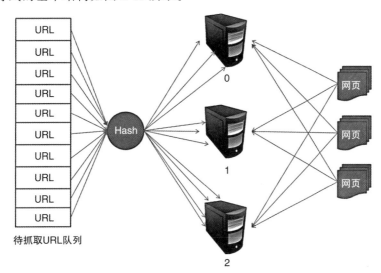

图 3-90 对等式的基本结构

在这种模式下,所有的抓取服务器在分工上没有差异。每一台抓取服务器都可以从待抓取的 URL 队列中获取 URL,然后获取 URL 的主域名的 hash 值 H,计算 H mod m(H 对 m 取余数,其中 m 是服务器的数量,以上图为例,m 为 3),计算得到的数就是处理该 URL 的主机编号。

举例:假设对于 URL www.baidu.com,计算器 hash 值 H=8,m=3,则 H mod m=2,因此由编号为 2 的服务器进行该链接的抓取。假设这时候是 0 号服务器拿到这个 URL,那么它将该 URL 转给服务器 2,由服务器 2 进行抓取。

这种模式有一个问题,当有一台服务器死机或者添加新的服务器,那么所有 URL 的 hash 求余的结果就都要变化。所以,这种方式的扩展性不佳。针对这种情况,又有一种改进方案被提出来。这种改进的方案是一致性 hash 法,由此来确定服务器分工。其基本结构如图 3-91 所示。

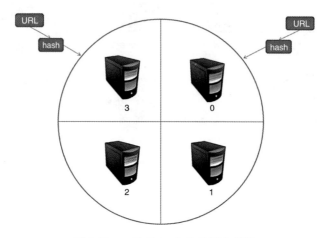

图 3-91　一致性 hash 法的基本结构

一致性 hash 将 URL 的主域名进行 hash 运算,映射到一个范围在 0~232 之间的某个数。然后将这个范围平均分配给 m 台服务器,根据 URL 主域名 hash 运算的值所处的范围判断是哪台服务器来进行抓取。如果某一台服务器出现问题,那么本该由该服务器负责的网页则按照顺时针顺延,由下一台服务器进行抓取。这样的话,即使某台服务器出现问题,也不会影响其他的工作。

3.2.1.5　爬虫实例

1. 背景调研

在开始开发网络爬虫之前,需要对目标网站的相关信息进行调研,其中包括目标网站的网站大小、所使用的技术、网站的所有者、网站地图以及目标网站的 robots.txt 文件。用户可以通过 robots.txt 文件来获取目标网站的限制,以避免爬取行为受到封禁。

2. 获取整个页面数据和筛选页面中想要的数据

● 获取整个页面数据

首先我们可以先获取要下载图片的整个页面信息。

```
#coding = utf - 8

import urllib

def getHtml(url):
    page = urllib.urlopen(url)
    html = page.read()
    return html

html = getHtml("http://tieba.baidu.com/p/2738151262")

print html
```

Urllib 模块提供了读取 web 页面数据的接口，可以像读取本地文件一样读取 www 和 ftp 上的数据。首先，定义一个 getHtml()函数：urllib.urlopen()方法用于打开一个 URL 地址。read()方法用于读取 URL 上的数据，向 getHtml()函数传递一个网址，并把整个页面下载下来。执行程序就会把整个网页打印输出。

● 筛选页面中想要的数据

1）正则表达式

正则表达式（Regular Expression）是一种文本模式，包括普通字符（例如，a 到 z 之间的字母）和特殊字符（称为"元字符"）。

正则表达式使用单个字符串来描述和匹配一系列某个句法规则的字符串。

正则表达式是烦琐的，但它是强大的，许多程序设计语言支持利用正则表达式进行字符串操作。

2）Beautiful Soup 安装及介绍

Beautiful Soup 提供一些简单的、python 式的函数用来实现导航、搜索、修改分析树等功能。它是一个工具箱，通过解析文档为用户提供需要抓取的数据，因为简单，所以不需要多少代码就可以写出一个完整的应用程序。

Beautiful Soup 自动将输入文档转换为 Unicode 编码，输出文档转换为 utf－8 编码。不需要考虑编码方式，除非文档没有指定一个编码方式，这时 Beautiful Soup 就不能自动识别编码方式，需要说明一下原始编码方式。Beautiful Soup 已成为和 lxml、html5lib 一样出色的 python 解释器，为用户灵活地提供不同的解析策略或者强劲的速度。目前 Beautiful Soup 3 已经停止开发，在现在的项目中推荐使用 Beautiful Soup 4，不过它已经被移植到 BS4 了，也就是说导入时需要 import bs4。可以通过如下命令进行安装：

```
easy_install    beautifulsoup4
pip    install    beautifulsoup4
```

3)动态网页数据获取

Selenium 是一个 Web 的自动化测试工具,可以在多平台下操作多种浏览器进行各种动作,比如运行浏览器、访问页面、点击按钮、提交表单、浏览器窗口调整。鼠标右键和拖放动作,下拉框和对话框处理等,算是 QA 自动化测试的必备工具。我们抓取时选用它的原因,主要是 Selenium 可以渲染页面、运行页面中的 JS 以及其点击按钮、提交表单等操作。但就是因为 Selenium 会渲染页面,所以相对于 requests+BeautifulSoup 会慢一些。关于 PhantomJs 可以看作一个没有页面的浏览器,有渲染引擎(QtWebkit)和 JS 引擎(JavascriptCore)。PhantomJs 有 DOM 渲染、JS 运行、网络访问、网页截图等多个功能。

使用 PhantomJs,而不用 Chromedriver 和 firefox,主要是因为 PhantomJs 的静默方式(后台运行,不打开浏览器)。

- 将页面筛选的数据保存到本地

把筛选的图片地址通过 for 循环遍历并保存到本地,代码如下:

```
# coding = utf - 8
import urllib
import re
import imghdr

def getHtml(url):
    page = urllib.urlopen(url)
    html = page.read()
    return html

def getImg(html):
    reg = r'src = "(. + ?。jpg)" pic_ext'
    imgre = re.compile(reg)
    imglist = re.findall(imgre, html)
    x = 0
for imgurl in imglist:
```

```
    urllib.urlretrieve(imgurl,'% s.jpg' % x)
        content = urllib.urlopen(imgurl).read()
        imgtype = imghdr.what('',h = content)
        if not imgtype:
            imgtype = 'txt'
        with open('E:Download{}.{}'.format(x + 1,imgtype),'wb') as f:
            f.write(content)
        x + = 1

html = getHtml("http://tieba.baidu.com/p/2460150866")
print getImg(html)
```

这里的核心是用到了 urllib.urlretrieve()方法,直接将远程数据下载到本地。

通过一个 for 循环对获取的图片链接进行遍历,为了使图片的文件名看上去更规范,对其进行重命名,命名规则通过 x 变量加 1,保存的位置默认为程序的存放目录。程序运行完成之后,将在目录下看到下载到本地的文件,如图 3-92 所示。

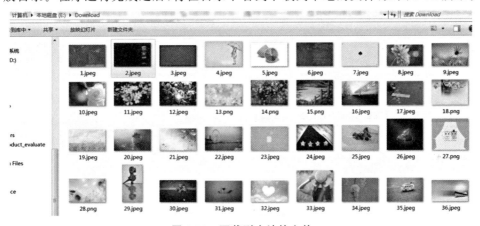

图 3-92　下载到本地的文件

3. 多线程爬虫、多进程爬虫

1)线程和进程如何工作

当运行 Python 脚本或其他计算机程序时,就会创建包含有代码和状态的进程。这些进程通过计算机的一个或多个 CPU 来执行。不过,同一时刻每个 CPU 只会执行一个进程,然后在不同进程间快速切换,这样就给人以多个程序同时运行的感觉。同理,在一个进程中,程序的执行也是在不同线程间进行切换的,每个线程执行程序的不同部分。这就意味着当一个线程等待网页下载时,进程可以切换到其他线程执行,避免浪费 CPU 时间。因此,为了充分利用计算机中的所有资源,尽可能快地下载数据,就需要将下载分发到多个进程和线程中。

2）多线程实现

在 Python 中实现多线程编程相对来说比较简单。下面的代码是链接爬虫起始部分，这里把 crawl 循环移到了函数内部。

```python
def threaded_crawler(seed_url, delay = 5, cache = None, scrape_callback = None, user_
agent = 'wswp', proxies = None, num_retries = 1, max_threads = 10, timeout = 60):
    """Crawl this website in multiple threads
    """
    # the queue of URL's that still need to be crawled
    # crawl_queue = Queue.deque([seed_url])
    crawl_queue = [seed_url]
    # the URL's that have been seen
    seen = set([seed_url])
    D = Downloader(cache = cache, delay = delay, user_agent = user_agent, proxies =
proxies, num_retries = num_retries, timeout = timeout)

    def process_queue():
        while True:
            try:
                url = crawl_queue.pop()
            except IndexError:
                # crawl queue is empty
                break
            else:
                html = D(url)
                if scrape_callback:
                    try:
                        links = scrape_callback(url, html) or []
                    except Exception as e:
                        print 'Error in callback for: {}: {}'.format(url, e)
                    else:
                        for link in links:
                            link = normalize(seed_url, link)
                            # check whether already crawled this link
                            if link not in seen:
                                seen.add(link)
                                # add this new link to queue
                                crawl_queue.append(link)
    # wait for all download threads to finish
```

```
    threads = []
    while threads or crawl_queue:
        # the crawl is still active
        for thread in threads:
            if not thread.is_alive():
                # remove the stopped threads
                threads.remove(thread)
        while len(threads) < max_threads and crawl_queue:
            # can start some more threads
            thread = threading.Thread(target = process_queue)
            thread.setDaemon(True) # set daemon so main thread can exit when receives
ctrl - c
            thread.start()
            threads.append(thread)
        # all threads have been processed
        # sleep temporarily so CPU can focus execution on other threads
        time.sleep(SLEEP_TIME)
```

3）多进程实现

为了进一步改善性能，可以对多线程示例再度扩展，使其支持多进程。目前，爬虫队列都是存储在本地内存当中，其他进程都无法处理这一爬虫。为了解决该问题，需要把爬虫队列转移到 MongoDB 当中。单独存储队列，意味着即使是不同服务器上的爬虫也能够协同处理同一个爬虫任务。请注意，如果想要拥有更加健壮的队列，则需要考虑使用专用的消息传输工具，比如 Celery。不过，为了尽量减少本书中介绍的技术种类，在这里选择复用 MongoDB。下面是基于 MongoDB 实现的队列代码。

更新后的多线程爬虫还可以启动多个进程，如下面的代码所示。

```
import multiprocessing
    def process_link_crawler(args, * * kwargs):
    num_cups = multiprocessing.cpu_count()
    print 'start {} processes'.format(num_cups)
    processe = []
    for i in range(num_cups):
        p = multiprocessing.Process(target = threaded_crawler(args = [args],kwargs
= kwargs))
        p.start()
        processe.append(p)
    for p in processe:
        p.join()
```

这段代码中首先获取可用 CPU 的个数,在每个新进程中启动多线程爬虫,然后等待所有进程完成执行。

3.2.2　物联网数据获取

物联网是通过各种传感设备,把物品与互联网连接起来,进行信息交换和通信,以实现智能化识别、定位、跟踪、监控和管理的一种网络。它可广泛应用于各行各业,如把各种传感器嵌入或装备到电网、铁路、桥梁、隧道、公路、建筑、供水系统、大坝、油气管道等各种物体中,形成物联网。

物联网分为感知层、网络层和应用层三层体系。感知层主要包括二维码标签和识读器、RFID 标签和读写器、摄像头、GPS、传感器以及 M2M 终端、传感器网络和传感器网关等。网络层及应用层则由物联网套件实现数据信息的通信任务,实现数据信息的处理以及上层应用的开发。应用层可以根据获取的数据进行有针对性的分析与应用。

在实际的应用中,可以使用 Wi-Fi 探针技术来获取商场的顾客信息。Wi-Fi 探针技术是指基于 Wi-Fi 探测技术、移动互联网和云计算等先进技术,来识别商铺附近已开启 Wi-Fi 的智能手机或者 Wi-Fi 终端,无需用户接入商家的Wi-Fi,Wi-Fi 探针就能够识别用户的信息,为商家提供定位、大数据 BI 分析展现及数据接口能力,分析发掘隐藏在客流数据中的价值。

在商场打开 Wi-Fi 探针,当消费者走进 Wi-Fi 探针的区域时,移动设备的用户信息、活动详情等都自动被探针检测了出来,商场里无论手机还是平板电脑,只要是移动终端都在探针的界面上尽收眼底。通过对设备数据的探测,客流分析和统计系统分析某区域顾客数,从而进行驻留时长、进店率等统计分析;在记录数据的同时还可以统计顾客在不同店铺的集中程度和分别在近一周、一个月、三个月到店的频率以及新老顾客的比例及其偏好;如果两个顾客一起去过多家店铺,探针可以通过 MAC 碰撞分析两人的关系;一个顾客到访多家店铺的顺序也可以被探针进行用户行为轨迹分析,商家可以根据这些分析数据来作为营销活动或忠诚管理的决策依据。

3.2.3　行业数据获取

行业数据分析的目的是找准自己的定位、分析公司产品的竞品如何、竞品的市场占有率有多大,获取这些数据可以帮助企业有针对性地改进自己的产品,同时也会根据存在的问题进行有针对性的运营活动。但是在行业分析的过程中,会面临着获取的行业数据缺乏完整性的情况,这时需要分析师通过多种渠道来获取数据,比如关注各类新闻、企业年报、行业统计平台、行业分析报告、行业交流网站、咨询公司的报告等。

3.2.4 政府数据获取

所谓政府数据,是指政府和公共机构依据职责所生产、创造、收集、处理和存储的数据。政府数据的开放,有三个层面的含义:一是政府数据应该可以在线访问及获取,因而格式应该是开放且标准的;二是政府数据应允许再利用和传播;三是开放具有普遍参与性和非歧视性。开放政府数据,至少有三方面好处:一是提高政府透明度和工作效率;二是政府数据蕴含着巨大的经济和社会价值;三是开放政府数据可以带来大量创新,从而节省社会成本,提高生活质量,增加就业。目前获取政府部门的常用数据有如下几种方式。

● 国家统计局(http://data.stats.gov.cn/)

数据范围涵盖各行各业(如图 3-93 所示),时间跨度也较大,可下载为各种常见格式 csv,xls,xml,pdf 等。国家统计局以统计数据为主,在国内极具说服力,是官方数据。

图 3-93 国家统计局网站界面

● 政府各部门

政府网站通常有统计数据,但不同部门数据量有多有少,目前为止数据并不算深入,但随着数据开放政策的深入,相信政府网站会成为很好的数据源。

● 咨询公司

咨询公司其实和大数据血缘很近,一直以来积累了可观的数据。咨询、金融、市场调研公司,尤其是业内顶尖的咨询公司,通常有自己的数据库,部分数据可直接联系对方购买。

● 行业协会

行业协会拥有大量的数据,但一般不公开,需要申请或购买。

● 年鉴

大部分主要行业都有自己的年鉴,数据比较宝贵。价值高的年鉴通常需要付费获取。

3.2.5　外购交易数据

近年来随着大数据的广泛普及和应用,数据资源的价值逐步得到重视和认可,数据交易需求也在不断增加。2015 年《促进大数据发展行动纲要》明确提出要引导培育大数据交易市场,开展面向应用的数据交易市场试点,探索开展大数据衍生产品交易,鼓励产业链各环节的市场主体进行数据交换和交易,促进数据资源流通,建立健全数据资源交易机制和定价机制,规范交易行为等一系列健全市场发展机制的思路与举措。对于企业的常用数据可以通过第三方的数据购买平台来进行购买,目前的数据交易平台有数多多、数据堂、发源地等。

3.2.6　API 数据获取

所谓的 OpenAPI 是服务型网站常见的一种应用,网站的服务商将自己的网站服务封装成一系列 API(Application Programming Interface,应用编程接口)开放出去,供第三方开发者使用。这种行为就叫作开放网站的 API,所开放的 API 就被称作开放 API,开放 API 为获取开放网站的数据信息提供了方便,使得用户可以直接通过编写代码来获取相关网站的数据。下面以获取新浪网站的股票数据为例进行介绍。

实例代码:

```python
#! /usr/local/bin/python3
# coding = utf - 8

import os,io,sys,re,time,json,base64
import urllib.request,webbrowser

period_List = [
                "min",      # 分时线
                "daily",    # 日 K 线
                "weekly",   # 周 K 线
                "monthly"   # 月 K 线
              ]
period_min = period_List[0]
period_daily = period_List[1]
    StockList = [
    "002786",#  银宝山新
    "601811",#  新华文轩
```

```
]
    def getStockList(stockCode,period):
      try:
        exchange = "sh" if (int(stockCode) // 100000 = = 6) else "sz"
        dataUrl = "http://hq.sinajs.cn/list = " + exchange + stockCode
        stdout = urllib.request.urlopen(dataUrl)
        stdoutInfo = stdout.read().decode('gb2312')
        tempData = re.search('''(")(. + )(")''',stdoutInfo).group(2)
        print(dataUrl)
        stockInfo = tempData.split(",")
        #stockCode = stockCode,
        stockName   = stockInfo[0]    #名称
        stockStart  = stockInfo[1]    #开盘
        stockLastEnd = stockInfo[2]   #昨收盘
        stockCur    = stockInfo[3]    #当前
        stockMax    = stockInfo[4]    #最高
        stockMin    = stockInfo[5]    #最低
        stockUp      = round(float(stockCur) − float(stockLastEnd),2)
        stockRange   = round(float(stockUp) / float(stockLastEnd),4) * 100
        stockVolume = round(float(stockInfo[8]) / (100 * 10000),2)
        stockMoney  = round(float(stockInfo[9]) / (100000000),2)
        stockTime    = stockInfo[31]

        content = " #" + stockName + " #(" + stockCode + ")" + " 开盘:" +
stockStart \
          + ",最新:" + stockCur + ",最高:" + stockMax + ",最低:" + stockMin \
          + ",涨跌:" + str(stockUp) + ",幅度:" + str(stockRange) + " %" \
          + ",总手:" + str(stockVolume) + "万" + ",金额:" + str(stockMoney) \
          + "亿" + ",更新时间:" + stockTime + "  "
        imgUrl = "http://image.sinajs.cn/newchart/" + period + "/n/" + exchange + str
(stockCode) + ".gif"
        twitter = {'message': content,'image': imgUrl}

      except Exception as e:
        print(">>>>>> Exception:" + str(e))
      else:
        return twitter
      finally:
        None
```

```
def get_ind_data():
    for stockCode in StockList:
        twitter = getStockList(stockCode,period_min)
        print(twitter['message'] + twitter['image'])

    if __name__ = = '__main__':
        get_ind_data()
```

第4章
数据预处理

数据预处理是指在正式处理以前对数据进行的一些处理。收集和获取感兴趣的研究对象数据后，对数据进行预处理是数据分析中必不可少的环节。存储于数据库中的原始数据会受到噪声数据、缺失数据、异常值数据、异构数据、不一致数据的影响，大大降低原始数据质量。数据预处理的意义在于两方面：一是为提高数据库中原始数据的质量，二是为后续的分析提供必需的数据形式。简言之，收集得到的原始数据很多情况下并不能直接使用，数据预处理有助于提高数据质量，进而确保后续数据分析的准确性和可靠性。

数据的预处理包括数据探索、数据清洗、数据集成、数据变换和数据规约等多个环节。数据探索是指对数据总体，或者说对感兴趣的目标总体的集中趋势和离散程度进行测度，从整体上把握总体的基本特征，如总体均值、总体方差、总体变异系数等等。数据清洗是指对数据集中可能存在的缺失数据或者异常值数据进行必要的处理。缺失数据和异常值数据不仅会影响数据的分布，扭曲数据使用者对总体特征的判断，也会影响数据分析方法的应用，造成数据分析结果失真。数据集成是把不同来源、格式、特点性质的数据在逻辑上或物理上有机地集中，从而为企业提供全面的数据共享。数据转换是指将数据转换成统一的、适用于数据分析方法应用的数据形式。数据规约是指在尽可能保持数据原貌的前提下，最大限度地精简数据量。接下来的各小节将逐一介绍数据预处理中的关键技术。

对于从不同路径所得的数据，我们要审核的内容和方法也有所不同。对于原始数据要注重从完整性和准确性的角度去审核。审核完整性主要是检查被调查的个体或单位是否有遗漏，所有的指标或调查项目是否填写完整。审核准确性主要有两个方面：首先是检查数据资料能否真实地反映客观实际情况并且内容是否符合实际；然后要检查数据是否有异常，计算公式是否正确等。审核数据具有准确性的方法主要应用逻辑检查和计算检查。逻辑检查是指审核数据是否符合逻辑，内容是否合理，各项目或数字之间有无相互矛盾的现象，这个方法主要适合对定性（品质）数据进行审核。计算检查是审核调查表中的各项数据在计算方法和计算结果上有无错误，这个方法主要用于对定量（数值型）数据进行审核。

二手数据可以从多种渠道获取，有些数据可能是为了某种特定的目的，通过专门调查获得的，或是已经依照特定目的需要进行加工处理的。对于通过其他渠道获得的二手数据，在对其完整性和准确性进行审核后，还应重点审核数据的时效性和适用性。对于使用者来说，首先应找到数据的来源、数据的口径以及相关的背景资料，以便确定数据是否满足自己分析研究的需要，如果不满足是否需要重新获取或加工等，不能盲目地生搬硬套。最后，必须要对数据的时效性进行检查，对于时效性强的问题，如果取得的数据过于陈旧，将会失去研究的意义。在处理问题的时候，应尽可能使用最新的统计数据。

综上所述，数据需要审核的步骤有以下四点：

- 准确性审核:检查数据的真实性与准确性,排除调查过程中误差产生的影响。
- 适用性审核:根据数据的特征,检查数据能否有效地解释说明问题。审核的具体内容包括数据与目标总体的界定、与调查项目的解释和与调查主题是否相匹配。
- 及时性审核:检查数据采集时间是否符合问题规定,若未按规定时间采集,需查明原因并及时修改。
- 一致性审核:检查数据在不同地域或不同时间是否具有可比性和一致性。

4.1 数据探索

数据预处理的首要任务是数据探索,即描述性分析数据集中的各变量(或者说属性)特征,即测度变量的集中趋势和离散程度。通过数据探索,也可以为后续的数据清洗、数据整合、数据转换等数据预处理工作明确目标。

(1)数据集中趋势的测度

数据集中的不同变量对于不同的观测对象或不同时间、不同地点条件下表现的特征是不尽相同的。集中趋势就是指绝大多数的个体数据会在一定范围内分布于某个中心值的附近。测度变量数据集中趋势的作用主要体现在以下三个方面[①]。第一,反映数据分布的集中趋势和一般水平。第二,比较同一现象在不同的空间、阶段、地域的发展水平。第三,分析不同变量之间的相关关系。测度数据集中趋势的指标可分为数值平均数和位置代表值两大类。数值平均数主要包括算术平均数、加权平均数和几何平均数;位置代表值主要有中位数和众数。

①算术平均数

算术平均数也常称为平均值,就是用一组数据的总和除以这组数据的总量,如下式:

$$\overline{X} = \frac{X_1 + X_2 + \cdots + X_N}{N}$$

算术平均数的特点是:

- 容易受到异常值的影响;
- 综合反映全部数据的信息;
- 只适用于连续型数据;
- 可用于推算总体中的总量指标。

【例】 假设从某个城市中随机抽取了9个家庭,调查得到每个家庭的平均收入数据如下:

1500　750　780　1080　850　960　2000　1250　1630

---

① 曾五一,肖红叶.统计学导论(第二版)[M].北京:科学出版社,2013,1.

依据此数据计算这 9 个家庭的平均收入为：

$$\overline{X} = \frac{1500 + 750 + \cdots + 1630}{9} = 10800/9 = 1200 \ 元$$

②加权平均数

加权平均数是指根据一定标准，给各个个体赋予一个特定的权重，用于计算一组数据的平均值。简单说，权数就是在计算总体平均数时权衡每个数据作用的变量。加权平均数的计算不仅受个体的取值影响，还会受到权重的影响。加权平均数的公式如下：

$$\overline{X} = \frac{\sum_{i=1}^{N} X_i f_i}{\sum_{i=1}^{N} f_i}$$

【例】　A 产品 34 元一个，买了 10 个，B 产品 45 元一个，买了 20 个，问买了 A 产品和 B 产品的平均价格是多少？

这时肯定不能用算术平均，直接 $(34+45)/2$ 了，因为他们买的数量不一样，因此要计算他们的平均价格，只能用所买的数量作为权数，进行加权平均：

$(34 \times 10 + 45 \times 20)/(10 + 20) = 1240 /30 = 41.33 \ 元/个$。

③简单几何平均数

几何平均数是 N 个个体数值连乘积的 N 次方根。简单几何平均数的公式是：

$$\overline{X}_G = \sqrt[N]{\prod_{i=1}^{N} X_i}$$

简单几何平均数适用于各个数据值之间存在连乘积关系的情况下。例如，在时间序列数据中计算发展速度的平均水平。特别是，当数据为比率的形式时，采用几何平均数计算平均比率更为合理。

【例】　假设某投资者持有一种股票，连续 4 年的收益率分别为 4.5%、2.1%、25.5%、1.9%，采用几何平均数计算它的平均收益为：

$$\overline{X} = \sqrt[4]{104.5\% \times 102.1\% \times 125.5\% \times 101.9\%} - 1$$
$$= 8.0787\%$$

若按算术平均数计算，则平均收益率为：

$$\overline{X} = (4.5\% + 2.1\% + 25.5\% + 1.9\%)/4 = 8.5\%$$

④中位数

中位数是将一组数据由小到大排列后位置居中的数值，可用于表示一组数据居于中间水平的数值大小。若数据的个数是奇数，则中位数恰好位于中间的数值；若数据的个数是偶数，则中位数是中间的两个数的平均数。中位数的特点是：

- 不易受数据集中的异常值影响；
- 不能用于对总体中总量指标的推算；

- 适用于连续型数据和离散型数据。

对于前面的例子,从某个城市抽取 9 个家庭,调查它们的人均收入。根据给出的数据,先对它进行排序,进而可以计算人均收入的中位数为:

750　780　850　960　1080　1250　1500　1630　2000

由于共有 9 个数,所以中间的位置为 $(9+1)/2=5$,即中位数为 1080。同理,若假设抽取了 10 个家庭,调查的人均收入为:

660　750　780　850　960　1080　1250　1500　1630　2000

则它的中间数未知为 $(10+1)/2=5.5$,则中位数为 $(1080+960)/2=1020$

⑤ 众数

众数是指一组数据中出现频数最多、频率最高的数值,它代表的是一种最常见的情况,适用于数据集存在异常值情况下对集中趋势的测度。若从数据分布曲线的视角看,众数就是分布曲线的高峰所对应的数值。众数的特点是:

- 不唯一。一组数据中的众数可能有多个,也可能没有众数;
- 适用于所有形式的数据;
- 不受数据集中的异常值影响;
- 不能用于对总体中总量指标的推算。

最后,还需要特别强调的是,算术平均数、众数和中位数之间的关系可用于判断一组数据在单峰情况下的分布形态。若算术平均数、众数和中位数相等,则数据分布是对称的;若算术平均数<中位数<众数,则数据呈现左偏分布;若众数<中位数<算术平均数,则数据呈现右偏分布。

仍使用前面的例子,从某个城市抽取 9 个家庭,调查他们的人均收入。人均收入数据如下:

660　660　660　780　850　960　1080　1250　1500　1630　2000

显然人均收入出现频数最多的是 660,所以这组数据的众数是 660。同理,如果数据中的变量是离散型变量,则出现次数最多的属性为众数。

(2)数据离散程度的测度

由于数据集中的数据总是以不同的程度偏离其分布的中心,因此测度数据的离散程度可以反映数据之间的差异程度。测度数据的离散程度主要有两方面作用:一是表明数据的离散程度,反映变量的稳定性和均衡性。二是衡量平均数的代表性,数据离散程度越小,数据的分布越集中,平均值的代表性越好;反之,数据离散程度越大,数据的分布越分散,平均值的代表性越差。用于测度数据离散程度的指标包括绝对指标和相对指标两大类。绝对指标包括极差和四分位差、方差和标准差,相对指标中常用的是离散系数。

①极差和四分位差

极差是指一组数据的最大值和最小值之差,也常称为全距,如下式:

$$R = X_{max} - X_{min}$$

极差通常适用于对那些未分组的数据或单项数列的计算。由于极差指标未考虑一组数据中间部分的分布情况,所以难以说明全部数据的差异程度。

四分位差是去掉部分尾端数值后测度数据集中间部分的差异程度,即数据集的四分之三分位数与四分之一分位数的差值,如下式:

$$Q_d = Q_3 - Q_1$$

极差和四分位差都是依据数据集的数据顺序来计算的测度离散程度的指标。

仍使用前面的例子。假设从某个城市中随机抽取了9个家庭,调查得到每个家庭的平均收入数据如下:

1500 750 780 1080 850 960 2000 1250 1630

显然,数据中的最小值是750,最大值是2000,所以极差为2000-750=1250。因为四分之一分位数的位置是9/4=2.25,在第二个数(780)和第三个数(850)之间,所以四分之一分位数为 $Q_1 = 780 + (850 - 780) \times 0.25 = 797.5$。同理,四分之三分位数的位置是 $3 * 9/4 = 6.75$,即四分之三分位数在第六个数(1250)和第七个数(1500)之间,所以四分之三分位数为 $Q_3 = 1250 + (1500 - 1250) \times 0.75 = 1437.5$。因此,四分位差为 $1437.5 - 797.5 = 640$。

②方差和标准差

方差是各个数据与其均值的离差平方的算术平均数,是测度数据离散程度最重要的指标。其公式如下:

$$\sigma^2 = \frac{\sum_{i=1}^{N} (X_i - \overline{X})^2}{N}$$

方差的平方根称为标准差,即

$$\sigma = \sqrt{\frac{\sum_{i=1}^{N} (X_i - \overline{X})^2}{N}}$$

通常,标准差的计量单位与所测度数据的计量单位相同,计算结果的实际意义比方差更容易理解,因而应用更为普遍。

方差和标准差实质上是从数据集的平均意义上反映每个数据与均值的差异大小。方差或标准差越大,数据集的离散程度越大;反之,方差或标准差越小,数据集的离散程度越小。

对于前面的例子,可以计算抽取的9个家庭的人均收入的方差为:

$$\sigma^2 = \sqrt{\frac{(1500-1200)^2 + (750-1200)^2 + \cdots + (1630-1200)^2}{9}} = 186350$$

标准差为 $\sigma = \sqrt{186350} = 431.68$。

③变异系数

比较不同的变量或数据集时,要求它们的平均水平和计量单位相等。离散系数通常是数据集的标准差与平均数之比,以相对数的形式表示数据集的离散程度。

$$V = \frac{\sigma}{\overline{X}}$$

变异系数的结果应用百分比的形式表示。变异系数越大,数据的变异程度越大;变异系数越小,数据的变异程度越小。

对于上面的例子,人均收入的变异系数为 431.68/1200=0.36。

4.2　数据清洗

通常,数据库中获取的原始数据是"脏"数据,无法直接用于数据分析。数据清洗的主要任务就是对原始数据中存在的缺失数据和异常值数据进行必要的处理,提高数据质量。

缺失数据是指在实践过程中因种种原因没有能够获取观测对象的相关信息,造成数据不完全。例如,在抽样调查中被调查对象拒绝提供相关信息,又如某些试验中因各种原因没能获取试验数据。缺失数据的产生机制根据是否与其他变量存在关系,可以具体分为完全随机缺失、随机缺失和不可忽略缺失。完全随机缺失指的是数据的缺失完全随机,与任何其他变量没有任何关系。随机缺失指的是数据的缺失并非完全随机,是否缺失可能依赖于其他完全的、不包含缺失的变量。不可忽略缺失指的是数据的缺失与否与其他变量有直接关系。

异常值也可称为离群点,是指所获得的数据中与平均值的偏差超过两倍及两倍以上标准差的数据。异常值产生的原因有很多,例如录入数据时误将"456"录入为了"3456",那么当数据均为 400 左右的数据时,"3456"就会被识别为异常值。异常值的存在会严重影响数据分析的结果,例如使平均值偏高或偏低,使方差增大,影响数据模型的拟合优度,等等。此外,若异常值不是错误数据时,就应是数据分析人员关注的焦点。为此,检验是否存在异常值并分析其合理性,是数据预处理的重要环节。

(1)缺失数据

缺失数据的处理方法包括两大类:其一是单元缺失数据的处理方法,其二是项目缺失数据的处理方法。单元缺失数据,是指观测对象在所有信息上均缺失;项目缺失数据,是指观测对象记录了部分信息,只在个别信息记录上不完全。对两者进行处理的方法如下。

直接删除。直接删除观测值的方法也可称为忽略,即对存在缺失值的数据直接将其排除在分析的数据之外。当缺失数据的样本在全部样本中占比较小,或某个样本在多个变量上均有缺失时,可采用直接删除的方法。例如在城市经济水平研究数据中,当大多数城市的数据均完整,但有个别城市的数据有缺失时,可考虑对其进行直接删除处理。但是,直接删除的方法会使数据集减少,造成资源浪费,并且当数据集中的数据本身就很少时,会使分析结果出现严重的偏差,从而导致得出错误的结论。

　　加权调整。这种方法更适用于对抽样调查中单元缺失数据的处理,其主要用于对统计推断的调整。该方法利用加权平均的思想,对总体参数估计值的统计推断结果进行调整,也就是说,将赋予缺失数据的权数平分到已有数据。使用该方法必须保证缺失数据与已获得的数据无明显差异,即缺失数据可忽略。加权调整主要用于单位数据缺失的情况,它的方法主要有均值的加权类估计、倾向性加权以及利用加权的广义估计方程进行加权等。

　　对于项目缺失数据,插补法是有效的方法。

　　人工插补法。该方法利用固定值对缺失值进行补充,但会受到统计人员对问题先验认知的主观影响。人工插补法适用于变量缺失值较少的情况,当缺失数据较多时,会影响分析结果。

　　均值插补法。该方法利用某个变量已获取数据的均值对缺失值进行补充,可分为总体均值插补和分类别总体均值插补这两种方法。分类别总体均值插补是指当数据中有类别数据时用各类别的均值对缺失值进行补充,而总体均值插补是指当数据中无论是否有类别数据,都用所有数据的均值对缺失值进行补充。该方法可根据变量特征选择简单及加权算术平均数、中位数、众数作为平均数进行填补,使代替值更加接近缺失值,缩小误差。均值插补法在处理缺失数据较多的情况时,效果要优于人工插补法,但当某变量的缺失值较多时,利用该方法会使数据集中在均值点上,从而影响数据形态的分布。

　　热插补法。这是利用已有完整数据与缺失数据中最"相似"的数据作为插补值,这种方法被美国普查局广泛使用,这种方法的优点是简单易懂且成本很低,能保持原始数据类型,但这种"相似"却很难界定。

　　回归插补法。这是通过建立关于解释变量 Y 的回归方程来插补 Y 的缺失值。当控制变量是定性变量时,可以采用虚拟变量的处理方法。回归法通过模型得到的估计量往往更接近真值,但其过程较复杂且当变量不是线性相关或预测变量高度相关时,会导致有偏差的估计,因此该方法更适合于存在高相关性辅助变量时对缺失值进行插补。

　　多重插补法。以上提及的人工插补法、均值插补法、热插补法和回归插补法,均为单值插补法。即使用某一个单值对插补项目缺失数据。其最大的不足是无法度量缺失插补的不确定性。实质上这些插补值若与实际情况差异较大,会造成数据分析结果的严重偏差。多重插补法最早由美国哈佛大学的鲁宾(Rubin)教授提出,它可以有效弥补单值插补法不确定性的缺点。其主要思想是指由包含 m 个插补值的向量代替每一个缺失值的过程,要求 m≥2。m 个完整数据集合能从插补向量中创建;由该向量的第一个元素代替每一个缺失值从而创建了第一个完整的数据集合,由它的向量中的第二个元素代替每一个缺失值从而创建了第二个完整数据的集合,以此类推,再利用这 m 个插补值估计缺失值。常用的多重插补法有随机回归填补法、趋势得分法和马尔科夫链的蒙特卡罗模拟法。多重填补的缺点是需要做大量的工作来创建插补集并进行结果分析。

(2)异常值数据

①异常值数据的检验方法

箱线图法。绘制箱线图是检验异常值的常用方法,主要优点是简便、直观。箱线图是由数据的上边缘、上四分位数、中位数、下四分位数和下边缘组成的图形,其中上边缘和下边缘线所代表的就是临界值,该临界值为 Q_1-3QR 和 Q_3+3QR,其中 Q_1 和 Q_3 分别代表下四分位数和上四分位数,QR 代表四分位间距,如图 4-1 所示,"●"就是一个异常值点。除了箱线图以外,折线图和茎叶图都可以很便捷地检测出异常值,这些探索性数据分析法检验异常值具有包含信息量大,且能简单、直观地显示出极端值,以及不需要过多数学计算,易于理解的特点,因此被广泛使用检测异常值。

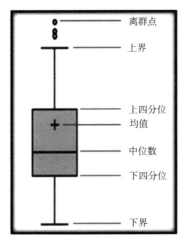

离群点
上界
上四分位
均值
中位数
下四分位
下界

图 4-1 箱线图

统计检验法。统计检验法的基本思想是在已知的数据分布的基础上,采用合适的统计量作为不一致性检验来确定异常值。常用的是切比雪夫定理:任意一个数据集中,位于平均数 m 个标准差范围内的比例应至少为 $1-1/m^2$,其中 m 为大于 1 的任意正数。统计检验法的局限性在于需要预先确定数据集的分布。若数据集的分布未知,不宜使用统计检验法。

基于偏离的方法。基于偏离的检测方法是指通过检查一组数据对象的主要特征来确定孤立点,与给出的描述相"偏离"的数据对象被认为是孤立点。目前,基于偏离方法的孤立点检测主要有两种技术:序列异常技术和 OLAP 数据立方体技术。

②异常值数据的处理方法

分箱法。分箱法的基本思想是通过考察相邻数据的取值对异常值进行平滑处理,可视为一种局部平滑方法。当数据中存在异常值时让其分布到一些"箱"中,然后用箱中的平均值或中位数来代替异常值。如一组数据:3、31、15、9、17、24、8、28、105。假设 105 是异常值,利用分箱技术将 9 个数分为 3 个箱:箱 1,3、31、15;箱 2,

9、17、24;箱 3，8、28、105。对于存在异常值的箱 3，利用箱 3 的平均值 47 来替代异常值 105，或者利用中位数 28 替代异常值 105。

回归法。回归法的基本思想是对数据集构建一个合适的回归分析模型，以回归模型的拟合值代替异常值。

聚类法。聚类法既可以检测出异常值，也可以处理异常值。聚类法将类似的数据聚为一类，在聚类分析中异常值往往单独被聚为一类，这时找出距离异常值最近的一类数据，用这类数据的组内均值代替异常值。

4.3 数据集成

数据集成主要是指将来自多个数据集或不同数据库中的不同结构的原始数据进行合并处理。这些来自不同数据库的异构数据一般在变量名称、变量单位等方面存在差异,同时存在语义冲突或语义模糊的问题。因此,数据集成不仅是简单的数据合并,更是统一化、规范化的数据处理工作。在数据集成过程中,目前的主要技术难点集中在以下几个方面:

- 异构性:被集成的数据源通常是独立开发的,数据模型异构,给集成带来很大困难。这些异构性主要表现在:数据语义、相同语义数据的表达形式、数据源的使用环境等。
- 分布性:数据源是异地分布的,依赖网络传输数据,这就存在网络传输的性能和安全性等问题。
- 自治性:各个数据源有很强的自治性,它们可以在不通知集成系统的前提下改变自身的结构和数据,给数据集成系统的鲁棒性提出挑战。

由于不同数据源的异构性、分布性以及自治性问题,当把分布式异构数据源中的数据集成在一起时,往往出现以下问题:

(1)模式匹配问题。模式匹配是数据结构中字符串的一种基本运算,给定一个字符,要求在某个字符串中找出与该字符串相同的所有字符。而在数据集成过程中,模式匹配问题通常表现在两个方面:一方面,不能准确地识别两个不同的变量是否代表相同的含义,如有些数据集中的变量名称为"数学成绩",而在另一个数据集中却为"sxcj"。另一方面,反映在变量单位不匹配问题上。例如,针对市场价格记录的数据库中,有些观测目标的价格是按照"欧元"计价,而有些观测目标可能按照"美元"计价,这就存在变量单位之间的差异。

(2)数据冗余问题。数据冗余是指数据之间的重复,也可以说是同一数据存储在不同数据文件中的现象。比如,我们建了一张数据库表,数据库中所含字段和字段大小见表 4-1。

表 4-1　数据库中所含字段和字段大小表

姓名		varchar(25)
姓		varchar(25)
名		varchar(25)
出生日期		varchar(25)

续表

年龄		varchar(25)
驾驶证类别		varchar(25)
初领驾照时间		varchar(25)
驾龄年限		varchar(25)

数据实例如下:'张三','张','三','1986−03−01','30','C1','2015−01−01','1',

分析本例字段,可以发现以下几点问题:

- 从一般的逻辑来说,"姓名"这个字段是可以由"姓""名"两个字段推断出来的,"姓"和"名"首尾相接就能得到"姓名"这个字段;

- "年龄"是可以从"出生日期"这个字段推断出来的,在任意时刻使用当前日期与"出生日期"相减就能得到"年龄"这个字段;

- "驾龄年限"也是可以通过"初领驾照时间"推断出来的,在任意时刻使用当前日期与"初领驾照时间"相减就能得到"驾龄年限"。

通过上述案例,可以看出数据值冗余问题会造成维护成本的提高。比如在系统运行过程中,如果在登记的时候发现"初领驾照时间"这一字段填写有误需要更正,那么"驾龄年限"也需要同步修改。所以,冗余的问题是,如果其中一个相关的字段发生变化,则另一个字段也必须相应地做出变化,否则就会出现信息矛盾或者不一致的现象。这对于保持数据一致性来说,是需要消耗维护成本的。另外,会造成资源浪费,数据库存储的空间是一定的,如果冗余数据过多的话,会造成资源的浪费。

(3)数据值冲突问题,是指两个数据源为同样的数据,但是取值记录不一样。造成这种原因,除了有人工误入,还有可能是因为货币计量的方法不同、汇率不同、税收水平不同、评分体系不同等原因。语义冲突和模糊是数据值冲突问题中常见的一种类型。例如,在相同变量"居住地"中,有些数据集中记录为"北京",有些数据集则记录为"北京市朝阳区",而这两个数据所要表达的意思是相同的,即居住地是北京市。

可见,数据集成是数据预处理过程中重要的一个环节,它是对数据的统一化、规范化处理。针对数据集成中常出现的三方面问题,可以首先通过统计软件进行汇总分析,发现存在的问题,再调整数据中的有关变量名称,统一单位,对语义重复的数据进行替换以使数据规范化。

4.4 数据变换

数据变换是指将数据从一种表示形式变为另一种表现形式,使不同的数据之间具有相同的计算单位或计量方式,便于比较。数据变换主要包括数据的标准化处理、离散化等。

(1)数据标准化

数据标准化又称为数据的无量纲化处理。标准化的方法在选择上应当遵循以下几个准则:一是客观性原则,要对被评价对象的横纵数据做深入的分析,以客观反映指标值与评价值之间的关系;二是简易型原则,尽量选择简便易行的方法对数据进行标准化处理;三是可行性原则,选用方法时要注意标准化公式的特点,还要结合评价对象、目标数据的特点。

①Z 值标准化方法

Z 值标准化的方法是利用数据的均值与标准差对数据进行处理,设大小为 n 的数据集为 $\{x_1,x_2,\cdots,x_n\}$,其均值为 $\overline{x}$,标准差为 s,则标准化公式为:

$$y_i = \frac{x_i - \overline{x}}{s}$$

标准化后各变量将有约一半观察值的数值小于 0,另一半观察值的数值大于 0,变量的平均数为 0,标准差为 1。Z 值标准化方法适合于数据集中存在异常值或不知数据集的最大值和最小值情况。

②最小最大值标准化方法

最小最大值方法也叫极值法,该方法适用于已知数据集的最小值或最大值情况。对于正向指标(数值越大越好的指标),标准化公式为:

$$y_i = \frac{x_i - \min x_i}{(\max x_i - \min x_i)}$$

对于逆向指标(数值越小越好的指标),标准化公式为:

$$y_i = \frac{\max x_i - x_i}{(\max x_i - \min x_i)}$$

最小最大值标准化后新数据的取值范围也将在区间[0,1]内。

③归一化标准化方法

归一化方法是指对大小为 n 的数据集为 $\{x_1,x_2,\cdots,x_n\}$，进行如下变换：

$$y_i = \frac{x_i}{\displaystyle\sum_{i=1}^{n} x_i}$$

归一化的方法可以用于对数据标准化，也可以用于计算权数。

④ 适度指标和逆指标的标准化处理

实践中还会遇到对适度指标或者逆指标的标准化方法。适度指标是指某个指标越接近某个值越好，比如财务数据中的流动比率越接近于 2 越好，速动比率越接近于 1 越好。而逆指标是指数值越低越好。对这类指标在进行标准化处理时，首先要进行相应的变化将其转换为正指标后再标准化。对于逆指标的处理，最小最大值法已经给出了一个公式，另外一种对逆指标转换为正指标的方法是取数值的倒数，即

$$y_i = \frac{1}{x_i}$$

取倒数后就将逆指标转换为了正指标。而对于适度指标，标准化方法为：

$$y_i = \frac{1}{(x_i - k)}$$

其中，k 表示相应的适度值。

（2）数据的离散化

数据离散化是指为了数据分析的需要，将连续型数据转换为离散型数据的过程。对数据离散化的原因主要有三点，第一，有些数据分析方法要求数据是离散化的形式，比如数据挖掘中的 Apriori 关联规则分析或有些决策树算法建模时就要求输入变量是离散化的形式。第二，离散化可以有效地克服数据中隐藏的缺陷使模型结果更加稳定。例如，若数据中存在异常值，利用等距离散的方法可有效减弱异常值对数据分析的影响。第三，有利于对非线性关系进行诊断和描述。对连续型数据进行离散处理后，自变量和目标变量之间的关系变得清晰化。如果两者之间是非线性关系，可以重新定义离散后变量每段的取值，如采取 0,1 的形式，由一个变量派生为多个哑变量分别确定每段和目标变量间的联系。但是需要注意的是，数据离散化处理必然会损失一部分原始数据中的信息。例如，对连续型数据进行分段同一个段内的样本之间的差异便无法较好描述。

数据的离散化方法主要有等距离方法和等频方法，不同的离散化方法得到的结果各异。等距离散化是指将连续型变量的取值范围均匀划成 n 等份，且每份的间距相等。

比如关于年龄的数据从 10 岁到 70 岁不等,这时为便于分析就可以将数据按照 10 岁～20 岁,20 岁～30 岁的方法等距分为 6 组,10 岁～20 岁年龄组取值为"1",并以此类推。等距离散化可以保持数据原有的分布,分段越多对数据原貌保持得越好。

等频离散化是指把观察点均匀分为 n 等份,每份内包含的观测值相同。比如本节学生考试成绩的例子中共有 15 名学生,对数据标准化计算出总分后可以将数据三等分,总分前五名的为一组取值为"1",以此类推共分为三组。等频离散化处理则把数据转换成了均匀分布,但其各段内样本值相同这一点是等距分割做不到的。

4.5　数据规约

当数据规模庞大时，我们对其进行数据分析是非常复杂的，并且需要花费大量时间。而数据规约在保持数据完整性的同时缩减了时间和成本，使数据分析和挖掘更加的高效。数据规约的意义在于：

- 克服无效、错误数据对数据建模造成的影响，提高建模的准确性；
- 少量且具代表性的数据将大幅缩减数据挖掘所需的时间；
- 降低储存数据的成本。

(1)变量规约与数值规约

变量规约会通过合并变量来创建新变量或者删除不相关变量的方法来减少数据维数，进而降低计算成本，提高数据分析的效率。变量规约的原则是寻找出最小的变量子集并确保新数据子集的概率分布尽可能地接近原来数据集的概率分布。变量规约的常用方法有以下五种：

- 变量合并。这是指将一些不重要的变量合并得到新变量。
- 逐步向前选择。从一个空变量集开始，每次原来变量集合中选择一个当前最优的变量添加到新的变量子集中。直到无法选择最优变量或满足一定阈值约束为止结束。
- 逐步向后删除。从一个全变量集开始，每次从当前变量子集中选择一个当前最差的变量并将其从当前变量子集中剔除。直到无法选择出最差变量为止或满足一定阈值约束为止。
- 决策树规约。对初始数据进行分类归纳学习，获得一个初始决策树，所有没有出现在这个决策树上的变量均可认为是无关变量，将这些变量从初始集合中删除，就可以获得一个较优的变量子集。
- 主成分分析。构造原始数据的一个正交变换，新空间的基底去除了原始空间基底下数据的相关性，只需使用少数新变量就能够解释原始数据中的大部分变异。

数值规约的核心思想是选择较小的替代数据来减少数据规模，方法主要有无参数方法和有参数方法。它们都是使用一个模型来评估数据，不同的是，无参数方法需要存放实际数据，比如直方图、聚类、抽样，而有参数方法只需存放参数，不需要存放实际数据,比如线性回归和对数线性模型。

- 利用回归模型实现数值规约,指对数据集拟合得到回归方程,通过回归方程实现对大规模数据的规约。

- 利用直方图规约数据,指先绘制间距较小的直方图,观察每个频率组中数据量的多少,将较少的频率组与它相邻的频率组合并。

- 利用聚类实现数据规约,指通过聚类分析方法将"相似"的观测单元合并到同一个类别中。进而,集中分析感兴趣的类别内的数据特征。

- 基于抽样实现数据规约,指对较大的数据集抽样,获取对原始数据集有代表性的样本,或利用样本估计总体特征,或者利用样本进行统计检验。

(2)主成分分析与因子分析

①主成分分析

主成分分析又名主分量分析,算法的本质是坐标的旋转变换,即将原始的 n 个变量重新线性组合,生成 n 个新的变量,它们之间互不相关,称为 n 个"成分"。再按照方差最大化的原则,将这 n 个成分按照方差从大到小排列的,确保前 m 个成分包含了原始变量的大部分方差(即变异信息),则称这 m 个成分为原始变量的"主成分"。前 m 个成分包含了原始变量的大部分信息,但需要注意,主成分不是原始变量筛选后的剩余变量,而是原始变量经过重新组合后的"综合变量"。

以二维数据为例,假设已有两变量 X_1 和 X_2,它们的散点图如图 4-2 所示。其中,变量X_1与变量X_2存在很强的相关关系。 现将坐标轴逆时针旋转 45°,可得新坐标系 Y_1 和 Y_2。

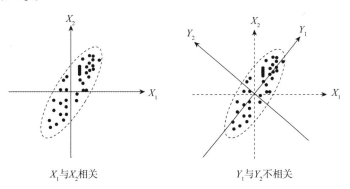

X_1与X_2相关　　　　　　　　　Y_1与Y_2不相关

图 4-2　数据散点图

根据坐标变化的原理,可以算出:

$$Y_1 = a_{11} \times X_1 + a_{12} \times X_2$$
$$Y_2 = a_{21} \times X_1 + a_{22} \times X_2$$

根据上图可以看出,经过对 变量X_1与变量X_2线性组合 得到的新变量Y_1和Y_2,两者没有相关关系。但Y_1方向比Y_2方向方差较大 ,可提取Y_1作为原变量的主成分,它包含了原变量的大多数信息 ,可利用Y_1进行后续统计分析 。至此我们解决了两个问题:降维和消除共线性。

②因子分析

主成分分析是通过矩阵变换将原始变量浓缩为主成分,即原变量与主成分之间为线性组合的关系。这就造成每个原变量在主成分中占有一定比重,无法明确利用主成分代表原始变量,也就是说无法清晰解释主成分的含义。

由于主成分在现实意义中无法解释,统计学家斯皮尔曼对主成分分析法进行扩展,总结出了因子分析法。因子分析在提取公因子时,考虑了变量的相关性和相关关系的强弱,令被提取出来的公因子得到降维的同时也可以被解释。

例如,在市场调查中我们收集了食品的五项指标($X_1 - X_5$):味道、价格、风味、是否快餐、能量,经过因子分析,构建方程如下:

$$X_1 = 0.02 \times Z_1 + 0.99 \times Z_2 + e_1$$
$$X_2 = 0.94 \times Z_1 - 0.01 \times Z_2 + e_2$$
$$X_3 = 0.13 \times Z_1 + 0.98 \times Z_2 + e_3$$
$$X_4 = 0.84 \times Z_1 + 0.42 \times Z_2 + e_4$$
$$X_2 = 0.97 \times Z_1 - 0.02 \times Z_2 + e_5$$

以上的数字代表实际为变量间的相关系数,值越大,相关性越大。第一个公因子Z_1主要与价格、是否快餐、能量有关,代表"价格与营养";第二个公因子Z_2主要与味道、风味有关,代表"口味";E_{1-5}是特殊因子,是公因子中无法解释的,在分析中一般略去。

③主成分分析与因子分析的区别

基本原理:主成分分析法是对原始变量进行线性组合得到各个主成分,各个主成分互不相关,比原始变量性能更优越,简化了系统结构。而因子分析法从原始变量的相关矩阵出发,研究其内部相关关系,把原始变量提取为少量的公因子和对某一变量有作用的特殊因子,从而达到降维的目的。

假设条件:主成分分析无须假设,而因子分析要求公因子与特殊因子间两两互不相关。

线性表示方向:主成分分析则是把主成分表示成各变量的线性组合;而因子分析是指把原变量表示成各公因子的线性组合。

含义量：主成分分析侧重于信息贡献影响力的综合评价；而因子分析是根据原始变量进行重新组合，找出影响变量的共同因子。

数量：主成分分析中主成分的数量固定，与原变量数量相同，在实际应用中会选取包含80％信息的前几个主成分；而因子分析中的因子个数需要人工设定，受人为因素影响，因子数量不同，结果也不相同。

④主成分分析/因子分析与数据分析算法的常用组合

主成分分析/因子分析＋判别分析，用于变量多而记录数不多的情况；

主成分分析/因子分析＋多元回归分析，用于处理共线性问题；

主成分分析/因子分析＋聚类分析，用于简化聚类变量和证实内在结构。

⑤主成分分析案例——广播电视用户兴趣模型

近年来互联网数据海量增长，个性化服务成为当前解决信息过载的有效手段之一，是学术界和电子商务界关注的热点。在本案例中，针对电视节目资源极大丰富带来的信息过载问题，为了更好地提供个性化信息服务，在此采用一种基于主成分分析法的广播电视用户兴趣模型。该模型不需要观众显式地提供兴趣信息，它根据观众收视数据计算观众对节目的兴趣程度，通过主成分分析法确定观众所喜爱的节目特征。已知某用户对不同节目的兴趣偏好见表4-2。其中，第一列代表节目名称，第二列代表基于节目收视占比的节目兴趣度，从第三列开始表示观众对不同节目属性特征的兴趣程度，由于采用扁平化的广播电视节目标签体系，每个节目均具有上百种特征，这里只列出了前几种。

表 4-2　某用户对不同节目的兴趣偏好表

节目名称	节目 ID	爱情	喜剧	农村	伦理	家庭	历史	…
	X_1	X_2	X_3	X_4	X_5	X_6	X_7	…
《雪豹》	0.384	0	0	0	0	0	0.112	…
《小爸爸》	0.502	0	0	0	0.061	0.289	0	…
《女人进城》	0.599	0	0	0.301	0.066	0.313	0	…
《洒满阳光的路上》	0.673	0	0.315	0.678	0.074	0.352	0	…
《17 号房间》	0.353	0	0	0	0.107	0	0	…

我们以某观众对不同节目类型的兴趣偏好程度作为自变量，假设原始指标变量为 $X_1, X_2, \cdots, X_n$，对其进行标准化变换，如公式所示：

$$X_m = \frac{x_m - \overline{x_m}}{s_m}, m = 1, 2, \cdots, n$$

其中，$\overline{x_m}$是第 m 个指标变量的均值，s_m 是第 m 个指标变量的标准差。由标准化指标进行线性变换，得到综合指标 $z_1,z_2,\cdots,z_n$，如公式所示：

$$
\begin{cases}
z_1 = l_{11}X_1 + l_{12}X_2 + \cdots + l_{1n}X_n \\
z_2 = l_{21}X_1 + l_{22}X_2 + \cdots + l_{2n}X_n \\
\quad\quad\quad\quad\quad\vdots \\
z_n = l_{n1}X_1 + l_{n2}X_2 + \cdots + l_{nn}X_n
\end{cases}
$$

将 n 个标准指标变量 $X_1,X_2\cdots,X_n$ 转换成综合指标 $z_1,z_2\cdots,z_n$，线性变换应保证：

- z_p 与 z_q 独立，$p \neq q,p,q=1,2,\cdots,n$；
- $var(z_1) \geqslant var(z_2) \geqslant \cdots \geqslant var(z_n)$；
- $l_{j1}{}^2 + l_{j2}{}^2 + \cdots + l_{jn}{}^2 = 1,j = 1,2,\cdots,n$。

由线性变换得到 n 个主成分后，需要根据主成分的累积贡献率来确定主成分的个数，如公式所示。一般来说，当前 p 个主成分的累积贡献率达到 $70\% \sim 85\%$ 时，则保留前 p 个主成分。

$$
CCRp = \sum_{m=1}^{p} \frac{\lambda m}{n}(p \leqslant n)
$$

根据某观众在一月内的收视数据进行主成分分析，确定用户的兴趣模型。以电视剧节目为例，其中节目包含了爱情、剧情、国产、内地等 114 个特征属性，经过主成分分析，得到陡坡图，如图 4-3 所示。可以看出前 6 个主成分的累计贡献率已经超过 80%，即采用前 6 个主成分就可以代表原 114 个指标变量中 80% 以上的信息，为此确定主成分的个数为 6 个较为合理。

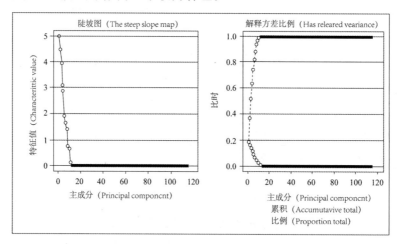

图 4-3　主成分分析后的陡坡图

通过主成分分析算法,观众对电视剧类节目的兴趣偏好,可以由 6 个相互独立的综合节目特征表示,即动作、古装、历史、战争类节目,科教、生活、娱乐类节目,革命、军事、战争类节目,都市、偶像、青春类节目,国产、剧情、伦理类节目,搞笑、青春、喜剧类节目,如图 4-4 所示。在图中,字体大小和颜色均代表了综合节目特征值的大小,从而可以说明观众对该类节目的兴趣程度。

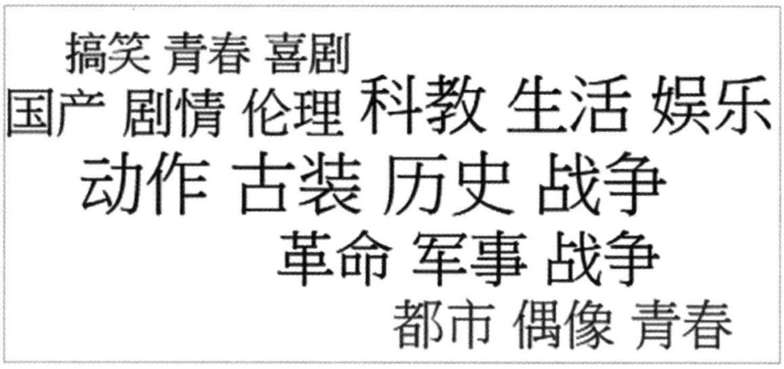

图 4-4 节目特征图

4.6 案例分析

针对我国某省数字电视直播收视数据和对应的电视节目单数据,进行数据处理操作,为后续研究奠定基础。其中,收视数据是通过数字电视机顶盒采集的数据,以日期和地区为组织,具体包括客户机顶盒编号(cardNum)、频道编号(pdbh),在该频道驻留的开始时间(s)与结束时间(e)。在一个数据文件中,观众(下文统一使用观众来代替广播电视节目的客户)从收看第一个频道开始产生第一条收视记录,之后每次更换频道均会产生一条新的收视记录,一个地区一日之内所有观众的全部收视记录都记录在一起成为一个数据文件,见表 4-3。

表 4-3   观众收视数据表(部分)

机顶盒编号	开始时间	结束时间	频道编号
EA6808133C	2014/5/7 7:44:35	2014/5/7 8:24:29	22701031
EA68081338	2014/5/7 0:00:00	2014/5/7 5:12:26	20001081
EA68081338	2014/5/7 12:08:57	2014/5/7 12:41:09	21801011

电视节目单数据(见表 4-4)记录了每一天该数字电视服务提供商提供的频道上播出了的电视节目,具体包括节目与节目编号(jmbh)、节目开始时间(bctime)、节目结束时间(jstime)和所在的频道与频道编号(pdbh)等数据,其中广告不单独成条,较短的广告并入最近的节目中、较长的广告以时间空当来表现。

表 4-4   节目单数据表(部分)

节目编号	频道编号	频道名	节目开始时间	节目结束时间	节目名	节目集号
4501	20101011	BTV—1	9:08:23	9:33:08	这里是北京	这里是北京
18269	20101011	BTV—1	9:33:08	10:22:12	金战	金战(4)
18269	20101011	BTV—1	10:22:12	11:11:04	金战	金战(5)
18269	20101011	BTV—1	11:11:04	12:00:08	金战	金战(6)

(1)缺失值与异常值数据处理

数据预处理的第一步是对原始数据进行清洗,剔除错误数据、处理有缺失值的数据元组,这一步直接影响到后续工作的开展,因此要在预处理的第一阶段完成该项任务。具体包括以下内容：

1)这一过程中，不符合逻辑的错误数据，如观众开始收看频道的时间晚于结束收看频道的时间，不符合时间的线性特点，予以剔除；

2)无论是收视数据还是电视节目单数据，都有部分数据缺失的问题。针对收视数据缺失的问题，经过探索性的数据分析，发现该部分缺失数据只占全体数据的不到 0.1%，因此针对缺失值，本案例采用的处理方案是剔除整个包含有缺失值的元组；而对于电视节目单数据的缺失，因为电视节目单数据并非采集数据，因此可以通过在互联网上查找对应时段频道播出内容，或是重新获取缺失日的电视节目单数据即可。

3)在数据清洗的过程中，发现原始的收视数据在每天凌晨会被采集数据的机顶盒自动分割，即观众收看一个跨日的节目，实际上在收视数据表中表现为分属前日与当日（或者当日与后日）的两条收视纪录。这一现象在对应的电视节目单数据中也存在甚至更严重，具体表现为跨日的电视节目在节目单上，仅在前一天的节目单上出现，而不在后一天的节目单数据上出现，导致一个跨日的节目在电视节目单上仅记录了部分节目时长。为了解决这两个问题，在数据读入的过程中同时读入当日与后日两天的收视数据和节目单数据，针对前者，仅需要将前后日的收视数据连接到一起，而对于后者，则需要先建立假设：该部分缺失的数据，即跨日节目的节目结束时间粗略地经由该频道上接下来播出的电视节目的开始播放时间来确定，即后者的开始时间被视为前者的结束时间，以此来补全该部分缺失数据。在这一步完成之后，理论上数据预处理工作就已经完成了，但事实上并非如此，在进一步的研究中如果发现数据表现出异常状态，就需要回到预处理阶段将遗漏的预处理步骤补全。

（2）噪声数据处理

在之后对整合后的数据进行数据可视化研究时，一个后来被称为"15 分钟线"的干扰数据集合被发现了。在探索性的数据分析之前，本案例首先定义了两个新的指标：收视入点（InPercent）与收视完整度（Integrity）。

$$InPercent = \frac{Skstart - Bctime}{Jstime - Bctime} \times 100\%$$

$$Integrity = \frac{Skend - Skstart}{Jstime - Bctime} \times 100\%$$

在公式中，Skstart、Skend 分别表示观众在某一频道上驻留时，开始收看某个节目的时间点与结束收看某个节目的时间点；Bctime、Jstime 分别代表该节目的播出时间与结束时间。

　　以某期中央电视台 1 台新闻联播的全部观众的收视行为为样本,以观众收视入点为横轴坐标,以观众收视完整度为纵轴坐标,绘制二维直角坐标系下的散点图(如图 4-5 所示),每一个点代表观众的一次收看该节目的收视行为。

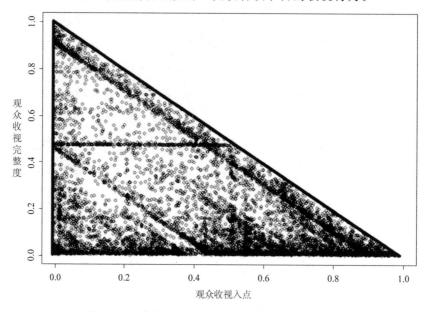

图 4-5　观众收视完整度与观众收视入点的散点图

　　从图中可以很明显地看出,在收视完整度＝0.48 附近有一条平行于 X 轴的由密集的数据点组成的数据集中区域。其表征的具体意义是,无论何时开始收看这期新闻联播的观众,都在收看满 15 分钟后离开该频道。这条数据条呈现出与周围点密度完全不符的现象,为了确认这并非偶尔发生的现象,绘制了次日新闻联播收视图、某期快乐大本营收视图进行对比分析。

　　经过一番查证,发现这条数据聚集并非偶然出现,推测这条"15 分钟线"是由于机顶盒的某些内置设置导致的,在一个频道上驻留达到 15 分钟时,自动跳转到主页。这一自动跳转机制在该图上显性表征为"15 分钟线",而实际上这一现象普遍存在于任意时段。为了较好地剔除这部分自动数据,同时又不过量剔除一些正常的收视数据,选择"前后端均无收视行为且单次收视行为持续时间在 880 秒至 920 秒之间"作为剔除条件,最后清理得到的数据绘制的收视图如图4-6 所示。

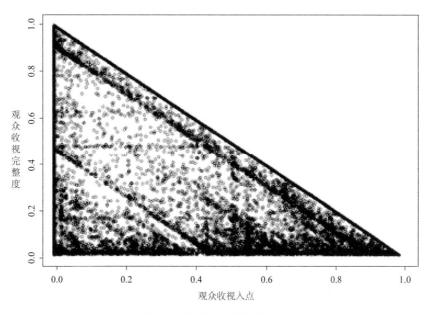

图 4-6 清理后数据的收视图

统计数据点集的分布发现,除了"15 分钟线"部分的数据点被剔除了部分外,在 $x=0$ 的铅直线上也有部分数据点被剔除,验证了"该现象普遍存在于任何时段"的预期假设。至此,涉及本节所用的研究数据的所有已知问题的预处理过程已经完成。

第5章

数据可视化

5.1　数据可视化简介

(1)可视化的意义

人眼是一个高带宽的巨量视觉信号输入并行处理器,最高带宽为每秒 100MB,具有很强的模式识别能力,对可视符号的感知速度比对数字或文本快多个数量级,且大量的视觉信息的处理发生在潜意识阶段。其中的一个例子是视觉突变:在一大堆灰色物体中能瞬时注意到红色的物体。由于在整个视野中的视觉处理是并行的,无论物体所占区间大小,这种突变都会发生。视觉是获取信息的最重要通道,超过 50% 的人脑功能用于视觉的感知,包括解码可视信息、高层次可视信息处理和思考可视符号。在计算机学科的分类中,利用人眼的感知能力对数据进行交互的可视表达以增强认知的技术,称为可视化。它将不可见或难以直接显示的数据转化为可感知的图形、符号、颜色、纹理等,增强数据识别效率,传递有效信息。例如表 5-1 中的 4 个数据集,它们的均值、回归方程、残差平方和等属性均相同,因而通过传统的统计方法难以对它们进行区分。但若将它们以图形呈现时,可以迅速在数据中发现它们的不同模式和规律(如图 5-1 所示)。

表 5-1　数据的表格化呈现

x_1		x_2		x_3		x_4	
x	y	x	y	x	y	x	y
10.0	8.04	10.0	9.14	10.0	7.46	8.0	6.58
8.0	6.95	8.0	8.14	8.0	6.77	8.0	5.76
13.0	7.58	13.0	8.74	13.0	12.74	8.0	7.71
9.0	8.81	9.0	8.77	9.0	7.11	8.0	8.84
11.0	8.33	11.0	9.26	11.0	7.81	8.0	8.47
14.0	9.96	14.0	8.10	14.0	8.84	8.0	7.04
6.0	7.24	6.0	6.13	6.0	6.08	8.0	5.25
4.0	4.26	4.0	3.10	4.0	5.39	19.0	12.50
12.0	10.84	12.0	9.13	12.0	8.15	8.0	5.56
7.0	4.82	7.0	7.26	7.0	6.42	8.0	7.91
5.0	5.68	5.0	4.74	5.0	5.73	8.0	6.89

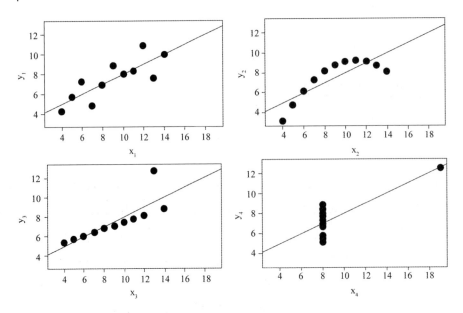

图 5-1　数据的图形呈现

　　简单地说,可视化借助于人眼快速的视觉感知和人脑的智能认知能力,可以起到清晰有效地传达、沟通并辅助数据分析的作用。现代的数据可视化技术综合运用计算机图形学、图像处理、人机交互等技术,将采集或模拟的数据变换为可识别的图形符号、图像、视频或动画,并以此呈现对用户有价值的信息。用户通过对可视化的感知,使用可视化交互工具进行数据分析,获取知识,并进一步提升为智慧。

　　(2)数据可视化的分类

　　数据可视化的处理对象是数据,包括两个分支:处理科学数据的科学可视化和处理抽象、非结构化信息的信息可视化。从广义上讲,科学与工程领域的科学可视化研究具有空间坐标和几何信息的三维空间测量数据、计算仿真数据和医学图像数据等。科学可视化重点研究如何有效地呈现数据中的几何、拓扑和形状特征。而信息可视化的处理对象是非结构化、非几何的抽象数据,比如社交网络、金融交易和文本数据等。信息可视化的核心挑战是如何在大规模高维数据中减少视觉混淆对有用信息的干扰。科学可视化、信息可视化和可视分析学通常被认为是可视化的三个主要分支。

　　科学可视化是可视化领域最早、最成熟的一个跨学科研究与应用的领域。面向的领域主要是自然科学,如物理、化学、气象气候、航空航天、医学、生物学等各个学科,这些学科通常需要对数据和模型进行解释、操作与处理,旨在寻找其中的模式、特点、关系以及异常情况。科学可视化的基础理论与方法已经相对成形。早期的关注点主要在于三维真实世界的物理化学现象,因此数据通常表达在三维或二维空间,或包含时间维度。鉴于数据的类别可分为标量(密度、温度)、向量(风向、力场)、张量(压力、弥散)三类,科学可视化也可粗略地分为三类。目前,科学可视化的研究主题主要包括 12 个方面,分别是通用数据可视化、基础理论、可视化技术和方法、交互技术、评估、社会和商业中的可视化、显示与交互技术、大数据可视化、感知与认知、可视化硬件、科学和工程中的可视化、系统和方法。

信息可视化处理的对象是抽象的、非结构化数据集合(如文本、图表、层次结构、地图、软件、复杂系统等)。传统的信息可视化起源于统计图形学,又与信息图形、视觉设计等现代技术相关。其表现形式通常在二维空间,因此关键问题是在有限的展现空间中以直观的方式传达大量的抽象信息。与科学可视化相比,信息可视化更加关注抽象、高维的数据。这种数据通常不具有空间中位置的属性,因此数据元素在空间中的布局是根据具体数据分析的要求来确定的。由于信息可视化方法与目标数据类型密切相关,根据数据类型可分为时空数据可视化、文本和跨媒体数据可视化、层次和网络结构数据可视化、多变量数据可视化。目前,关于信息可视化的研究主题主要包括六个方面,分别是信息可视化交互技术、信息可视化技术和交互方法、信息可视化综合课题、评估、信息可视化应用领域、信息可视化方法。

可视分析学是一门基于可视交互界面的分析推理科学。其综合了数据挖掘、图形学、人机交互等重要技术,以可视交互界面为通道,将人类的感知和认知以视觉处理的形式融合到数据处理的过程中,形成了人脑智能和机器智能的优势互补,建立了螺旋式信息共享和知识提炼途径,完成有效的分析推理和决策。可视分析学可看成将可视化、人的因素和数据分析集成在内的一种新思路。其中,感知与认知科学研究人在可视分析学中的重要作用;数据管理和知识表达是可视分析构建数据到知识转换的基础理论;地理分析、信息分析、科学分析、统计分析、知识发现等是可视分析学的核心分析论方法。在整个可视分析过程中,人机交互必不可少,用于驾驭模型构建、分析推理和信息呈现等整个过程。可视分析流程中推导出的结论与知识最终需要向用户表达、作业和传播。目前,可视分析学的主要研究主题包括九个方面,分别是可视表达和交互技术、数据管理和知识表达、分析式推理、表达作业和传播方法、可视分析技术的应用、评估方法、推理过程的表述、允许交互可视分析的数据变换的理论基础、可视分析学的基础算法与技术。

5.2 数据可视化基本框架

(1)数据可视化流程

科学可视化和信息可视化分别设计了可视化流程的参考体系结构模型,并被广泛应用于数据可视化系统中。图 5-2 所示的是科学可视化的早期可视化流水线。它描述了从数据空间到可视空间的映射,包含串行处理数据的各个阶段,数据分析、数据滤波、数据的可视映射和绘制。这个流水线实际上是数据处理和图形绘制的嵌套组合。

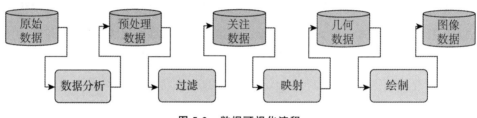

图 5-2 数据可视化流程

数据可视化流程的三个核心要素为数据表示与变换、数据的可视化呈现和用户交互。

数据表示与变换。数据表示和变换是数据可视化的基础。为了实现有效的可视化、分析和记录,输入数据必须从原始状态转换为便于计算机处理的结构化数据形式。这些结构通常存在于数据本身中,需要开发有效的数据提取或简化方法以便于最大限度地保持信息和知识的内涵及相应的上下文。有效地表示大量数据的主要挑战是采用可伸缩和扩展的方法,忠实地维护数据的性质和内容。除此之外,将不同来源和不同类型的信息合成为统一表示,使数据分析人员能够及时获得数据的本质也是最终目标。

数据的可视化呈现。以一种直观、易于理解和易于操作的方式向用户展示数据,需要将数据转换为可视表示后再呈现给用户。数据可视化是为了向用户传递信息,而同一数据集可能对应多个视觉表示方法,即视觉编码。数据可视化的核心是从各种呈现空间中选择最合适的编码形式。决定视觉编码是否符合的因素包括感知和认知系统的特征、目标任务和数据本身的属性。

　　用户交互。对数据进行可视化和分析是为了解决目标任务。有些任务可明确定义,有些任务则更为广泛或者一般化。通用的目标任务可分成三类:生成假设、视觉呈现和验证假设。数据可视化可以从数据中探索新的假设,验证相关假设与数据的一致性,帮助数据专家将信息呈现给公众。交互是通过可视手段进行分析决策的直接驱动力。人机交互的探索已经进行了很长一段时间,但适合大数据可视化的智能交互技术,如基于假设的方法和任务导向仍然是一个未解决的问题。它的核心挑战是开发支持用户分析和决策的新型交互方法。这些交互方法涵盖了复杂的交互概念和交互过程、底层交互模式和硬件,需要克服不同类型显示环境和不同任务产生的可扩充性困难。

　　(2)数据可视化设计

　　数据可视化的设计简化为四个级联的层次。简单地说,最外层(第一层)是刻画真实用户的问题,称为问题刻画层。第二层是抽象层,将特定领域的任务和数据映射到抽象且通用的任务及数据类型。第三层是编码层,设计与数据类型相关的视觉编码及交互方法。最内层(第四层)的任务是创建正确完成系统设计的算法。各层之间是嵌套的,上游层的输出是下游层的输入。嵌套同时也带来了问题:上游的错误最终会级联到下游各层。假如在抽象阶段做了错误的决定,那么最好的视觉编码和算法设计也无法创建一个解决问题的可视化系统。在设计过程中,这个嵌套模型中的每个层次都存在挑战。例如:定义了错误的问题和目标;处理了错误的数据;可视化的效果不明显;可视化系统运行出错或效率过低。

　　分为这四个阶段的优点在于:无论各层次以何种顺序执行,都可以独立地分析每个层次是否已正确处理。虽然三个内层同属设计问题,但每一层又有所分工。实际上,这四个层次极少按严格的时序过程执行,而往往是迭代式的逐步求精过程,即某个层次有了更深入的理解之后,将用于指导精化其他层次。

5.3 数据可视化常见图表

将数据库中收集整理后的数据按一定的方式排列在表格上,就可以得到统计表或统计图。统计图、表是数据分析中重要的工具,可以清晰地显示统计资料,直观反映数据资料中的重要信息。本节将数据按照离散型和连续型进行分类,分别介绍这两类数据的图表显示。

(1)总计表

总计表是反映整体数据统计结果的图表,在图表中,反映各个项目在总计数据中所占的比例。总计表可分为柱状图、圆形图、环形图三种图表。

- 柱状图

柱状图常以柱形或长方形显示各项数据,并进行比较。通过各个数据的竖条长度可以直观地显示各项数据间的关系,如图 5-3 所示。图 5-3 展示了不同类型节目之间的观看人数。从图中可以看出,观看人数较高的节目类型依次是剧情、都市、搞笑、时装、综合等。

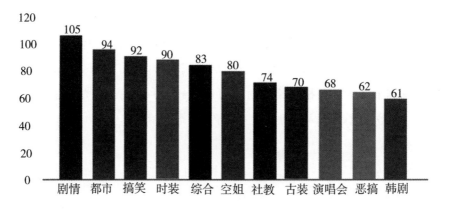

图 5-3 柱状图

- 圆形图(饼图)

圆形图常以圆形的方式显示各数据的比例关系,每一项数据以扇形呈现,通过占整体圆面积的比例,直观反映出数据间的大小关系,如图 5-4 所示。从图中可以看出,综艺类节目在收视节目类型所占比例中高居榜首。

图 5-4　圆形图

- 环形图

环形图常以环形的方式显示各数据的比例关系,不同的数据所占环形圈的面积大小可以直接反映出数据间的差异,如图 5-5 所示。图中表现了人们不同的上网方式占人们日常上网的时长比例,与饼图类似,面积越大的色块,代表花费的时间越多。从图中不难发现,即时通信、搜索引擎、网络新闻、网络音乐、博客/个人空间是人们上网的主要方式。

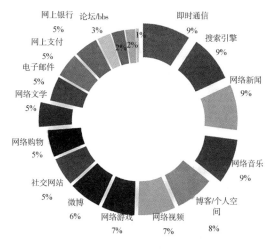

图 5-5　环形图

(2)分组数据

分组数据是指把不同的数据分组后,在一张可视化图表中显示出来,在同一组的数据有相同的特性。分组数据图表分为直方图和折线图两种。

- 直方图

直方图常以柱状的方式显示信息频率的变化状况,并从对比中显现不同项目的数据差异。直方图与前面提到的柱状图有相似之处,但是直方图与柱状图的信息内涵不同,柱状图的 Y 轴可以表示任何含义,展现绝对数值;而直方图的 Y 轴表示数值出现的频率,如图 5-6 所示。图中表示了男女不同体重的占比情况,深灰色代表女性,浅灰色代表男性,纵轴表示男、女占比的多少,即不同年龄段不同性别的人在总人数中出现的频率。纵轴数值越高,表示在总人数里占比越多。

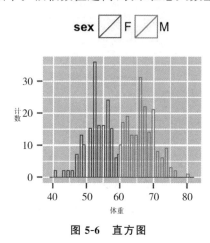

图 5-6 直方图

- 折线图(曲线图)

折现图常以折线的方式绘制数据图表,它能直观地显示出连续数据变化的幅度和量差,如图 5-7 所示。图中表示了某演员参演的不同角色与传统媒体、新媒体、电影票房表现力的对应关系,可以直观地看出该演员的不同角色级别对不同媒体评分有着直接的影响。

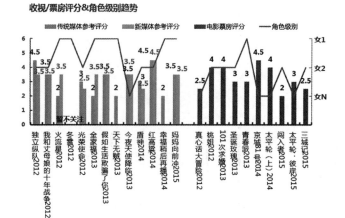

图 5-7 折线图

(3)原始数据

原始数据表是由不同层次结构里的数据组合而成的图表,这类图表的展示使得数据层次更加清晰。原始数据分为茎叶图和箱线图两种。

● 茎叶图

茎叶图又称枝叶图，它以变化较小的数据为茎，以变化较大的数据为叶，以树枝茎脉的方式直观地展示数据，并运用图形解释后续数据的变化情况，便于显示项目特性的细节，如图 5-8 所示。图中树茎表示数的大小基本不变或变化不大的位，再将变化大的位的数作为分枝，列在主干的后面，这样就可以清楚地看到每个主干后面的几个数，每个数具体是多少。

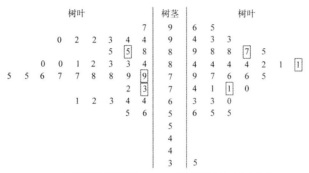

左右两侧分别是某校98(1)，(2)班概率统计茎叶图成绩表

图 5-8　茎叶图

● 箱线图

箱线图又称箱型图、盒须图或盒式图，是一种显示一组数据分布和分散情况的统计图。它利用数据中的六个统计量，最大值、第一四分位数、中位数、第三四分位数、最小值以及异常值从小到大的排列来描述数据，如图 5-9 所示。图中展示了数据中中位数的分布情况。

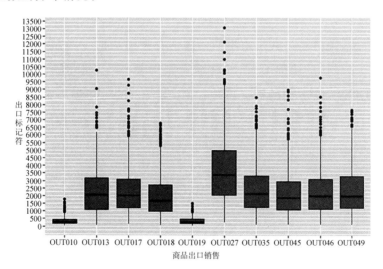

图 5-9　箱线图

(4)时序数据

时序数据是以时间发展规律为单位进行信息可视化的展示方法。线性图是按时序进行的轨迹反映数据特性的图表,这样的图表具有一定的连续性,多用在有固定变化规律的数据统计表中,如图 5-10 所示。图中展示了 2013 第四届乐视盛典电视剧类乐迷对最喜欢男演员的投票情况,可以看出随着时间迁移,钟汉良和陈晓的投票数不断增加,任重、陆毅、张国立的投票并没有发生明显变化。

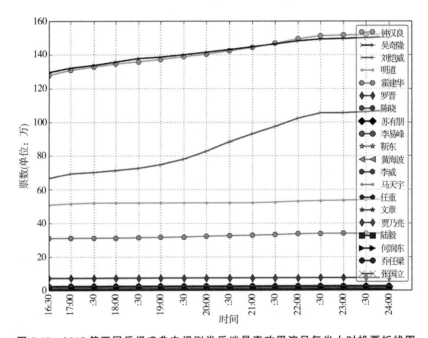

图 5-10 2013 第四届乐视盛典电视剧类乐迷最喜欢男演员每半小时投票折线图

(5)多元数据

多元数据,顾名思义就是由不同的数据类型组成的一张图表,这些数据项目组成了一个整体的比例关系,并在同一张图表上得以体现。雷达图通常用来表示多元数据,将不同的数据反映在同一个图表上,并且用雷达发展状的方式显示不同的项目,它能够方便体现出不同数据间的结构关系和发展趋势,如图 5-11 所示。

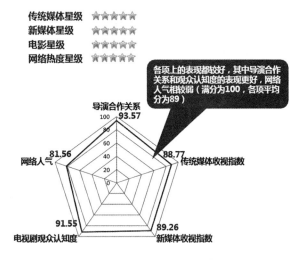

图 5-11　演员某个方面的综合特质

图 5-11 表示了某演员各个方面的综合特质,以雷达图的形式展示了其在导演合作关系、传统媒体收视指数、新媒体收视指数、电视剧观众认知度、网络人气五个项目上的综合表现。

5.4 数据可视化类型

(1)多维信息可视化

多维信息可视化,主要是借助于图形化手段清晰有效地传达与沟通信息。为了有效地传达信息,美学形式与功能需要齐头并进,通过直观地传达关键的方面与特征,从而实现对相当稀疏而又复杂的数据集的深入洞察。如图 5-12 所示,可以使用柱状图、折线图、饼状图中的一种或几种,来表示数据的分布情况、增长情况或一定时间内的变化趋势,还可以用不同颜色加以标示,达到既直观又美观的信息传达效果。

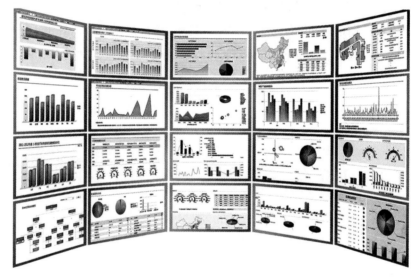

图 5-12 多维信息可视化形式

(2)地理信息可视化

地理信息可视化,是运用图形学、计算机图形学和图像处理技术,将地学信息输入、处理、查询、分析以及预测的结果和数据,以图形符号、图标、文字、表格、视频等可视化形式显示并进行交互的理论、方法和技术。地理信息系统中的空间信息可视化从表现内容上来分,有地图(图形)、多媒体、虚拟现实等;从空间维数上来分,有二维可视化、三维可视化、多维动态可视化等。据统计,2009 年全国网购人数最多的城市是浙江、上海、江苏、广东、北京,多集中在东南部沿海区域。

(3)社交网络可视化

人们能够很容易地看出一个网络内的朋友与熟人,但很难理解社交网络中成员之间是如何连接的,以及这些连接是如何影响社交网络的,社交网络可视化将有助于人们理解这些问题。社交网络可视化不仅可以帮助人们理解人际网络情况,还可以自定义关联节点,对不同事物之间的关系进行对比和分析,利用可视化工具显示关联程度。

通过社交网络对频道跳转关系进行可视化,如图 5-13 所示。在图中,用文字标识出不同的卫视频道名称,文字大小代表了频道间跳转的综合重要性,线段的方向代表了频道间跳转的方向,线段的粗细代表了频道间跳转的频率。从图中不难发现,浙江卫视、江苏卫视、深圳卫视、广东卫视、天津卫视等卫视频道所在的"席位"被大家频繁跳转。

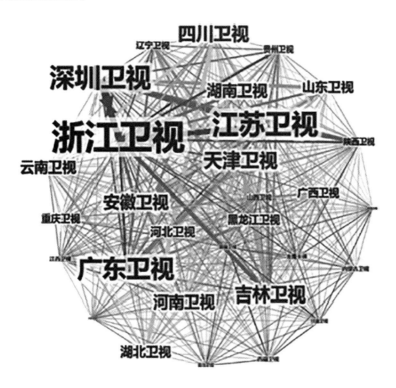

图 5-13　社交网络可视化结果

(4)文本可视化

文本可视化技术综合了文本分析、数据挖掘、数据可视化、计算机图形学、人机交互、认知科学等学科的理论和方法,是人们理解复杂的文本内容、结构和内在的规律等信息的有效手段。海量信息使人们处理和理解的难度日益增大,传统的文本分析技术提取的信息难以满足需要,利用视觉符号的形式表现复杂的或者难以用文字表达的内容,可以快速获取关键信息。将文本中复杂的或者难以通过文字表达的内容和规律以视觉符号的形式表达出来,同时向人们提供与视觉信息进行快速交互的功能,使人们能够利用与生俱来的视觉感知的并行化处理能力快速获取大数据中所蕴含的关键信息。

对用户的节目类型偏好进行文本可视化分析,如图 5-14 所示。在图中,用文字标识出不同节目的节目种类,文字大小和颜色深浅共同代表了用户对不同类型节目的偏好程度。从图中不难发现用户的节目类型偏好:对于电视剧类节目,战争、历史、年代、犯罪类节目最受用户喜爱;对于体育项目,乒乓球、田径、羽毛球、足球类节目最受用户喜爱;对于新闻节目,时政类、财经类、文化类、法治类节目最受用户喜爱;对于热点节目,《世界杯》《爸爸都去哪儿》《中国好声音》《咱们结婚吧》是用户最为喜爱的节目。

图 5-14　文本可视化分析结果

5.5 数据可视化软件

（1）Microsoft Excel

这款电子表格软件已经被广泛使用二十多年了，以至于现在有很多数据只能以 Excel 表格的形式获取到。在 Excel 中，让某几列高亮显示、做几张图表操作比较简单，然而 Excel 一次所能处理的数据量有一定局限性，所以用 Excel 来做全面的数据分析或制作公开发布的图表会有难度。Excel 界面如图 5-15 所示，在 Excel 中内置图表工具，利用这个工具可以方便快捷地插入已有的图表。

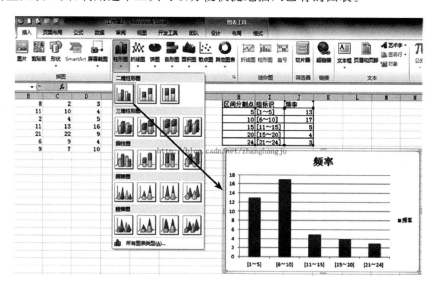

图 5-15 Excel 界面

（2）Tableau Software

Tableau Software 致力于帮助人们查看并理解数据，可以快速分析、可视化并分享信息。它的程序很容易上手，各公司可以用它将大量数据拖放到数字"画布"上，转眼间就能创建好各种图表。简单易用是 Tableau 的最大特点，使用者不需要精通复杂的编程和统计原理，这意味着，企业不再需要大量的工程师团队、定制软件和大量时间，每个人都可以自主服务式分析数据。

（3）Gephi

Gephi 是一款开源、跨平台的、基于 JVM 的复杂网络分析软件，其主要用于各种网络和复杂系统,动态和分层图的交互可视化与探测开源工具。可用作探索性数据分析、链接分析、社交网络分析、生物网络分析等。Gephi 的操作界面如图 5-16 所示,其窗体中的图形就是一个典型的由节点和连线生成的Gephi 图形。

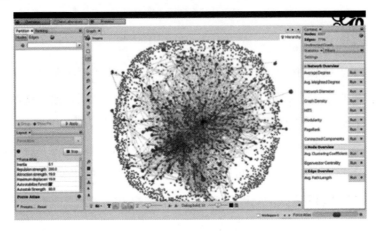

图 5-16 Gephi 图形

(4)R 语言

R 是一门用于统计学计算和绘图的语言。最初的使用者主要是统计分析师,但近年来用户群扩充了不少。它的绘图函数可以用短短几行代码便将图形画好。图 5-17 所示的是 R 语言的源代码及其实现的几种不同的图表,从中可以看出 R 有非常强大的绘图功能。

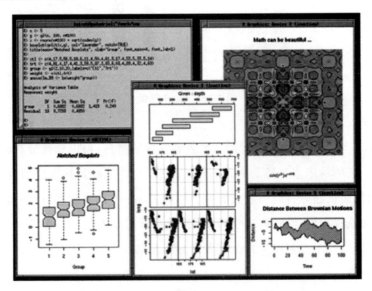

图 5-17 R 语言的源代码及其实现的几种不同的图表

（5）Python

Python 是一款通用的编程语言，它并不是针对图形设计的，但还是被广泛地应用于数据处理和 Web 应用。编写 Python 的界面如图 5-18 所示，简洁而清晰，具有脚本语言中丰富和强大的类库，足以支持绝大多数日常应用。

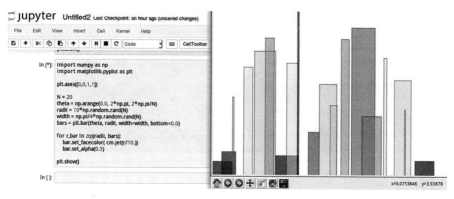

图 5-18　编写 Python 的界面

（6）PHP

PHP（外文名"PHP"：Hypertext Preprocessor，中文名"超文本预处理器"）是一种通用开源脚本语言。PHP 的语法吸收了 C 语言、Java 和 Perl 的特点，利于学习，使用广泛，主要适用于 Web 开发领域。它可以比 CGI 或者 Perl 更快速地执行动态网页。PHP 将程序嵌入 HTML（标准通用标记语言下的一个应用）文档中去执行，执行效率比完全生成 HTML 标记的 CGI 要高许多；PHP 还可以执行编译后代码，编译可以达到加密和优化代码运行，使代码运行更快。

（7）D3

D3 是 Data-Driven Documents（数据驱动文档）的简称，即用来使用 Web 标准做数据可视化的 JavaScript 库。D3 通过使用 SVG、Canvas 和 HTML 技术让数据生动有趣。D3 将强大的可视化、动态交互和数据驱动的 DOM 操作方法完美结合，让人们可以充分发挥现代浏览器的功能，自由设计正确的可视化界面。目前，D3 是比较流行的可视化库之一，它被很多其他的表格插件使用，同时利用它的流体过渡和交互，用相似的数据创建惊人的 SVG 条形图。图 5-19 是利用 D3 制作出的各种各样的图形。

图 5-19　利用 D3 制作的图形

5.6 数据可视化的经典案例

(1)商业智能中的数据可视化

商业智能中的数据可视化,亦称为商业智能数据展现,以商业报表、图形和关键绩效指标等易辨识的方式,将原始多维数据间的复杂关系、潜在信息以及发展趋势通过可视化展现,以易于访问和交互的方式揭示数据内涵,增强决策人员的业务过程洞察力。

随着移动互联网的兴起,在线商业数据成为新的价值源泉。例如,淘宝每天数千万用户的在线商业交易日志数据高达 50TB;美国黑莓手机制造商 RIM 一天产生大约 38TB 的日志文件数据。一方面,在线商业数据类型繁多,可粗略分为结构化数据和非结构化数据;另一方面,在线商业数据呈现强烈的跨媒体特性(文本、图像、视频、音频、网页、日志、标签、评论等)和时空地理属性。例如,在线商业网站包含大量的文本、图像、视频、用户评论(多媒体类型)、商品类目(层次结构)和用户社交网络(网络结构),同时每时每刻记录用户的消费行为(日志)。这些特点催生了商业智能中数据可视化的研究和开发。

基于在线商业数据对客户群体的商业行为进行分析和预测,可突破传统的基于线下客访和线上调研的客户关系管理模式,实现精准的客户状态监控、异常检测、规律挖掘、人群划分和预测等。例如,美国加州大学戴维斯分校和电子商务网站 eBay 合作共同研究了基于网页点击流数据的可视化分析。在图 5-20 中,(a)图是一系列点击流的可视化结果,每条点击流是一个长形的颜色条,颜色与点击内容的对应关系(目录、标题、图片、描述、出售、支付和浏览等)在(b)图中列出,(c)图展现了单条被选中的点击流,(d)图中的直方图给出了对应聚类的统计信息。分析者使用交互的套索工具将相似模式的客户进行分组,解析用户行为和结果的关联。

(2)金融数据可视化

金融可视化指用于可视化理解股票、商品、货币等的价格是如何随时间而变化的方法。例如,股市交易软件使用烛柱图、K 线图等图符代表交易情况。在交易图表中,还增加了额外的指标突出显示不同的价格信号,如趋势、量、惯性、动量等。

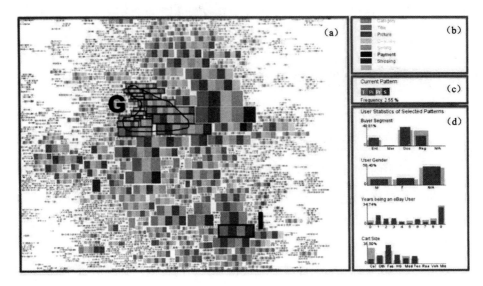

图 5-20　基于网页点击流数据的可视化分析

　　资金异常流动分析。金融资金的异常流动不仅助长了投机行为,而且扰乱了正常的金融秩序。金融机构,例如美国银行(Bank of America,BOA)每天处理成千上万条电子转账。电子转账数据不但数字化、数据量巨大,而且来源于全球金融机构的网络。传统上,分析者使用电子表格来观察大量的电子转账数据。电子表格支持各种基于行和列的操作,并且给定数据的详细说明。然而,它们无法提供一个清晰的趋势和相互关系的概观。美国北卡罗来纳州立夏洛特分校的可视化中心研究开发了基于识别特定关键词的电子转账数据可视化系统。采用多个链接视图的层次交互可视分析,帮助分析者探索大规模分类时电子转账数据,如图 5-21 所示。多个视图包括关键词网络视图、热力图、按例子查找工具和称作"串和珠子"的可视化。由于账号数量成千上万,因此首先基于账号转账关键词的发生频率,利用"binning"技术对账号进行聚类。左上柱状图使用热力图表示账号和关键词的关系。柱状图的目的是减少热力图中使用累积和的影响。通过柱状图,用户可以快速识别出账号在同一个聚类中对某个关键词的贡献是平均的,还是在聚类中有不正常的分布。左下"串和珠子"描述随着时间改变的电子转账。双击某个珠子可以在另外一个窗口显示相关的电子转账,用户可以交互地查看单条转账。右上按例子查找工具帮助发现相似活动的账号。右下网络视图表达了关键词之间的关系,高频出现的关键词出现在视图中间,低频出现的关键词出现在外围区域。当用户高亮某个关键词时,显示连接此关键词的所有关键词。这四个视图协调工作,提供了很强的交互能力,帮助我们观察全局的趋势并且深入观察每条特定的转账记录,刻画转账账号之间的关系、时间和关键词。在一个视图上点击将影响所有的窗口，分析者可交互观察账号、关键词、时间和账号信息等，并发现维度选择的相互影响。

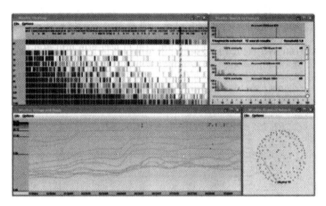

图 5-21　大规模分类时电子转账数据的探索

客户信用风险分析。美国北卡罗来纳大学夏洛特分校的可视化中心还针对美国银行的数据，构建了客户信用风险分析的可视分析系统。客户信用风险分析在稳定银行投资和最大化盈利方面有非常重要的地位。由于客户信用风险分析过程所涉及的数据量大和复杂度高，分析者在监控数据、比较时空模式和开发基于多个分析视图相互关系的策略方面面临挑战。该系统将信用信息数据组织成立方体结构，x 轴代表信用实体，例如 FICO 分数、财富水平和市场 ID，y 轴代表变量，z 轴代表时间。信用信息数据经过统计分析转换为实体热力图、趋势分析和信用产品比较三个视图，如图 5-22 所示。该系统提供交互的数据探索和相互关联，帮助描述目标信用产品的市场波动和时间趋势。

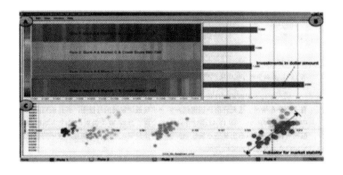

图 5-22　信用信息数据的统计分析结果

第6章

数据模型

6.1　聚类方法

在实践中,有时人们收集到的样本数据的标记信息是未知的,通过对未标记样本数据的分析和挖掘,可揭示数据的规律和内在性质,为数据分析提供依据,进而可发现一些直观上难以察觉的规律。这种寻找规律的学习方法称为无监督学习。聚类是这类学习任务中应用最广泛的方法。

聚类,顾名思义,就是根据一定的区分规则将数据分组为多个类或簇。聚类分析的基本思想是将数据集划分为若干个不相交的子集,每一个子集称为一个类或簇,且使得类内的群体具有较大的相似度,而类与类间存在很大的差异性。通过这样的划分,每一个类可能对应于一些潜在的概念,具有直观上不易发现的性质,即类别。需要说明的是,这些类别对聚类方法而言事先是未知的,聚类过程仅能自动形成类的结构,类所对应的概念语义需要使用者来把握和命名。

基于不同的学习策略,人们设计出多种类型的聚类算法。

首先,聚类根据分类方式不同可以分为硬聚类和模糊聚类。硬聚类就是将一个样本数据归为唯一类,明确规定此样本属于确定的类别,而模糊聚类是通过隶属函数来确定每一条数据隶属于各类的程度。例如,你看到一本书,觉得它可能是小明或者小红的,让你做一个判断,如果你说它就是小明的,这就是硬聚类。如果你说40%的可能性是小红的,60%的可能性是小明的,这就是软分类,也就是模糊聚类。

其次,聚类根据算法可以分为划分聚类方法、密度聚类方法、层次聚类方法、网格聚类方法以及模型聚类方法。

(1)划分聚类方法就是对样本数据集采用目标函数最小化的策略划分为 n 个类。其原理简单来说就是:假设有一堆分散的点需要聚集在一起。期望的聚类效果是类内的点都足够近,类间的点都足够远。首先,需要确定分散点最终在多少类中,选择一些点作为初始中心点。然后,对数据点进行迭代重新定位,直到最终达到“类内的点足够近,类间的点足够远”的目标。根据所谓的“启发式算法”,划分聚类方法主要包括 K-means 算法及其变体包括 k-medoids、k-modes、k-medians、 kernel K-means 等算法。

(2)密度聚类方法是从数据对象的分布密度出发,把密度足够大的区域连接起来。其原理的中心思想是画圆,其中要定义两个参数,一个是圆的最大半径,另一个是圆中包含点数的最小个数。只要相邻区域的密度超过一定的阈值,就继续聚类,最后,在一个圆圈里的就是一个类。密度聚类原理 DBSCAN(Density-Based Spatial Clustering of Applications with Noise)算法是一种典型的聚类方法。

(3)层次聚类方法是指在不同层次上对数据集进行划分,形成树状的聚类结构。层次聚类主要有两种类型:合并层次聚类和分裂层次聚类。合并层次聚类是一种自底向上的方法,从底层开始,通过每次合并最相似的聚类形成上层的聚类,当所有数据点合并为一个聚类时或当达到某个终止条件时停止。分裂层次聚类则利用自上而下的方法,从一个包含所有数据点的聚类开始,然后把根节点分成一些类,每个子聚类递归继续分裂,直到出现每个节点聚类中只包含一个样本数据。一般都是将层次方法和其他方法相结合,形成多阶段聚类,改善聚类质量。

(4)网格聚类方法是指将空间量化为有限个单元,然后对量化后的空间进行聚类。该方法的原理是将数据空间划分为网格单元,再把数据对象集映射到网格单元上,并计算每个网格单元的密度。最后根据预先设定的阈值判断每个网格单元是否为高密度网格,并组合相邻的密集单元组构成类。网格聚类方法主要包括 STING 算法、CLIQUE 算法、WAVE-CLUSTER 算法等。

(5)模型聚类方法的基本思路是:假设每个类都有一个模型,寻找数据与给定模型的最佳拟合,这类方法主要指基于概率模型的方法和基于神经网络模型的方法,一般使用基于概率模型的方法。基于神经网络模型的方法主要是自组织映射方法(SOM)。基于概率模型的方法主要是指同一类数据属于同一概率分布的概率生成模型。其中最典型和常用的方法是高斯混合模型(GMM)。

聚类方法的主要用途包括:(1)聚类作为一种探索性分析方法,用来分析数据的内在特点,寻找数据的分布规律。此作用的典型应用是客户细分问题,利用聚类可以分析顾客间的相似或差异关系,并将顾客按照一定特征拆分成若干个类别而达到市场细分的目的。(2)聚类可以作为分类的预处理过程,并不直接进行数据分析,首先对需要分类的数据进行聚类,其次对聚类出的结果的每一个类进行分类,实现数据的预处理。数据预处理主要应用于商业中新用户类型的判别,在一些商业应用中,定义用户类型对于商家来说可能不太容易,此时可先对用户数据进行聚类,根据聚类结果将每个簇定义为一类,然后再基于这些类训练分类模型,用于判别新用户的类型。

在目前的现实应用中,最常用的主要是划分聚类、密度聚类和层次聚类,本节中将进行一一介绍,但在此之前,需要先了解聚类方法涉及的两个基本问题:距离计算和性能度量。距离计算主要用于衡量样本数据之间、样本数据与类之间以及类与类之间的相似程度,往往是样本数据可以聚成一类的主要依据。性能度量主要是对模型效果的衡量,是对聚类结果准确度的一个衡量与评估,有时也可以依据此性能指标来进行类别数目的确定。

6.1.1 距离的度量

如果要用数量化的方法对数据进行聚类,就要用数量化的方法来描述问题以及定义相关的概念。聚类方法的形式化描述如下:假定样本集 $D = \{x_i, x_2, \cdots, x_m\}$ 包含 m 条无标记样本,每条样本 $x_i = (x_{i1}, x_{i2}, \cdots, x_{in})$ 是一个 n 维的特征向量,具体每一维度的值表示该条样本的属性值,因此每条样本可以假定用空间中的点来表示,则聚类算法就是将样本集 D 划分为 k 个不相交的类 $\{C_l \mid l = 1, 2, \cdots, k\}$。聚类分析的一般规则就是将相似程度高的样本归为一类,相似程度不大的样本归为不同类,这个相似程度在数学上可以称之为距离,也是最常用的。聚类分析的关键在于采用"距离"度量样本与样本之间的相似程度,且在聚类过程中,既要考虑样本点与样本点之间的距离,也要考虑类别与类别之间的距离。前者衡量的是类内的相似度,后者衡量的是类间的差异度。

(1)样本点与样本点之间的距离测度

聚类方法的关键就在于距离函数的定义,它直接影响着聚类的结果,不同类型的样本数据需要设定不同的计算距离的方法,但是定义的距离公式有一定的条件限制,距离函数 $dist(x_i, x_j)$ 需要满足一些基本性质:

- 非负性:$dist(x_i, x_j) \geqslant 0$
- 同一性:$dist(x_i, x_j) = 0$,当且仅当 $x_i = x_j$
- 对称性:$dist(x_i, x_j) = dist(x_j, x_i)$
- 直递性:$dist(x_i, x_j) \leqslant dist(x_i, x_k) + dist(x_k, x_j)$

其中 x 表示样本点,用向量的数学形式来表示,向量中的具体元素值表示样本的指标属性值。给定样本 $x_i = (x_{i1}, x_{i2}, \cdots, x_{in})$ 与样本 $x_j = (x_{j1}, x_{j2}, \cdots, x_{jn})$,其中 x_{in} 表示第 i 个样本的第 n 个指标。最常用的是闵可夫斯基距离和马氏距离。

- 闵可夫斯基距离(Minkowski distancce)

$$dist_{mk}(x_i, x_j) = \left(\sum_{k=1}^{n} (x_{ik} - x_{jk})^p \right)^{\frac{1}{p}}$$

对于 $p \geq 1$ 时,闵可夫斯基距离显然满足以上的基本性质。

当 $p = 2$ 时,闵可夫斯基距离即欧式距离。

$$dist_{ed}(x_i, x_j) = \sqrt{\sum_{k=1}^{n} (x_{ik} - x_{jk})^2}$$

当 $p = 1$ 时,闵可夫斯基距离即曼哈顿距离。

$$dist_{man}(x_i, x_j) = \sum_{k=1}^{n} |x_{ik} - x_{jk}|$$

其中最常用的是欧式距离,因为当坐标轴进行正交旋转的时候,欧式距离是保持不变的。然而,闵氏距离没有考虑样本的各指标的数量级水平。当样本的各指标数量级相差悬殊时,该距离不合适,需要在计算距离之前,先把所有指标都转化为统一的分布内,即标准化样本数据。另外,使用欧式距离要求各坐标对距离的贡献应该是同等的,且变差大小也是相同的,如果变差不同,则不太适用。例如,在择偶时衡量一个男性的指标,假如是身高和收入水平,一个人是 1.5 米,收入 6000元;另一个人是 1.8 米,收入 5500 元,这两个人的两个指标的变差差别就很大,不好用欧式距离,此时可以将欧式距离进行改写。

$$dist_{ed}(x_i, x_j) = \sqrt{\sum_{k=1}^{n} \left(\frac{x_{ik} - x_{jk}}{s_{kk}} \right)^2}$$

其中 s_{kk} 表示变量 k 的标准差,其实就是为了调整变量的变差。

- 马氏距离

马氏距离与闵氏距离很相似,它是对闵氏距离的进一步调优。

$$dist(x_i, x_j) = [x_{(i)} - x_{(j)}]^T \sum\nolimits^{-1} [x_{(i)} - x_{(j)}]$$

其中,$[x_{(i)} - x_{(j)}]^T$ 表示向量的转置,$\sum$ 是数据矩阵的协方差阵。理论上可以证明马氏距离对一切线性变换是不变的,故不受量纲的影响,它不仅对自身的变差做了调整,还对指标的相关性也做了考虑,非常适用于两个未知样本集的相似度计算。

- VDM 距离

在实际中,样本指标属性值并非都是数值型,而非数值型的样本点利用欧式距离计算公式显然是不合适的,不同的样本指标属性需要定义不同的距离公式。样本数据的指标属性常可以被划分为连续属性和离散属性,前者在定义域上有无穷个可能的取值,后者在定义域上是有限个取值。然而,在讨论距离计算时,属性上是否定义了"序"关系更为重要。例如,表示身高属性的定义域为$\{155,165,177\}$的离散属性与连续属性的性质更接近一些,从数量化的角度考虑,因为 155 与 165 更接近,与 177 比较远,因此能直接在属性值上计算距离,这样的属性称为有序属性;而如果表示交通工具定性化属性的定义域为$\{$飞机、火车、轮船$\}$,这样的离散属性则不能直接在属性值上计算距离,称为无序属性。显然闵可夫斯基距离和马氏距离只可用于有序属性,对于无序属性的样本,此距离公式显然是不合理的。

对于无序属性可采用 VDM 距离。令$m_{u,a}$表示指标属性u上取值为a的样本数,$m_{u,a,i}$表示在第i个样本类中在指标属性u上取值为a的样本数,k表示样本类别数,则属性u上两个离散值a和b之间的 VDM 距离为:

$$VDM_p(a,b) = \sum_{i=1}^{k} \left| \frac{m_{u,a,i}}{m_{u,a}} - \frac{m_{u,b,i}}{m_{u,b}} \right|^p$$

于是,将闵可夫斯基距离和 VDM 距离结合,即可处理混合属性的样本。假定有n_c个有序属性,$n-n_c$个无序属性,令有序属性排在无序属性之前,则:

$$MDP_P(x_i,x_j) = \left[\sum_{u=1}^{n_c} (x_{iu} - x_{ju})^p + \sum_{u=n_c+1}^{n} VDM_p(x_{iu},x_{ju}) \right]^{\frac{1}{p}}$$

(2)类与类之间的距离测度

类与类之间的距离测度方法主要有最短距离法、最长距离法与离差平方和法。

• 最短距离法

设D_{st}表示类C_s和类C_t之间的距离,则定义类C_s和类C_t之间的最短距离为两类中最近的两个样本的距离:

$$D_{st} = \min(d_{ab} \mid a \in C_s, b \in C_t)$$

直观理解为两个类中最近两点之间的距离。

• 最长距离法

相应地,定义类C_s和类C_t之间的最长距离为两类中最远的两个样本的距离。

$$D_{st} = \max(d_{ab} \mid a \in C_s, b \in C_t)$$

直观理解为两个类中最近两点之间的距离。

• 离差平方和法

离差平方和法也称为 Ward 法,它的基本思想源于方差分析,若聚类结果合理,则同类样本之间的离差平方和应较小,类与类之间的离差平方和应较大。因此,先将 n 个样本各自看成一类,每次缩小一类;每缩小一类,离差平方和就会增加,选择使方差增加最小的两类合并,直到所有的样本归为一类为止。

定义 $D_s = \sum\limits_{a \in C_s} (x_a - \overline{x_s})'(x_a - \overline{x_s})$ 为类C_s的直径,$D_t = \sum\limits_{b \in C_t} (x_b - \overline{x_t})'(x_b - \overline{x_t})$ 为类C_t的直径,$D_{s+t} = \sum\limits_{a \in C_s, b \in C_t} (x_b - \overline{x})'(x_a - \overline{x})$ 为大类C_{s+t}的直径。直径直观上可以理解为类内各个样本点与类中心点的距离之和,则类C_s和类C_t之间的离差平方和为:

$$D_w^2 = D_{s+t} - D_s - D_t$$

离差平方和法的聚类效果较好,目前在实践中已被广泛使用,但其不足是受异常值的影响较大。

(3)类个数的确定

由于聚类分析的目的是要对数据集进行分类,进而找出数据本身所蕴含的内在规律与性质,因此选择聚类的类数是聚类分析中的主要问题。划分聚类方法是聚类前确定类别个数;密度聚类方法是在聚类的过程中自动匹配类别的个数,但是需要确定 ε 邻域和邻域需包含的样本个数;层次聚类方法通过谱系聚类图确定最佳的类个数。

然而在实践中,由于对类的结构和内容很难给出一个统一的标准,所以类的个数很难确定。划分聚类方法最常见的缺点之一就是需要选择最优的类个数,一个过小的类的数量将导致包含不同类样本数据的大的分类,难以识别类之间的差异,进而无法挖掘出数据内在的性质;一个过大的类的数量,将导致数据的分散,最极端的情况就是单个样本成一类,这样聚类就毫无意义。聚类分析中确定类的个数的准则有以下几点:

- 各中心点之间的距离应该很大;
- 确定的类中,各类所包含的样本不应太多;
- 类的个数必须符合研究目标;
- 采用不同的聚类方法,发现相同的类。

由于确定类的个数至关重要,我们将讨论一些常用于确定合适的类个数的方法。

- 手肘法

手肘法的核心指标是 SSE,即误差平方和:

$$SSE = \sum_{i=1}^{k} \sum_{x \in C_i} (x - u_i)^2$$

其中 k 表示类别数,C_i 表示第 i 个类,u_i 表示类C_i的中心点,SSE 是所有样本的聚类误差之和,代表了聚类效果的好坏。

手肘法的核心思想是：随着聚类数 k 的增大，样本划分会更加精细，每个类的聚合程度会逐渐提高，那么误差平方和 SSE 自然会逐渐下降。并且，当 k 小于真实聚类数时，由于 k 的增大会大幅增加每个类的聚合程度，故 SSE 的下降幅度会很大，而当 k 到达真实聚类数时，再增加 k 所得到的聚合程度回报会迅速变小，所以 SSE 的下降幅度会骤减，然后随着 k 值的继续增大而趋于平缓，也就是说 SSE 和 k 的关系图是一个手肘的形状（如图 6-1 所示），而这个肘部对应的 k 值就是数据的真实聚类数。当然，这也是该方法被称为手肘法的原因。

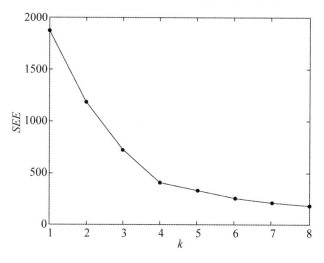

图 6-1 类个数 k 与 SSE 关系图

显然，从以上类个数 k 与 SSE 关系图可知，肘部对应的 k 值为 4，故对于这个数据集的聚类而言，最佳聚类数应该选 4。

● 轮廓系数法

轮廓系数法是基于最大内部凝聚和最大类分离的原理。也就是说，我们想找到使得数据集细分为彼此相互分离的密集块的聚类数。该方法的核心指标是轮廓系数（Silhouette Coefficient），某个样本点 x_i 的轮廓系数定义如下：

$$S = \frac{b-a}{max\ (a,b)}$$

其中，a 是样本点 x_i 与同类别的其他样本的平均距离，称为凝聚度。b 是样本点 x_i 与最近类别中所有样本的平均距离，称为分离度。而类 x_i 最近类别的定义是：

$$C_j = \underset{C_k}{argmin}\ \frac{1}{n} \sum_{x \in C_k} (x - x_i)^2$$

事实上，简单点讲，就是用样本点 x_i 到某个类所有样本的平均距离作为衡量该点到该类的距离，然后选择离 x_i 最近的一个类作为最近类别。最后，求出所有样本的轮廓系数后再求平均值就得到了平均轮廓系数。

轮廓系数法的核心思想是,利用平均轮廓系数为指标来确定类的个数,根据以上公式不难发现,平均轮廓系数的取值范围为[−1,1],且类内样本的距离越近,类间样本距离越远,平均轮廓系数越大,聚类效果越好。那么,很自然地,平均轮廓系数最大的 k 便是最佳聚类数。如图 6-2 所示,显示了平均轮廓系数与聚类个数的关系。

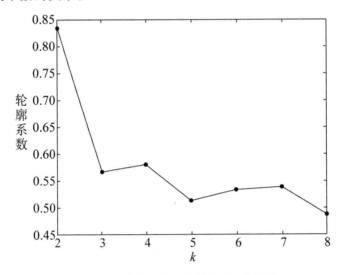

图 6-2　类个数 k 与平均轮廓系数关系图

图 6-2 可以看到,轮廓系数最大的 k 值是 2,这表示最佳聚类数为 2。但是,值得注意的是,从 k 和 SSE 的手肘图可以看出,当 k 取 2 时,SSE 非常大,所以这是一个不太合理的聚类数。退而求其次,考虑轮廓系数第二大的 k 值 4,这时候 SSE 已经处于一个较低的水平,因此最佳聚类系数应该取 4,而不是 2。聚类分析确定类个数往往是结合多种方法,多方面进行综合考虑来确定。

6.1.2　性能的度量

聚类方法性能的度量主要用于度量聚类的效果,类似分类问题预测的准确度,是衡量模型聚类效果的有效性指标。聚类的性能度量指标主要包括外部指标和内部指标。前者是由模型的聚类结果与其他参考模型进行比较而获得的,后者直接由模型的聚类结果得到,并不需要其他的参考模型。

(1)外部指标

为了数量化表示外部指标,进而对外部指标有一个直观的感受,需要对一些变量进行定义,给定样本数据集 $D = \{x_i, x_2, \cdots, x_m\}$,假定通过聚类模型可以将数据

集划分为 k 个类别,即 $C = \{C_1, C_2, \cdots, C_k\}$。而对应的参考模型可将数据集划分为 $C^* = \{C_1^*, C_2^*, \cdots, C_s^*\}$,对应的类别标记向量分别为 λ 和 λ^*,那么定义:

$$a = |SS|, SS = \{(x_i, x_j) | \lambda_i = \lambda_j, \lambda_i^* = \lambda_j^*, i < j\}$$

$$b = |SD|, SS = \{(x_i, x_j) | \lambda_i = \lambda_j, \lambda_i^* \neq \lambda_j^*, i < j\}$$

$$c = |DS|, SS = \{(x_i, x_j) | \lambda_i \neq \lambda_j, \lambda_i^* = \lambda_j^*, i < j\}$$

$$d = |DD|, SS = \{(x_i, x_j) | \lambda_i \neq \lambda_j, \lambda_i^* \neq \lambda_j^*, i < j\}$$

其中 a 表示数据集中同时属于类别 C 和类别 C^* 的样本对数量,即聚类模型与参考模型对于样本 i 和样本 j 的聚类结果相同,在同样的类别中;其中 b 表示数据集中同时属于类别 C,但是不同时属于类别 C^* 的样本对数量,即聚类模型与参考模型对于样本 i 和样本 j 的聚类结果不相同,聚类模型中将其聚在同样的类别,而参考模型聚在不同类别;其中 c 表示数据集中不同时属于类别 C,但是同时属于类别 C^* 的样本对数量,即聚类模型与参考模型对于样本 i 和样本 j 的聚类结果不相同,聚类模型中将其聚在不同类别,而参考模型聚在同样类别;其中 d 表示数据集中同时不属于类别 C 和类别 C^* 的样本对数量,即聚类模型与参考模型对于样本 i 和样本 j 的聚类结果相同,都将样本聚在不同的类别。由于每个样本对只可能出现在一个集合中,因此有 $a + b + c + d = N(N-1)/2$,N 表示样本数,使用上述定义可以设定以下外部指标来度量聚类模型的效果:

• Jaccard 系数

$$JC = \frac{a}{a+b+c}$$

它刻画的是:所有属于同样类别的样本对(要么在聚类模型中属于同样类别,要么在参考模型中属于同样类别),与同时在两个模型中都属于同样类别的比例关系。

• FM 指数

$$FMI = \sqrt{\frac{a}{a+b} \times \frac{a}{a+c}}$$

它刻画的是:在模型聚类中属于同一类的样本对中,同时属于参考模型类别的样本对的比例为 $p1$;在参考模型中属于同一类的样本对中,同时属于模型聚类类别的样本对比例为 $p2$,FM 指数就是两个比例的几何平均。

• Rand 指数

$$RI = \frac{2(a+d)}{N(N-1)}$$

它刻画的是:模型聚类与参考模型聚类分类结果完全相同的样本对占所有样本对的比例。

显然,上述性能度量指标的结果值均在$[0,1]$之间,值越大,模型的效果越好。

(2)内部指标

关于数量化表示内部指标,同样需要对一些变量进行定义,给定样本数据集 $D=\{x_i,x_2,\cdots,x_m\}$,假定通过聚类模型可以将数据集划分为 k 个类别,即 $C=\{C_1,C_2,\cdots,C_k\}$,则定义:

$$avg(C_k)=\frac{2}{|C_k|(|C_k|-1)}\sum_{1\leqslant i<j\leqslant|c_k|}dist(x_i,x_j)$$

$$diam(C_k)=max_{1\leqslant i<j\leqslant|c_k|}|dist(x_i,x_j)$$

$$d_{min}(C_i,C_j)=min_{x_i\in c_i,x_j\in c_j}dist(x_i,x_j)$$

$$d_{cen}(C_i,C_j)=dist(u_i,u_j)$$

其中,$dist(x_i,x_j)$表示两个样本点之间的距离,u_i表示类C_i的中心点。$avg(C_k)$表示类 C_k 中两个样本点之间的距离之和的平均,$diam(C_k)$表示类 C_k 中最远两个样本点之间的距离,这两个定义衡量的是类内的紧凑程度。$d_{min}(C_i,C_j)$表示两个类之间样本点的最远距离,$d_{cen}(C_i,C_j)$表示两个类的中心点之间的距离,这两个定义衡量的是类间的差异程度。使用上述定义可以设定以下内部指标来度量聚类模型的效果:

• DB 指数

$$DBI=\frac{1}{K}\sum_{k=1}^{K}\max_{k\neq l}\left[\frac{avg(C_k)+avg(C_l)}{d_{cen}(C_k,C_l)}\right]$$

它刻画的是:给定两个类,每个类样本之间的平均距离之和比上两个类的中心点之间的距离作为度量,然后考察该度量对所有类的平均值。显然 DBI 值越小越好,因为如果每个类样本之间的平均值越小,即类内样本距离很近,则 DBI 值越小;如果类间中心点的距离越大,即类间样本距离相互都很远,则 DBI 值越小。

• Dunn 指数

$$DI=\frac{\min\limits_{k\neq l}d_{min}(C_k,C_l)}{\max\limits_{i}diam(C_i)}$$

它刻画的是:任意两个类之间最近距离的最小值,除以任意一个类内距离最远的两个点的距离的最大值。DI 值越大越好,因为如果任意两个类之间最近距离的最小值越大,即类间样本距离相互都很远,则 DI 值越大;如果任意一个类内距离最远的两个样本点的距离的最大值越小,即类内样本距离都很近,则 DI 值越大。

6.1.3　划分聚类方法

划分聚类方法的原理,简单来说就是按照"类内间距小,类间间距大"的原则对样本集合进行划分。划分聚类算法针对一个包含 n 个样本的数据集,先创建一个初始划分,然后采用一种迭代的重定位技术,通过样本在类别间移动来改进聚类簇,最后通过一个聚类准则结束移动并判定结果的好坏。通常情况下判定准则为平方误差准则:

$$\sum_{i=1}^{k} \sum_{x \in C_i} (x - u_i)^2$$

其中 x 表示样本点,u 表示每一个聚类簇的平均值,即中心点,C 是聚类簇,k 为聚类簇的类别数目。当平方误差达到最小且稳定不变后结束样本的移动,完成聚类。划分聚类主要抓住三点:一是划分成多少类,即类别数 k 的选定;二是聚类过程中中心点的选择,开始时怎么选,迭代过程中又该怎么选,根据不同的选择标准可以定义不同的聚类方法;三是聚类终止条件的选择。划分聚类方法主要包括K 均值法(K-means)、K 中心点法(K-Medoids)。

(1)K-means 算法

1)K-means 算法简介

K-means 算法是 1967 年由故麦奎因(MacQueen)首次提出的一种经典算法,也称为快速聚类法或动态聚类法,经常用于数据挖掘和模式识别中,是一种无监督式的学习算法,其使用目的是对几何进行等价类的划分,即对一组具有相同数据结构的样本集按某种分类准则进行分类,以获取若干个同类样本集,进而找出数据本身内在性质。K-means 算法是一种简单的迭代型划分聚类方法,采用距离作为相似性指标,从而发现给定数据集中的 K 个类,且每个类的中心点是根据类中所有值的均值得到的,每个类用聚类中心来描述。对于给定的一个包含 n 条 d 维数据点的数据集 X 以及要分得的类别 K,选取欧式距离作为相似度指标,以各条样本数据与其中心点的欧式距离总和作为目标函数,也可将目标函数修改为各类中任意两点间欧式距离总和,这样既考虑了类的分散度也考虑了类的聚集度。

　　它的基本思想是:给出一个初始的类别个数,让样本按照某种原则向初始确定的凝聚点(类内样本的加权均值)凝聚,然后不断地对凝聚点进行修正或迭代,不断优化目标函数,直至聚类比较合理或迭代稳定为止。类的个数一般初始确定或在聚类过程中确定。

　　2)K-means算法的建模步骤

　　K-means是一个反复迭代的过程,算法分为四个步骤:

　　输入:数据样本集,聚类的类数 k。

　　输出:类的划分:

　　①从初始的数据空间中选取 K 个对象作为初始中心,每个对象代表一个聚类中心;

　　②选择合适的距离测度方法,对于样本中的数据对象,计算每个样本到各个聚类中心的距离,按距离最近的准则将它们分别聚到它们最近的聚类中心(最相似)所对应的类;

　　③所有样本分配完成后,更新聚类中心,即将每个类别中所有对象所对应的均值作为该类别的聚类中心,计算目标函数的值;

　　④判断聚类中心和目标函数的值是否发生改变,若不变则输出结果,若改变则返回②。

　　为了更好地理解 K-means 算法的建模步骤,我们绘制了算法的迭代流程图,如图 6-3 所示。K-means 迭代流程图直观地显示了 K-means 算法的迭代过程,图 6-3 中(a)显示了需要聚类的样本数据集,对应 K-means 算法的第一步,初始化聚类中心,且保证聚类中心处于数据空间内。图 6-3 中(b)显示了 K-means 算法的第二步,根据计算类内对象和聚类中心之间的相似度指标,将数据进行划分。图 6-3 中(c)显示了 K-means 算法的第三步,将类内之间数据的均值作为聚类中心,更新聚类中心。以此反复迭代下去,直到达到终止条件,结束迭代输出聚类结果。

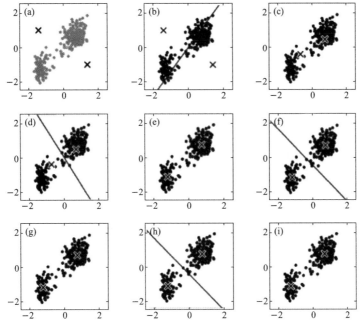

图 6-3　**K-means 迭代流程图**

3）K-means 算法分析与总结

K-means 算法是解决聚类问题的经典算法，这种算法简单快速。当样本数据集是密集的，类与类之间区别明显时，聚类的结果比较好。在处理大量数据时，该算法具有较高的可伸缩性和高效性，它的时间复杂度为 $o(nkt)$，n 是样本对象的个数，k 是分类数目，t 是算法的迭代次数。

但是，目前传统的 K-means 算法也存在着许多缺点。

- K-means 聚类算法需要用户事先指定聚类的个数 k 值。但很多时候，在对数据集进行聚类的时候，用户起初并不清楚数据集应该分为多少类合适，对 k 值难以估计。

- 对初始聚类中心敏感，选择不同的聚类中心会产生不同的聚类结果和不同的准确率。随机选取初始聚类中心的做法会导致算法的不稳定性，有可能陷入局部最优的情况。

- 对噪声和孤立点数据敏感，K-means 算法将类的质心看成聚类中心加入下一轮计算当中，因此少量的该类数据都能够对平均值产生极大影响，导致结果的不稳定甚至错误。

- K-means 算法对于每一类别数据分布都是凸的情况效果都很好，而对于样本数据是非凸的情况很难收敛。如图 6-4 所示：样本数据的分布是非凸的，我们希望得到的聚类结果如左边的图示,但是 K-means 收敛的效果如右边的图示,很难收敛,最终的聚类结果也是错误的。

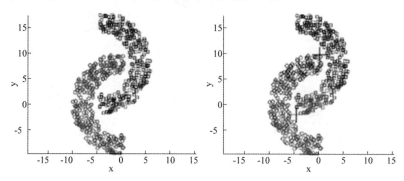

图 6-4   K-means 算法难点分析示例

(2)K-Medoids 算法

1)K-Medoids 算法简介

上文介绍了 K-means 算法,发现 K-means 算法对噪声和孤立点数据特别敏感,因为 K-means 算法对某类中所有的样本点维度求平均值,即获得该类中心点的维度,当聚类的样本点中存在某一个极大值(离群点)时,在计算类中心点的过程中会受到这些离群点异常维度的干扰,造成所得中心点和实际中心点位置偏差过大,从而使类发生"畸变",得到不准确的聚类结果。

为了解决该问题,K 中心点算法(K-Medoids)提出了新的中心点选取方式,而不是简单像 K-means 算法采用均值计算法。K-Medoids 聚类的思想和 K-means 的思想基本相同,是对 K-means 算法的优化和改进。K-Medoids 算法和 K-means 算法的最大区别就是聚类中心的迭代更新方法不同,在 K-Medoids 算法中,每次迭代后的中心点都是从聚类的样本点中选取,而选取的标准就是当该样本点成为新的中心点后能提高类簇的聚类质量,使得类簇更紧凑。它的基本思想是:给出一个初始的类别个数 k,首先,随机选择 k 个样本点作为初始的 k 个类的中心点,将其余样本点按与中心点的距离分配到最近的类;其次,反复用类中的非中心点来代替中心点,以改进聚类质量,直至聚类比较合理或迭代稳定为止。

2)K-Medoids 算法的建模步骤

K-Medoids 算法与 K-means 算法思路基本类似,也是一个反复迭代的过程,算法分为四个步骤:

输入:数据样本集,聚类的类数 k。

输出:类的划分:

①从初始的数据空间中任意选取 K 个对象作为初始中心,每个对象代表一个聚类中心$(c_1,c_2,\cdots,c_k)$;

②选择合适的距离测度方法,对于样本中的数据对象,计算每个样本到各个聚类中心的距离,按距离最近的准则将它们分到距离它们最近的聚类中心(最相似)所对应的类;

③所有样本分配完成后,更新聚类中心。对于每个类c_i中,选择非中心点样本代替c_i类的中心点,计算替换后的总代价 E,$E = \sum\limits_{1}^{k} \sum\limits_{x \in c_i} |x - u_i|$,其中 x 是数据集中的样本点,u_i 是类c_i的中心点。选择 E 最小的那个非中心点替换原来的中心点,这样 k 个聚类中心都可能被替换,并且计算目标函数值;

④判断聚类中心和目标函数的值是否发生改变,若不变则输出结果,若改变则返回②。

为了更好地理解 K-Medoids 算法迭代的过程,我们举个简单的例子来说明。如果以样本数据{A,B,C,D,E,F}为例,期望聚类的 k 值为 2,则步骤如下:(1)在样本数据中任意随机选择 B、E 作为中心点;(2)计算剩余的样本{A,C,D,F}到聚类中心的距离并对其进行类别划分,如果通过计算得到 D、F 到 B 的距离最近,A、C 到 E 的距离最近,则 B、D、F 为聚簇 C1,A、C、E 为聚簇 C2。结果如图 6-5 中的(a);(3)在 C1 和 C2 两个聚类集合中,计算一个非中心点到其他点的距离之和的最小值作为新的中心点,假如分别计算出 D 到 C1 中其他所有点的距离之和最小,E 到 C2 中其他所有点的距离之和最小,如图 6-5 中的(b);(4)再以 D、E 作为聚簇的中心点,重复上述步骤,直到中心点不再改变。

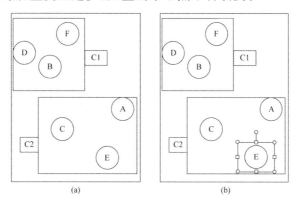

图 6-5　K-Medoids 迭代流程图

3)K-Medoids 算法分析与总结

K-Medoids 算法计算的是某点到其他所有点的距离之和最小的点,通过距离之和最短的计算方式可以减少某些孤立数据对聚类过程的影响,从而使得最终效果更接近真实聚类分布。另外 K-Medoids 算法对样本数据的指标类型没有限制,当样本数据集是密集的,类与类之间区别明显时,聚类的结果比较好。但是由于上述过程的计算量相对于 K-means,大约增加 $o(n)$ 的计算量,因此一般情况下 K-Medoids 算法更加适合小规模数据运算。

目前 K-Medoids 算法只解决了 K-means 算法对孤立点数据敏感的缺点,还存在其他的缺点,具体如下。

- K-Medoids 聚类算法需要用户事先指定聚类的个数 k 值。很多时候,在对数据集进行聚类的时候,用户起初并不清楚数据集应该分为多少类合适,对 k 值难以估计。

- 对初始聚类中心敏感,选择不同的聚类中心会产生不同的聚类结果和不同的准确率。随机选取初始聚类中心的做法会导致算法的不稳定性,有可能陷入局部最优的情况。

- K-Medoids 算法对于每一类别数据分布都是凸的情况效果都很好,而对于样本数据是非凸的情况很难收敛。

6.1.4 密度聚类方法

(1)DBSCAN 算法简介

DBSCAN(含噪声的基于密度的空间聚类算法)是一种强大的算法,可以轻松解决 K-means 算法难以解决的非凸问题。它的基本思路是:每个类都是一个形状不受限制的高密度区域,并由低密度区域包围。聚类问题一般都是这种情况,而且并不需要预先估计类的数目。DBSCAN 算法从分析小的区域开始,更正式地说,通过一个由最小数量的样本包围的区域开始。如果密度足够大的话,则被认为是类的一部分。在这一个点上,再考虑邻近点。如果这些邻近点的密度也很高,则与第一个区域合并,否则被认为是另外的类。当所有区域都被扫描到时,会确定所有的类,而这些类可以看作由空的区域包围的岛屿。

DBSCAN 是一种著名的密度聚类算法,它基于一组"邻域"参数(ε,$MinPts$)来刻画样本分布的紧密程度。其中,ε 描述了某一样本的邻域距离阈值,$MinPts$ 描述了某一样本的距离为 ε 的邻域中样本个数的阈值。为了很好地描述 DBSCAN 算法,给定数据集 $D = \{x_1, x_2, \cdots, x_m\}$,首先需要对以下概念进行定义。

- ε-邻域:对 $x_j \in D$,其 ε-邻域包含样本集 D 中与 x_j 的距离不大于 ε 的样本,

即 $N_\varepsilon(x_j) = \{x_i \in D \mid dist(x_i, x_j) \leqslant \varepsilon\}$；

- 核心对象：若 x_j 的 ε-邻域至少包含 $MinPts$ 个样本，即 $|N_\varepsilon(x_j) \geqslant MinPts|$，则 x_j 是一个核心对象；

- 密度直达：若 x_j 位于 x_i 的 ε-邻域中，且 x_i 是核心对象，则称 x_j 由 x_i 密度直达，注意反之不一定成立，并不满足对称性；

- 密度可达：对 x_j 与 x_i，若存在样本序列 $p_1, p_2, \cdots, p_n$，其中 $p_1 = x_i$，$p_n = x_j$ 且 p_{i+1} 由 p_i 密度直达，则称 x_j 由 x_i 密度可达。也就是说，密度可达满足传递性。此时序列中的传递样本 $p_1, p_2, \cdots, p_n$ 均为核心对象，因为只有核心对象才能使其他样本密度直达。注意密度可达也不满足对称性，这个可以由密度直达的不对称性得出；

- 密度相连：对 x_i 与 x_j，若存在 x_k 使得 x_i 与 x_j 均由 x_k 密度可达，则称 x_i 与 x_j 密度相连，注意密度相连关系是满足对称性的。

从图 6-6 可以很容易理解上述定义，图中 MinPts＝5，灰色的点都是核心对象，因为其 ε-邻域至少有 5 个样本。黑色的样本是非核心对象。所有核心对象密度直达的样本在以灰色核心对象为中心的超球体内。如果不在超球体内，则不能密度直达。图 6-6 中用箭头连起来的核心对象组成了密度可达的样本序列。在这些密度可达的样本序列的 ε-邻域内所有的样本相互都是密度相连的。有了上述定义，DBSCAN 的聚类定义就简单了，即由密度可达关系导出的最大密度相连的样本集合，也是最终聚类的一个类别。

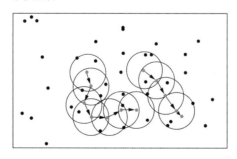

图 6-6　DBSCAN 定义的基本概念显示图

DBSCAN 的核心思想就是先发现密度较高的点，然后把相近的高密度点逐步都连成一片，进而生成各种类。算法实现上就是，以每个数据点为圆心，ε 为半径画个圈，然后数有多少个点在这个圈内，这个数就是该点密度值。可以选取一个密度阈值 MinPts，如圈内点数小于 MinPts 的圆心点为低密度的点，而大于或等于 MinPts 的圆心点为高密度的点。如果有一个高密度的点在另一个高密度的点的圈内，就把这两个点连接起来，这样可以把好多点不断地串联起来。之后,如果有低密度的点也在高密度的点的圈内,把它也连到最近的高密度点上,称之为边界点。这样所有能连到一起的点就组成了一个类,而不在任何高密度点的圈内的低密度点就是异常点。图6-7展示了DBSCAN的工作原理,其中当设置MinPts=4的时候,①为高密度点(核心点),③为异常点,②为边界点。

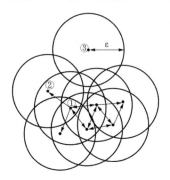

图 6-7　DSCAN 工作原理图

形象来说,可以认为这是系统在众多样本点中随机选中一个,围绕这个被选中的样本点画一个圆,规定这个圆的半径以及圆内最少包含的样本点。如果在指定半径内有足够多的样本点,那么这个圆圈的圆心就转移到这个圆圈内部样本点,继续去圈附近其他的样本点,以此重复,等到这个滚来滚去的圆圈发现所圈住的样本点数量少于预先指定的值,就停止。那么最开始那个点为核心点,停下来的那个点为边界点,圈不到样本点的那个点为离群点。

(2)DBSCAN 算法的建模步骤

DBSCAN算法需要用户输入两个参数:一个参数是半径ε,表示以给定样本点为中心的圆形邻域的范围,可以理解为密度空间,表示半径为ε且包含若干个点的圆形区域,密度等于包含点的个数除以空间的大小,这个数字本身意义不大,但通过计算某一小区域的密度,横向对比可以得知整个区域的密度分布,由此相近的点可聚类到同一区域内;另一个参数是以样本点为中心的邻域内包含最少样本的数量(MinPts)。

DBSCAN 算法的建模步骤如下:

输入:数据集 D,给定点在邻域内成为核心对象的最小邻域点数为 MinPts,邻域半径为 ε。

输出:类集合:

1)定义 DBSCAN 算法的参数 ε 和 MinPts,可以通过距离度量方式,对样本数据中的点进行分类。样本数据点可被划分为三类:核心点(核心对象)、边缘点(ε-邻域的样本点少于 MinPts,但是该样本点在多个核心对象的 ε-邻域内)以及离群点(既不是核心点,也不是边缘点),初始化三类样本点的集合。

2)任意选择一个点(既没有被指定到一个类,也没有特定为边缘点),计算该点 ε-邻域内的样本数,判断是否为核心对象。如果是,在该点周围建立一个类 C 且将该样本点加入此类中,否则标记为离群点。

3)遍历此核心对象 ε-邻域内的其他样本点,把密度直达的点加入类 C 中,接着把密度可达的点也加进来,直到建立一个类。如果标记为离群点的样本点被加进来,修改状态为边缘点。

4)重复步骤 2)和 3),直到所有的点满足在类中(核点或边缘点)或者为离群点,即样本数据中的点都被访问过,结束聚类过程。

(3)DBSCAN 算法分析与总结

和传统的 K-means 算法相比,DBSCAN 算法最大的不同就是不需要输入类别数 k,当然它最大的优势是可以发现任意形状的聚类簇,而不是像 K-means 算法,一般仅仅使用于凸的样本集聚类。同时它在聚类的同时还可以找出异常点。一般来说,如果数据集是稠密的,并且数据集不是凸的,那么用 DBSCAN 算法会比 K-means 聚类效果好很多。如果数据集不是稠密的,则不推荐用 DBSCAN 来聚类。

DBSCAN 算法的主要优点有:

1)可以对任意形状的稠密数据集进行聚类,而 K-means 之类的聚类算法一般只适用于凸数据集;

2)可以在聚类的同时发现异常点,对数据集中的异常点不敏感;

3)聚类结果没有偏倚,而 K-means 之类的聚类算法初始值对聚类结果有很大影响。

DBSCAN 算法的主要缺点有:

1)如果样本集的密度不均匀、聚类间距离相差很大时,聚类质量较差,这时用 DBSCAN 聚类一般不适合;

2)如果样本集较大时,聚类收敛时间较长,此时可以对搜索最近邻时建立的 KD 树或者球树进行规模限制来改进;

3)调参相对于传统的 K-means 之类的聚类算法稍复杂,主要需要对距离阈值 ε、邻域样本数阈值 *MinPts* 联合调参,不同的参数组合对最后的聚类效果有较大影响。

6.1.5　层次聚类方法

(1)层次聚类法简介

层次聚类是一种基于原型的聚类算法,试图在不同层次对数据集进行划分,从而形成树形的聚类结构。数据集的划分可采用自底向上的聚合策略,也可以采用自顶向下的分拆策略。根据数据集划分方法的不同,有下面两种类型的层次聚类方法。

凝聚层次聚类:采用自底向上策略,首先将每个对象作为单独的一个原子类,其次合并这些原子类形成越来越大的类,直到所有的对象都在一个类中(层次的最上层),或者达到一个终止条件。绝大多数层次聚类方法属于这一类。

分裂层次聚类:采用自顶向下策略,首先将所有对象置于一个类中,其次逐渐细分为越来越小的类,直到每个对象自成一个类,或者达到某个终止条件。例如达到了某个希望的类的数目,或者两个最近的类之间的距离超过了某个阈值。

图 6-8 形象地描述了一种凝聚层次聚类算法(AGNES)和一种分裂层次聚类(DIANA)算法对一个包含五个对象的数据集合{a,b,c,d,e}的处理过程。

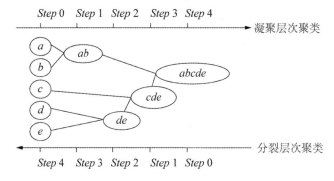

图 6-8 对数据对象{a,b,c,d,e}的凝聚和分裂层次聚类

在凝聚层次聚类算法中,首先 AGNES 将每个样本数据自为一类,其次这些类根据某种准则逐步合并,这些准则可以是类间的距离或者根据自己样本数据的特征进行自行定义,直到所有的对象最终合并形成一个类。例如,如果类 C_1 中的一个对象和类 C_2 中的一个对象之间的距离是所有属于不同类的对象间欧氏距离中最小的,则 C_1 和 C_2 合并。

在分裂层次聚类算法中,所有的对象用于形成一个初始类。根据某种原则(如类中最近的相邻对象的最大欧氏距离),将该类进行分裂。类的分裂过程反复进行,直到最终每个新类只包含一个对象。

在凝聚或者分裂层次聚类方法中,用户可以定义希望得到的类数目作为一个终止条件。通常使用一种称作树状图的树形结构表示层次聚类的过程,它展示出样本对象是如何一步一步被分组的。图 6-9 显示了五个对象的树状图。

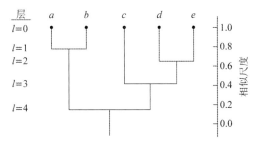

图 6-9 数据对象{a,b,c,d,e}层次聚类的树状图表示

(2)层次聚类的建模步骤

凝聚层次聚类的基本思路是先将每个数据对象作为一个类,然后合并这些原子类为越来越大的类,直到所有对象都在一个类中,或者某个终结条件被满足。绝大多数层次聚类属于凝聚层次聚类,它们只是在类间相似度的定义上有所不同,即进行类合并的判断标准不同。判定类间距离的两个常用标准方法就是单连接(single linkage)和全连接(complete linkage)。单连接,是计算每一对类中最相似两个样本的距离,并合并距离最近的两个样本所属的类。全连接,通过比较找到分布于两个类中最不相似的样本(距离最远),从而来完成类的合并,类间单连接与全连接示例如图 6-10 所示。凝聚层次聚类除了通过单连接和全连接来判断两个类之间的距离之外,还可以通过平均连接(average linkage)和 ward 连接。使用平均连接时,合并两个类所有成员间平均距离最小的两个类。使用 ward 连接,合并的是使得 SSE 增量最小的两个类。

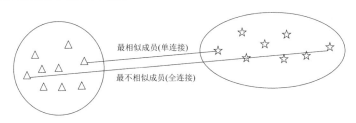

图 6-10 凝聚层次聚类的单连接与全连接示例

凝聚层次聚类法的建模步骤如下:

输入:样本集合 D,聚类数目或者某个条件(一般是样本距离的阈值,这样就可不设置聚类数目)。

输出:聚类结果:

1)将每个对象看作一类,根据自己的样本数据特点选择合适的合并准则,计算类之间的相似程度;

2)将最为相似的两个类合并成一个新类;

3) 重新计算新类与所有类之间的相似程度；

4) 重复 2)、3)，直到所有类合并成一类。

如图 6-11 所示，可以更直观感受凝聚层次聚类的过程，自下而上不断根据合并准则进行类的合并。

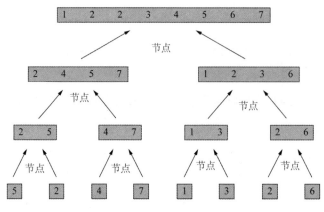

图 6-11 凝聚层次聚类流程图

对于层次聚类，如何来确定类的个数可以根据聚类过程中，每次合并的两个类的距离来大概判断类的个数。举例说明，如图 6-12，如果总共有 2000 个数据点，每次合并两个类，总共要做 2000 次合并。从图 6-12 中可以看到在后期合并的两个类的距离会有一个陡增。假如数据的分类是十分显然的，就是应该被分为 K 个大的类，那么 K 个类之间有明显的间隙。如果合并的两个小类同属于一个目标类，那么它们的距离就不会太大。但当合并出 K 个目标类后，再进行合并，即在这 K 个类之间进行合并，这样合并的类的距离就会有一个非常明显的突变。当然，这是十分理想的情况，现实情况下突变没有这么明显，只能根据图 6-12 做个大致的估计。

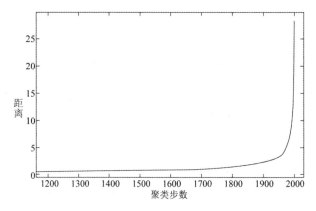

图 6-12 聚类步数与距离变化关系图

另外，可以看出凝聚的层次聚类并没有类似基本 K 均值的全局目标函数，没有局部极小问题或是很难选择初始点的问题。合并的操作往往是最终的,一旦合并两个类之后就不会撤销。当然其计算存储的代价是昂贵的。

(3)层次聚类分析与总结

层次聚类算法的优势在于,可以通过绘制树状图(dendrogram),帮助人们使用可视化的方式来解释聚类结果。层次聚类的另一个优点:1)距离和规则的相似度容易定义,限制少;2)不需要预先制定聚类数;3)可以发现类的层次关系;4)可以聚类成其他形状。缺点:1)计算复杂度太高;2)奇异值也能产生很大影响;3)算法很可能聚类成链状。

6.1.6 案例分析——基于聚类方法的客户细分

6.1.6.1 案例背景与数据分析目标

在大数据时代,企业可以获取更多关于用户的信息,如个人偏好、消费行为等,这使得企业在经营决策时可以逐渐形成以客户为中心的运营模式。对于一些大企业,经常面临的一个问题是如何对海量客户进行分类,将具有相似特征的客户分为一类,进而对不同组别的客户进行个性化的、有针对性的营销策略和服务策略。客户细分中常用的数据分析方法是聚类分析。

本节中以某航空公司的客户数据为案例,演示如何利用聚类分析方法实现对客户的细分,进而挖掘不同客户群体的基本特征,为他们定制最优的个性化营销策略,提高公司利润。概括来看,该案例的数据分析目标包括以下几点。第一,对收集的数据进行数据预处理,使原始数据满足应用聚类分析的基本条件,确保聚类分析结果的准确性与可靠性。第二,根据数据特点,选择最适用的聚类分析方法,建立聚类模型对航空公司的客户分类。第三,使用描述性统计分析方法,分析不同类别客户群体的消费特征、乘机特点,制定科学合理的营销策略。需要指出的是,若采用传统的数据分析方法,通过对各变量的平均值进行划分,虽然也能识别出最有价值的客户,但细分的客户群太多,提高了针对性营销的成本。因此,本案例采用 K-means 聚类方法识别客户价值,这也体现了聚类分析方法的优良性。

6.1.6.2 数据描述与预处理

(1)数据提取与描述

本案例选择以下五个变量作为建立聚类模型的输入变量,分别是:消费频率 F、客户关系长度 L、消费时间间隔 R、折扣系数的平均值 C 和飞行里程 M。其中,消费频率 F 表示客户在观测窗口内乘坐飞机的次数；客户关系长度 L 表示会员入会时间距离观测窗口结束的月数；消费时间间隔 R 表示客户最近一次乘坐公司飞机距离观测窗口结束的月数；飞行里程 M 和客户在一定时间内乘坐舱位所对应的折扣系数的平均值 C 用于表征客户的消费金额，即一段时间内购买该企业产品金额的总和。综上，这五个指标反映了这家航空公司对客户价值的识别。

以 2014-03-31 为结束时间，选取宽度为两年的时间段作为分析观测窗口，抽取观测窗口内有乘机记录的所有客户的详细数据形成历史数据。对于后续新增的客户详细信息，以后续新增数据中最新的时间点作为结束时间，采用上述同样的方法进行抽取，形成增量数据。在航空公司系统内的客户基本信息、乘机信息以及积分信息等详细数据中，根据末次飞行日期（LAST_FLIGHT_DATE），抽取 2012-04-01 至 2014-03-31 内所有乘客的详细数据，总共有 62988 条记录。其中包含会员卡号、入会时间、性别、年龄、会员卡级别、工作地城市、工作地所在省份、工作地所在国家、观测窗口结束时间、观测窗口乘机积分、飞行公里数、飞行次数、飞行时间、乘机时间间隔和平均折扣率等 44 个属性。

本案例的数据信息见表 6-1。

表 6-1　客户信息表

	属性名称	属性说明
客户基本信息	MEMBER_NO	会员卡号
	FFP_DATE	入会时间
	FIRST_FLIGHT_DATE	第一次飞行日期
	GENDER	性别
	FFP_TIER	会员卡级别
	WORK_CITY	工作地城市
	WORK_PROVINCE	工作地所在省份
	WORK_COUNTRY	工作地所在国家
	AGE	年龄
乘机信息	FLIGHT_COUNT	观测窗口内的飞行次数
	LOAD_TIME	观测窗口结束时间
	LAST_TO_END	最后一次乘机时间至观测窗口结束时长
	AVG_DISCOUNT	平均折扣率
	SUM_YR	观测窗口票价收入
	SEG_KM_SUM	观测窗口总飞行公里数
	LAST_FLIGHT_DATE	末次飞行日期
	AYG_INTERVAL	平均乘机时间间隔
	MAX_INTERVAL	最大乘机间隔

	属性名称	属性说明
积分信息	EXCHANGE_COUNT	积分兑换次数
	EP_SUM	总精英积分
	PROMOPTIVE_SUM	促销积分
	PARTNER_SUM	合作伙伴积分
	POINTS_SUM	总累计积分
	POINT_NOTFLIGHT	非乘机人积分变动次数
	BP_SUM	总基本积分

（2）数据预处理

鉴于该案例中存在部分异常值和缺失值，所以数据预处理的主要工作是对脏数据进行清洗，寻找数据的规律。通过对数据进行描述性统计分析，可以发现原始数据中存在票价为空值的缺失数据，还有折扣率为 0、票价为 0、总飞行公里数大于 0 的数据记录。票价为空值的数据可能是客户不存在乘机记录或记录丢失造成的，其他的数据可能是客户乘坐 0 折机票或者积分兑换产生的。表 6-2 为数据预处理的部分结果。

表 6-2　数据预处理的部分结果

属性名称	空值记录数	最大值	最小值
SUM_YR_1	551	239560	0
SUM_YR_1	138	234188	0
...	...	...	...
SEG_KM_SUM	0	580 717	368
AVG_DISCOUNT	0	1.5	0

1）缺失数据处理

通过数据描述性分析可知，该案例中的缺失数据类型多为项目无回答，同时由于原始数据量较大、缺失数据量较小，为此对缺失数据采取直接剔除的方式。即剔除票价为空的记录；剔除票价为 0、平均折扣率不为 0、总飞行公里数大于 0 的记录。当缺失数据量占总体数据量较小时，直接剔除缺失数据的方法对数据分析的影响不大。表 6-3 为航空信息数据表。

表6-3 航空信息数据表

MEMB-ER_NO	FFP_DATE	FIRST_FLIGI	GENDE	FFP_TIER	WORK_CITY	WORK_PROVIN	WORK	AGE	LOAD_TIME	FLIGHT_COUNT	BP_SUM
289047040	2013/03/16	2013/04/28	男	6			SU	56	2014/03/31	14	147158
289053451	2012/06/26	2013/05/16	男	6	乌鲁木齐	新疆	CN	50	2014/03/31	65	112582
289022508	2009/12/08	2010/02/05	男	5	北京	北京	CN	34	2014/03/31	33	77475
289004181	2009/12/10	2010/10/19	男	4	S.P.S	CORTES	HN	45	2014/03/31	6	76142
289026513	2011/08/25	2011/08/25	男	6	乌鲁木齐	新疆	CN	47	2014/03/31	22	70142
289027500	2012/09/26	2013/06/01	男	5	北京	北京	CN	36	2014/03/31	26	63498
289058898	2010/12/27	2010/12/27	男	4	ARCADLA	CA	US	35	2014/03/31	5	62810
289037374	2009/10/21	2009/10/21	男	4	广州	广东	CN	34	2014/03/31	4	60484
289036013	2010/04/15	2013/06/02	女	6	广州	广东	CN	54	2014/03/31	25	59357
289046087	2007/01/26	2013/04/24	男	6		天津	CN	47	2014/03/31	36	55562
289062045	2006/12/26	2013/04/17	女	5	长春市	吉林省	CN	55	2014/03/31	49	54255
289061968	2011/08/15	2011/08/20	男	6	沈阳	辽宁	CN	41	2014/03/31	51	53926
289022276	2009/08/27	2013/04/18	男	5	深圳	广东	CN	41	2014/03/31	62	49224
289056049	2013/03/18	2013/07/28	男	4	Simi Valley		US	54	2014/03/31	12	49121
289000500	2013/03/12	2013/04/01	男	5	北京	北京	CN	41	2014/03/31	65	49618

续表

MEMBER_NO	FFP_DATE	FIRST_FLIGI	GENDE	FFP_TIER	WORK_CITY	WORK_PROVIN	WORK	AGE	LOAD_TIME	FLIGHT_COUNT	BP_SUM
289037025	2007/02/01	2011/08/22	男	6	昆明	云南	CN	57	2014/03/31	28	45531
289029053	2004/12/18	2005/05/06	男	4			CN	46	2014/03/31	6	41872
289048589	2008/08/15	2008/08/15	男	5	NUMAZU		CN	60	2014/03/31	15	41610
289005632	2011/08/09	2011/08/09	男	5	南阳县	河南	CN	47	2014/03/31	6	40726
289041886	2011/11/23	2013/09/17	女	5	温州	浙江	CN	42	2014/03/31	7	40589
289049670	2010/04/18	2010/04/18	男	5	广州	广东	CN	39	2014/03/31	35	39973
289020872	2008/06/22	2013/06/30	男	6		北京	CN	47	2014/03/31	33	39737
289021001	2008/03/09	2013/07/10	男	6			CN	47	2014/03/31	40	39584
289041371	2011/10/15	2013/09/04	男	6	武汉	湖北	CN	56	2014/03/31	30	38089
289062046	2007/10/19	2007/10/19	男	5	上海	上海	CN	39	2014/03/31	48	37188
289037246	2007/08/30	2013/04/18	男	6	贵阳	贵州	CN	47	2014/03/31	40	36471
289045852	2006/08/16	2006/11/08	男	4	ARCADIA	CA	US	69	2014/03/31	8	35707

2）变量规约

原始数据中变量太多，根据航空公司客户价值 LRFMC 模型，选择与 LRFMC 指标相关的 6 个变量：FFP_DATE、LOAD_TIME、FLIGHT_COUNT、AVG_DIS-COUNT、SEG_KM_SUM、LAST_TO_END。删除与其不相关、弱相关或冗余的变量，例如会员卡号、性别、工作地城市、工作地所在省份、工作地所在国家和年龄等变量。经过变量选择后的数据集部分信息见表 6-4。

表 6-4　经过变量选择后的数据集部分信息

LOAD_TIME	FFP_DATE	LAST_TO_END	FLIGHT_COUNT	SEG_KM_SUM	AVG_DISCOUNT
2014/3/31	2013/3/16	23	14	126850	1.02
2014/3/31	2012/6/26	6	65	184730	0.76
2014/3/31	2009/12/8	2	33	60.387	1.27
2014/3/31	2009/12/10	123	6	62259	1.02
2014/3/31	2011/8/25	14	22	54730	1.36
2014/3/31	2012/9/26	23	26	50024	1.29
2014/3/31	2010/12/27	77	5	61160	0.94
2014/3/31	2009/10/21	67	4	48928	1.05
2014/3/31	2010/4/15	11	25	43499	1.33
2014/3/31	2007/1/26	22	36	68760	0.88
2014/3/31	2006/12/26	4	49	64070	0.91
2014/3/31	2011/8/15	22	51	79538	0.74
2014/3/31	2009/8/27	2	62	91011	0.67
2014/3/31	2013/3/13	9	12	69857	0.79
2014/3/31	2013/3/12	2	65	75026	0.69
2014/3/31	2007/2/1	13	28	50884	0.86
2014/3/31	2004/12/18	56	6	73392	0.66
2014/3/31	2008/8/15	23	15	36132	1.07
2014/3/31	2011/8/9	48	6	55242	0.79
2014/3/31	2011/11/23	36	7	44175	0.89

3）数据变换

数据变换是将数据转换成适当的格式，以适应挖掘任务及算法的需要。本案例中主要采用的数据变换方式为属性构造和数据标准化。

由于原始数据中并没有直接给出 LRFMC 五个指标，需要通过原始数据提取这五个指标,具体的计算方式如下。

L＝LOAD_TIME－FFP_DATE:表示会员入会时间距观测窗口结束的月数＝观测窗口的结束时间－入会时间(单位:月);

R＝LAST_TO_END:表示客户最近一次乘坐公司飞机距观测窗口结束的月数＝最后一次乘机时间至观察窗口末端时长(单位:月);

F＝FLIGHT_COUNT:表示客户在观测窗口内乘坐公司飞机的次数＝观测窗口的飞行次数(单位:次);

M＝SEG_KM_SUM:表示客户在观测时间内在公司累计的飞行里程＝观测窗口的总飞行公里数(单位:公里);

C＝AVG_DISCOUNT:表示客户在观测时间内乘坐舱位所对应的折扣系数的平均值＝平均折扣率(单位:无)。

五个指标数据提取后,对每个指标数据分布情况进行分析,其数据的取值范围见表6-5。从表中数据可以发现,五个指标的取值范围数据差异较大,为了消除数量级数据带来的影响,对数据进行 Z-Score 标准化处理。表6-6给出了数据标准化后的输出结果。

表 6-5　数据指标的取值范围表

属性名称	L	R	F	M	C
最小值	12.23	0.03	2	368	0.14
最大值	114.63	24.37	213	580717	1.5

表 6-6　数据标准化后的数据信息

ZL	ZR	ZF	ZM	ZC
1.690	0.140	−0.636	0.069	−0.337
1.690	−0.322	0.852	0.844	−0.554
1.682	−0.488	−0.211	0.159	−1.095
1.534	−0.785	0.002	0.273	−1.149
0.890	−0.427	−0.636	−0.685	1.232
−0.233	−0.691	−0.636	−0.604	−0.391
−0.497	1.996	−0.707	−0.662	−1.311
−0.869	−0.268	−0.281	−0.262	3.396
−1.075	0.025	−0.423	−0.521	0.150
1.907	−0.884	2.979	2.130	0.366

续表

ZL	ZR	ZF	ZM	ZC
0.478	−0.565	0.852	−0.068	−0.662
0.469	−0.939	0.073	0.104	−0.013
0.469	−0.185	−0.140	−0.220	−0.932
0.453	1.517	0.073	0.104	−0.013
0.369	0.747	−0.636	−0.626	−0.283
0.312	−0.896	0.498	0.954	−0.500
−0.026	−0.681	0.073	0.325	0.366
−0.051	2.723	−0.636	−0.749	0.799
−0.092	2.879	−0.707	−0.734	−0.662
−0.150	−0.521	1.278	1.392	1.124

6.1.6.3 基于 K-means 聚类算法构建聚类分析模型

基于数据预处理后的数据,使用 K-means 聚类算法对航空公司客户进行聚类分析。选择 K-means 聚类算法是因为原始数据量较大,K-means 算法相比系统聚类法更适用于数据量较大、变量较多的情形。

应用 K-means 算法时,针对综合业务的理解与后续分析的主要需求与目标,初始设定类别个数为五类。聚类结果见表 6-7。

表 6-7　聚类结果表

聚类类别	聚类个数	聚类中心				
		ZL	ZR	ZF	ZM	ZC
客户群 1	5337	0.483	−0.799	2.483	2.424	0.308
客户群 2	15735	1.160	−0.377	−0.087	−0.095	−0.158
客户群 3	12130	−0.314	1.686	−0.574	−0.537	−0.171
客户群 4	24644	−0.701	−0.415	−0.161	−0.165	−0.255
客户群 5	4198	0.057	−0.006	−0.227	−0.230	2.191

接着,依据聚类分析结果对各个群体的特征进行定量与定性相结合的分析。图 6-13 给出了不同群体五个指标的雷达图(客户特征图)。从图中可以看出,客户群 1 的特点是在消费频率 F 和飞行里程 M 这两个变量上的数值最大,是其优势,而在消费时间间隔 R 的数值最小,这是其劣势。客户群 2 的特点是客户关系长度

L 的数值显著高于其他客户群体;客户群 3 的特点是在消费时间间隔 R 上数据值较大,而在消费频率 F 和飞行里程 M 上数据小;客户群 4 的特点是在客户关系长度 L 和折扣系数 C 上的数值显著低于其他客户群体;客户群 5 的特点是在折扣系数 C 上的数据值大,见表 6-8。

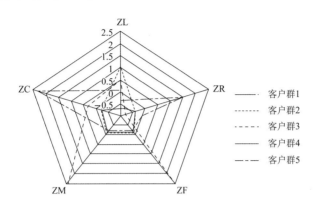

图 6-13 客户特征图

表 6-8 客户特征描述表

群类别	优势特征			弱势特征		
客户群 1	F	M	R			
客户群 2	L	F	M			
客户群 3				F	M	R
客户群 4				L		C
客户群 5		C		R	F	M

基于以上分析,说明聚类分析的结果较为合理,成功地实现了对客户群体的聚类,使特征相似的客户分在了同一组别中。而且每个组别的特点与其他组别均存在一定差异。根据它们各自的特征,可以将其划分为五类群体,分别是:重要保持客户、重要发展客户、重要挽留客户、一般客户、低价值客户。图 6-14 给出了五个群体的主要特征。

- 重要保持客户,他们的平均折扣率(C)较高(一般所乘航班的舱位等级较高),最近乘坐过本公司航班(R)低,乘坐的次数(F)或里程(M)较高。他们是航空公司的高价值客户,是最为理想的客户类型,对航空公司的贡献最大,所占比例却较小。为此,航空公司应该优先将资源投放到他们身上,对他们进行差异化管理和一对一营销,提高这类客户的忠诚度与满意度,尽可能延长这类客户的高水平消费。

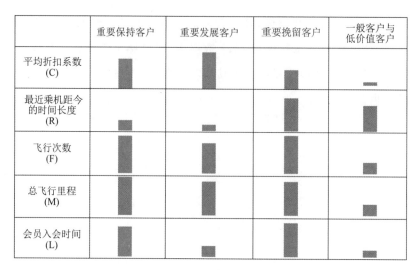

图 6-14　群体的主要特征

- 重要发展客户:这类客户的平均折扣率(C)较高,最近乘坐过本公司航班
  (R)低,同时乘坐次数(F)或乘坐里程(M)较低。这类客户入会时长(L)短。
  可以说,他们是航空公司的潜在价值客户。虽然这类客户的当前价值并不
  是很高,但却有很大的发展潜力。航空公司要努力促使这类客户增加在本
  公司的乘机消费和合作伙伴处的消费,也就是增加客户的钱包份额。通过
  客户价值的提升,加强这类客户的满意度,提高他们转向竞争对手的转移成
  本,使他们逐渐成为公司的忠诚客户。

- 重要挽留客户:这类客户过去所乘航班的平均折扣(C)、乘坐次数(F)或者里
  程(M)较高,但是较长时间已经没有乘坐本公司的航班(R)或是乘坐频率变
  小。这类客户价值变化的不确定性很高。由于这些客户衰退的原因各不相
  同,所以掌握客户的最新信息、维持与客户的互动就显得尤为重要。航空公
  司应该根据这些客户的最近消费时间、消费次数的变化情况,推测客户消费
  的异动状况,并列出客户名单,对其重点联系,采取一定的营销手段,延长客
  户的生命周期。

- 一般与低价值客户:这类客户所乘航班的平均折扣率(C)很低,较长时间没
  有乘坐过本公司航班(R),乘坐的次数(F)或里程(M)较低,入会时长(L)
  短。他们是航空公司的一般用户与低价值客户,可能是在航空公司机票打
  折促销时,才会乘坐本公司航班。

再有,可以将重要发展客户、重要保持客户和重要挽留客户划分为客户生命周
期管理的发展期、稳定期和衰退期。在不同的阶段,对客户价值进行排名,其结果

见表 6-9。进而,针对不同类型的客户群提供不同的产品和服务,提升重要发展客户的价值、稳定和延长重要保持客户的高水平消费、防范重要挽留客户的流失并积极进行关系恢复。

表 6-9 客户价值排名

客户群	排名	排名含义
客户群 1	1	重要保持客户
客户群 5	2	重要发展客户
客户群 2	3	重要挽留用户
客户群 4	4	一般客户
客户群 3	5	低价值客户

由于聚类分析模型的数据采用的是历史数据,当获取到最新的数据信息时,应当利用新数据重新确立新的聚类中心,建立 K-means 聚类分析模型,对客户重新进行聚类,不断迭代原有模型,确保模型分析结果的时效性。

基于建立的聚类分析模型以及客户群的特征分析,建议采用以下营销手段和策略:例如完善会员制度、增加更合理的客户激励机制、与其他重要服务进行捆绑式销售等等。此外,客户识别期和发展期为客户关系打下基石,但是这两个时期带来的客户关系是短暂的、不稳定的。企业要获取长期的利润,必须具有稳定的、高质量的客户。保持客户对于企业是至关重要的,不仅因为争取一个新客户的成本远远高于维持老客户的成本,更重要的是客户流失会造成公司收益的直接损失。因此,在这一时期,航空公司应该努力维系客户关系,使之处于较高的水准,最大化生命周期内公司与客户的互动价值,并使这样的高水平尽可能延长。对于这一阶段的客户,主要应该通过提供优质的服务产品和提高服务水平来提高客户的满意度。通过对旅客数据库的数据挖掘进行客户细分,可以获得重要保持客户的名单。这类客户一般所乘航班的平均折扣率(C)较高、最近乘坐过本公司航班(R)低、乘坐的频率(F)或里程(M)也较高。他们是航空公司的价值客户,是最理想的客户类型,对航空公司的贡献最大,所占比例却比较小。航空公司应该优先将资源投放到他们身上,对他们进行差异化管理和一对一营销,提高这类客户的忠诚度与满意度,尽可能延长这类客户的高水平消费。

6.2 关联方法

　　关联分析也常称为关联规则分析或关联规则挖掘,最早由阿格拉瓦尔(Agra-wal)、伊梅林斯基(Imielinski)和斯瓦米(Swami)在 1993 年共同研究提出。关联分析是数据挖掘技术中非常重要的一类方法,它的研究对象是交易数据库,如 HIS 系统数据库。它的目标是从庞大、复杂的数据集中探寻和发现其中有价值的关联或相关关系,例如购买一种商品会不会也同时影响到顾客对另一种商品的购买程度。它也属于无监督学习的一种,与聚类不同的是关联分析找的是数据间的关系。提出关联规则最初是为了分析购物篮问题(basket analysis)。在顾客的大量购物中超市发现了一个有趣的现象,40%左右的年轻男士购买完尿布也会购买啤酒。于是超市将尿布和啤酒放在一起进行促销,使得尿布和啤酒的销量大增。

　　关联分析,其目的就在于从多个数据的属性集中,找出不同属性之间的相互影响,表现出两个或多个属性之间的联系和依赖。目前,关联分析已经广泛应用在各个商业领域的组合销售中,例如超市的购物分析。大部分超市在收款时会通过条码机扫描记录顾客的全部购买商品。通过关联规则挖掘,超市就可以从中发现哪些商品最常被同时购买、哪些商品被购买的最多等信息。基于这些信息,超市可以有选择地在一定时间内进行促销、广告宣传或改变陈列摆放等方式提升利润。同时,也可以应用于抽样调查数据的分析,先对数据进行离散化处理,再进行关联分析,可以发现不同问题之间潜在的有价值的关联规则。

　　目前最常用的关联分析包括 Apriori 和 FP-Tree。接下来本节将对这两种算法进行一一解释说明。

6.2.1　基础概念

　(1)常见基础概念

　　为了更好地理解关联分析算法以及一些相关的概念,以表 6-10 为例,解释关联分析中的一些常见概念。

表 6-10 一个来自 Hole Foods 天然食品店的简单交易清单

交易号码	商品
0	豆奶,莴苣
1	莴苣,尿布,葡萄酒,甜菜
2	莴苣,尿布,葡萄酒,橙汁
3	莴苣,豆奶,尿布,葡萄酒
4	莴苣,豆奶,尿布,橙汁

首先,对一些常用的基本概念做如下定义:

- 事务:每一个观测称为事务或者交易,即每一条交易数据,如表 6-10 显示的数据集中,每一条交易为一个事务,一共包含了五个事务;
- 项集:交易中,每个商品叫作一个项,如莴苣、葡萄酒等。项的集合就是项集,如{莴苣,葡萄酒}、{豆奶,尿布}等;
- 支持度计数:项集的支持度计数是指该项集在事务中出现的次数。如{莴苣,葡萄酒}这个项集出现在事务 1、2 和 3 中,所以它的支持度计数是 3;
- 关联规则:是指两个项集之间蕴含表达式,也可以理解为两个项所蕴含的关系。如果有两个不相交的项集 X 和 Y,即不存在同样的项,就可以有规则 X→Y,如{莴苣,葡萄酒}→{尿布};
- 前件和后件:对于关联规则{莴苣,葡萄酒}→{尿布},{莴苣,葡萄酒}叫作前件,{尿布}叫作后件。

其次,进行关联分析的重点就是计算涉及这个规则的有关频数以及其中包含的信息。为了进行关联分析,需要定义一些相关的指标,类似于聚类分析中的距离的度量。

- 支持度

支持度表示前件与后件在一个数据集中同时出现的频率。用 $\sigma(Z)$ 表示项集 Z 在 N 个事务中出现的频数,则 X→Y 的支持度记为:

$$\sup p(X \Rightarrow Y) = \frac{\sigma(X \bigcup Y)}{N}$$

故支持度就是项集的支持度计数除以总的事务数就是该项集的支持度。若 A 表示事务中包含 X 的事件,而 B 表示事务中包含 Y 的事件,实质上支持度等同于估计了数据集中两个项集同时出现的概率 $P(A \bigcap B)$,所以物理意义上认为两个项集是有关联的。如{莴苣,葡萄酒}的支持度计数为 3,所以其支持度就是 3÷5=

0.6,说明有 60% 的人同时买了莴苣和葡萄酒。

如果某个项集的支持度大于或等于某一个阈值,则称该项集为频繁项集。如果将阈值设置 50% 时,{莴苣,葡萄酒}的支持度为 60%,所以它是频繁项集。

• 置信度

置信度定义为支持度和前项频率之比,记为:

$$conf(X \Rightarrow Y) = \frac{\sup p(X \bigcup Y)}{\sup p(X)} = \frac{\sigma(X \bigcup Y)}{\sigma(X)}$$

实质上,置信度表示 A 和 B 两个事件同时出现的概率与 A 事件出现概率的比值,即 $P(B|A) = \frac{P(A \bigcap B)}{P(A)}$ 表示条件概率。对于关联规则{莴苣,葡萄酒}→{尿布},{莴苣,葡萄酒,尿布}的支持度计数除以{莴苣,葡萄酒}的支持度计数,为这个关联规则的置信度。例如关联规则{莴苣,葡萄酒}→{尿布}的置信度为 3÷3× 100%=100%。说明同时买了莴苣和葡萄酒的人 100% 也买了尿布。

强关联规则:大于或等于最小支持度阈值和最小置信度阈值的规则叫作强关联规则。项集和项集之间组合可以产生很多规则,但不是每个规则都是有用的,关联分析的最终目标就是要找出强关联规则。

• 提升度

提升度定义为置信度与后项频率的比值,即

$$lift(X \Rightarrow Y) = \frac{\sup p(X \bigcup Y)}{\sup p(X) \sup p(Y)}$$

实质上,提升度估计了概率,这是对概率 $\frac{P(A \bigcap B)}{P(A)P(B)}$ 的估计。

(2)关联规则

基于以上指标,关联分析一般分为两个步骤。第一步是迭代,通过迭代找到数据库中的所有频繁项集,即支持度不低于用户设定的阈值的项集;第二步利用频繁项集构造出满足用户最小置信度的规则。频繁项集以支持度作为度量,通过支持度,过滤掉购买频率较低的商品。关联规则以支持度和置信度作为度量。通过规则支持度,过滤掉无意义的规则。在实际的商业问题中,如果一条规则的支持度很低,就代表顾客同时购买这些商品的可能性很低,所以这条规则对商家来说,没有任何价值。同时,置信度越大,说明这个规则越可靠。

有了上述支持度和置信度这两个度量,就可以对所有规则做限定,找出有意义的规则,即强关联规则。首先对支持度和置信度分别设置最小阈值。然后在所有规则中找出支持度和置信度都大于它们最小阈值的所有关联规则。

另外有一点需要注意,关联分析并不包含因果推理,即如果 X→Y 是一条强关联规则,只能说明 X 发生时,Y 发生的概率很大。但是并不能说明因为 X 发生,所以 Y 也发生。

关联分析最简单直接的方法就是暴力搜索(Brute-force)算法。例如人们要得到频繁项集,就穷举所有可能的项集组合,针对每一个项集,遍历一次事务数据库,计算出该项集的支持度,然后以一个阈值过滤掉出现次数较少的项集,保留剩余的频繁项集。对于关联规则,也采取相似的方法,根据之前找到的频繁项集,穷举所有的关联规则,遍历事务数据库,计算支持度和置信度,生成强关联规则。

可以看出,暴力搜索算法需要进行大量的计算。穷举所有可能的项集,共有 $C_m^1 + C_m^2 + \cdots C_m^n$ 个组合,每个项集的支持度计算都需要遍历一次事务数据库,这样的计算时间复杂度是指数级的。在实际的生活中,事务数据库的规模通常都很大。这就需要找到更高效的算法,在合理的时间内找到频繁项集。

6.2.2 Apriori 算法

Apriori 的前身是 AIS 算法,但是这个算法的实际效果并不好。所以在 1994 年 Apriori 算法诞生,它开创性地使用了基于支持度的剪枝技术来控制候选项集的指数级增长,最终成为经典的关联分析算法。直到现在 Apriori 算法仍被广泛研究与改进应用。

(1)Apriori 算法简介

Apriori 有两个重要的先验定理,保证了关联分析中剪枝的合理性:

定理一:如果一个项集是频繁的,那么它的所有子集都是频繁的。

这个定理很容易理解,以 Hole Foods 天然食品店的简单交易清单为例,{葡萄酒,莴苣}出现 3 次,支持度为 60%,那么{葡萄酒}、{莴苣}的支持度一定不会小于 60%(莴苣的支持度是 100%,葡萄酒的支持度是 60%)。

定理二:如果一个项集是非频繁的,那么它的所有超集都是非频繁的。

定理二是定理一的逆反命题,在 Apriori 算法中,通常用的也是这个定理。例如{葡萄酒,豆奶}是非频繁的(支持度 20%),那么{葡萄酒,豆奶,莴苣}、{葡萄酒,豆奶,莴苣,尿布}、{葡萄酒,豆奶,甜菜}等都是非频繁的。

在这里,项集的超集是指包含这个项集的元素且元素个数更多的项集。如{莴苣,葡萄酒}就是{葡萄酒}的一个超集。

如果一个项集是非频繁项集,那么这个项集的超集就不需要再考虑了。因为如果这个项集是非频繁的,那么它的所有超集也一定都是非频繁的。所以如果一个项集的支持度小于最小支持度这个阈值,那么它的超集的支持度一定也小于这个阈值。这样便达到了剪枝,控制计算量的作用。

Apriori算法由两个步骤组成,一是产生和选择候选集,从候选集中得到频繁项集;二是从频繁项集中得到关联规则。下面对这两个步骤分别展开介绍。

(2)Apriori算法的建模步骤

1)寻找频繁项集

图6-15给出了有四个项的事务数据库所有的项集。以该图为例,介绍Apriori算法寻找频繁项集的计算流程。

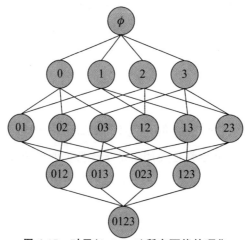

图6-15 对于{0,1,2,3}所有可能的项集

①首先生成1—项集(都是由单个元素组成的项集,对应图中的第二行,生成的项集可能是频繁项集,也可能不是频繁项集,称之为候选项集);然后遍历事务数据库,将所有1—项集和最小支持度进行比较生成频繁1—项集。

②频繁1—项集两两组合生成候选2—项集(都是由两个元素组成的项集,对应图中的第三行),再次扫描事务数据库,将所有由频繁1—项集产生的候选2—项集和最小支持度进行比较生成频繁2—项集。

③一直重复上述步骤,直到没有新的频繁项集产生为止。

通过对Apriori算法和暴力算法的比较发现,Apriori算法从频繁1—项集生成候选2—项集,然后从频繁2—项集生成候选3—项集。而暴力算法从所有的候选1—项集生成候选2—项集,再到候选3—项集。Apriori算法从1—项集开始就只在频繁项集中生成候选项集,从而避免了多余候选项集的生成,提高了算法效率。

2)寻找强关联规则

要想找到关联规则,我们首先从一个频繁项集开始。如果有一个频繁项集{莴苣,葡萄酒},那么就可能有一条关联规则"莴苣→葡萄酒"。这意味着如果有人购买了莴苣,那么在统计上他会购买葡萄酒的概率较大。注意这一条反过来并不总是成立,也就是说,置信度(莴苣→葡萄酒)并不等于置信度(葡萄酒→莴苣)。

图 6-16 给出了从项集{0,1,2,3}产生的所有关联规则,其中阴影区域给出的是低置信度的规则。可以发现如果{0,1,2} → {3}是一条低置信度规则,那么所有其他以 3 作为后件(箭头右部包含 3)的规则均为低置信度的。

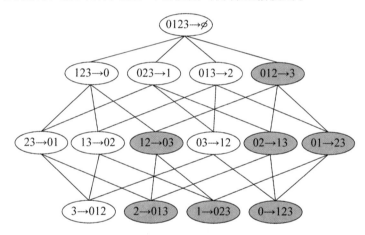

图 6-16 对于{0,1,2,3}所有可能的关联规则

可以观察到,如果某条规则并不满足最小置信度要求,那么该规则的所有子集也不会满足最小置信度要求。以图 6-16 为例,假设规则{0,1,2} → {3}并不满足最小置信度要求,那么就知道任何左部为{0,1,2}子集的规则也不会满足最小置信度要求。可以利用关联规则的上述性质来减少需要测试的规则数目。

在 Apriori 算法中,找强关联规则的方法和找频繁项集的方法类似。

①首先从一个频繁项集开始,创建一个规则列表,其中规则列表的后件(箭头右边的部分)只包含一个元素。然后从这些规则中找出强关联规则(图 6-16 中的第二行);

②从这些强规则中创建后件包含两个元素的规则(图中的第三行),并找出其中的强关联规则;

③一直重复上述步骤,直到无法创建新的规则。

(3)Apriori 算法分析与总结

经典的 Apriori 算法流程如图 6-17 所示。

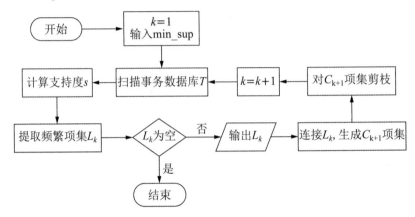

图 6-17　Apriori 算法流程图

Apriori 算法的优点是可生成相对较小的候选集,但它也存在一些缺点:(1)在每步产生候选项目集时没有舍去干扰元素,循环产生过多组合。(2)对数据库中全部记录进行重复扫描,增加计算机系统的 I/O 开销,导致随着数据记录的增加,任务量呈现几何级数的增大。于是人们开始优化改进,寻找性能更优的算法。

目前针对 Apriori 算法的缺点的改进,也出现了一些其他的关联分析算法,接下来对于一些改进的方法进行简单的介绍。

● 基于划分的方法。算法首先从逻辑上将数据库分为多个独立的块,每次单独考虑一块并生成所有的频繁项集,然后把生成的频繁项集合并,生成所有可能的频繁项集,最后计算这些项集的支持度。要注意选择合适的分块大小,可使每个块均能放入主存,每个阶段只被扫描一次。为保证算法的正确性,必须要求每个可能的频繁项集至少是一个块中的频繁项集。上面讨论的算法可以是高度并行的,可以把每一分块分别分配给某一个处理器生成频繁项集。在生成频繁项集的循环结束后,处理器之间相互通信以生成一个全局候选项集。一般情况下,这里的通信过程是算法执行时间的主要瓶颈,除此之外,每个单独的处理器生成频繁项集的时间也是一个瓶颈。

● 基于 Hash 的方法。帕克(Park)等人提出了一个基于杂凑算法的高效产生频繁项集的方法,大量研究表明,寻找频繁项集的计算量主要集中在生成频繁2—项集 Lk 上,帕克等利用这个性质使用杂凑技术改进了产生频繁 2—项集的方法。

● 基于采样的方法。该方法是指根据前一遍扫描得到的信息,对其进行分析组合,从而得到一个改进的算法。它的基本思想为:通过对数据库中部分采样进行分析,推测出可能在整个数据库中适用的规则,然后利用数据库中剩余样本来检验这个规则。由此可看出该算法简单且显著减少了 FO 代价,但最大的缺点是产生的结果不精确,存在数据扭曲。又因为分布在同一页面上的数据是高度相关的,不能代表整个数据库中的模式,所以可能会导致采样 5% 的交易数据所花费的代价与扫描一遍数据库所花费的代价相近。

● 减少交易个数。减少交易个数是指减少用于扫描未来事务集的空间大小,其基本原理是指当事务中不含长度为 k 的大项集时,必然不含长度为 k+1 的大项集,故将这些事务删除,然后再进行扫描时就可减少要被扫描的事务集个数。

6.2.3 FP-Tree 算法

(1)FP-Tree 算法简介

由于挖掘频繁项集时面对的数据量极大,为了提高计算效率,需要研究一些更高效的算法来挖掘频繁项。Apriori 算法的一个不足就是扫描数据库的次数完全依赖于最大频繁项集中项的数量。因为在大数据集中寻找频繁项是一个很费资源的操作,因而需要新技术来维护挖掘出的频繁项集,从而避免反复挖掘整个数据集。

FP-Tree(频繁模式增长)算法是在大型数据集中挖掘频繁项集的一个有效算法。它的最大特点是在挖掘频繁项集时不存在产生频繁项集的烦琐过程。FP-Tree 算法是在 Apriori 算法的基础上构建的,它比 Apriori 算法更快,但在完成相同任务时采用的技术不同。与 Apriori 算法的产生并测试方法不同,FP-Tree 算法将数据集储存在一个特定的 FP 树结构中,然后寻找频繁项集或频繁项对,即构造常在一块出现的元素项的集合 FP 树,因此该算法速度要优于 Apriori 算法,一般性能要好两个数量级以上。

(2)FP-Tree 算法的建模步骤

FP-Tree 算法的步骤是:首先,扫描数据库 T 得到频繁项(在数据库中出现 3 次或 3 次以上)的列表 L,并将频繁项表按支持度计数的递减顺序排序。排序是构建 FP-Tree 的重要环节。其次,创造树的根部。第二次扫描数据库 T,对第一个事务的扫描得到树的第一个分枝。分枝中节点的计数代表了树中该节点项出现的次数。对于第二个事务,它与前一个分枝有相同的节点,并扩展新的分枝。以此类推。

为了更好地了解 FP-Tree 算法的步骤流程,将列举表 6-11 中的示例进行详细的说明,假若存在如表 6-11 所示数据清单(第一列为购买 id,即每次交易的编号,表示事务,第二列为物品项目)。

表 6-11　购买数据清单表

编号	项目
1	I1,I2,I5
2	I2,I4
3	I2,I3
4	I1,I2,I4
5	I1,I3
6	I2,I3
7	I1,I3
8	I1,I2,I3,I5
9	I1,I2,I3

● 构建 FP—树

第一步,扫描数据集,对每个物品进行计数,结果见表 6-12。

表 6-12　物品计数表

I1	I2	I3	I4	I5
6	7	6	2	2

第二步,设定最小支持度(物品最少出现的次数)为 2。

第三步,按降序重新排列物品集(如果出现计数小于 2 的物品则需删除),结果见表 6-13。

表 6-13　重新排列物品表

I2	I1	I3	I4	I5
7	6	6	2	2

第四步,根据项目(物品)出现的次数重新调整物品清单,结果见表 6-14。

表 6-14　重新调整物品清单

编号	项目
1	I2,I1,I5
2	I2,I4
3	I2,I3
4	I2,I1,I4
5	I1,I3
6	I2,I3
7	I1,I3
8	I2,I1,I3,I5
9	I2,I1,I3

第五步,构建 FP—树。

①加入第一条清单(I2,I1,I5),如图 6-18 所示。

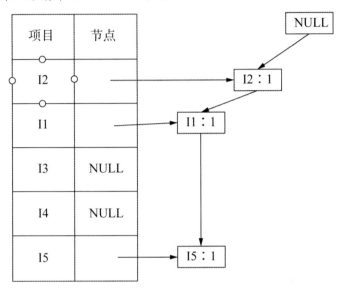

图 6-18　初始 FP 树

②加入第二条清单(I2,I4),出现相同的节点进行累加(I2),如图 6-19 所示。

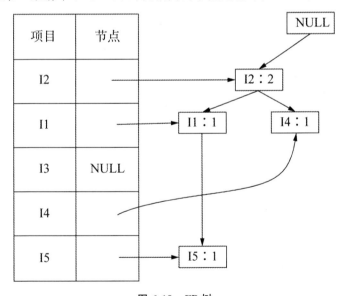

图 6-19　FP 树

③下面依次加入第 3~9 条清单,得到 FP 树,如图 6-20 所示。

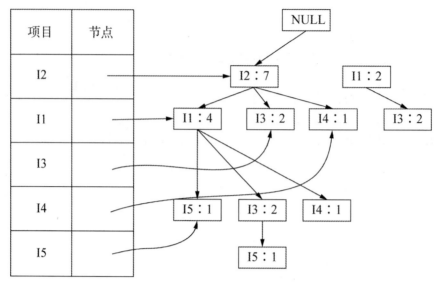

图 6-20 完整 FP 树

- 挖掘频繁项集

对于每一个元素项,获取其对应的条件模式基(conditional pattern base)。条件模式基是以所查找元素项为结尾的路径集合。每一条路径其实都是一条前缀路径。按照从下往上的顺序,例如 I5,得到条件模式基{(I2 I1：1),(I2 I1 I3)},构造条件FP—树如图 6-21 所示,然后递归调用 FP-Tree,模式后缀为 I5。这个条件FP 树是单路径的,在 FP-Tree 中直接列举{I2：2,I1：2,I3：1}的所有组合,之后和模式后缀 I5 取并集得到支持度大于 2 的所有模式:{ I2 I5：2, I1 I5：2, I2 I1 I5：2}。

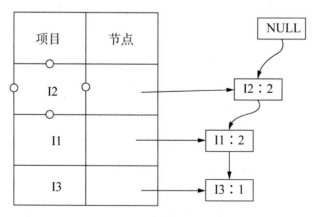

图 6-21 递归调用 FP 树实例图

另外,I5 的情况是比较简单的,因为 I5 对应的条件 FP-树是单路径的。下面考虑 I3,I3 的条件模式基是{(I2 I1：2),(I2：2),(I1：2)},生成的条件 FP-树如

图 6-22 中的左图所示,然后递归调用 FP-Tree,模式前缀为 I3。I3 的条件 FP-树仍然是一个多路径树,首先把模式后缀 I3 和条件 FP-树中的项头表中的每一项取并集,得到一组模式{I2 I3:4,I1 I3:4},但是这一组模式不是后缀为 I3 的所有模式。还需要递归调用 FP-Tree,模式后缀为{I1,I3},{I1,I3}的条件模式基为{I2:2},其生成的条件 FP、树如图 6-22 中的右图所示。这是一个单路径的条件 FP 树,在 FP-Tree 中把 I2 和模式后缀{I1,I3}取并得到模式{I1 I2 I3:2}。理论上还应该计算一下模式后缀为{I2,I3}的模式集,但是{I2,I3}的条件模式基为空,递归调用结束。最终模式后缀 I3 的支持度大于 2 的所有模式为:{ I2 I3:4,I1 I3:4,I1 I2 I3:2}。

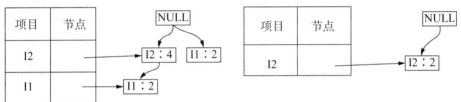

图 6-22　挖掘频繁项集实例图

则根据 FP-Tree 算法,最终得到的支持度大于 2 频繁模式见表 6-15。

表 6-15　FP-Tree 算法关联分析结果

项目	条件模式基	条件 FP 树	产生的频繁模式
I5	{(I2 I1:1),(I2 I1 I3:1)}	(I2:2,I1:2)	I2 I5:2,I1 I5:2,I2 I1 I5,2
I4	{(I2 I1:1),(I2:1)}	(I2:2)	I2 I4:2
I3	{(I2 I1:2),(I2:2),(I1:2)}	(I2:4,I1:2),(I1:2)	I2 I3:4,I1 I3:4,I2 I1 I3:2
I1	{(I2:4)}	(I2:4)	I2 I1:4

(3)FP-Tree 算法分析与总结

FP-Tree 方法将发现长频繁模式的问题转换成在较小的条件数据库中递归地搜索一些较短模式,然后连接后缀。它使用最不频繁的项作后缀,提供了较好的选择性。该方法显著地降低了搜索开销。当数据库很大时,构造基于主存的 FP 树有时是不现实的。对 FP-Tree 方法的性能研究表明,对于挖掘长的频繁模式和短的频繁模式,它都是有效的和可伸缩的,并且比 Apriori 算法大约快一个数量级。

6.2.4 案例分析——基于关联规则的医疗诊断分析

6.2.4.1 问题背景与数据分析目标

中医在我国已有数百年的历史。它具有调整人体气血、阴阳之气,增强心肺脾脏功能的效果。在传统中医治疗中,各种疾病和症状之间存在着明显的关联关系和一般规律。本案例的数据分析目标是根据医疗单位提供的患者病历信息,采用关联规则分析方法,研究乳腺癌患者的症状与中医证型之间的一般规律,对先证而治的治疗方案的确定提供重要依据。

在本案例中,采用问卷调查的方法获取乳腺癌患者的临床信息,主要包括患者的基本信息和患病信息。具体来看,首先对收集的数据进行描述性分析和预处理工作,为应用关联规则模型提供高质量的数据基础。其次建立 Apriori 关联规则算法,挖掘中医症状与乳腺癌 TNM 各个分期之间的关系。其中,TNM 可以分为 Ⅰ 期较轻至 Ⅳ 期较严重。分析的重点是研究不同阶段的乳腺癌患者的症状特征。

6.2.4.2 数据获取与预处理

(1)数据获取

本案例采用调查问卷的形式对数据进行搜集,临床患者的相关数据见表 6-16。此外,根据中华中医药学会制定的相关指南与标准,结合不同类型的乳腺癌症状,设计了本案例的调查问卷与中医症结诊断量化表,见表 6-17。需要指出的是,本案例的调查对象是乳腺癌患者,采用问卷调查收集数据时,问卷设计者应具备较高的中医诊断基础,能够通过号脉、观舌苔、看面相等方法快速、合理、准确地识别病人的症状,并能用通俗的语言对患者进行调查询问,见表 6-18。依据以上标准,共收集了处于不同病理阶段的 1253 位患者。

表 6-16 临床患者数据

序号	属性名称	属性描述
1	实际年龄	A1:≤30 岁;A2:31～40 岁;A3:41～50 岁;A4:51～61 岁;A5:61～70 岁;A6:≥71 岁
2	发病年龄	a1:≤30 岁;a2:31～40 岁;a3:41～50 岁;a4:51～61 岁;a5:61～70 岁;a6:≥71 岁

续表

序号	属性名称	属性描述
3	初潮年龄	C1:≤12 岁;C2:13~15 岁;C3:≥16 岁
4	既往月经是否规律	D1:月经规律;D2:月经先期;D3:月经后期;D4:月经先后不定期
5	是否痛经	Y:是;N:否
6	是否绝经	Y:是;N:否
……	……	
64	肝气郁结证得分	总分 40 分
65	热毒蕴结证得分	总分 44 分
66	冲任失调证得分	总分 41 分
67	气血两虚证得分	总分 43 分
68	脾胃虚弱证得分	总分 43 分
69	肝肾阴虚证得分	总分 38 分
70	TNM 分期	H1:Ⅰ;H2:Ⅱ;H3:Ⅲ;H4:Ⅳ
71	确诊后几年发现转移	1.无转移:BU0;2.小于等于三年:BU1;3.大于三年小于等于五年:BU2;4.大于五年:BU3
72	转移部位	R1:骨;R2:肺;R3:脑;R4:肝;R5:其他;R0:无转移
73	病程阶段	S1:围手术期;S2:围化疗期;S3:围放疗期;S4:巩固期

表 6-17　乳腺癌辨证分型表

证型	主要病状
肝气郁结证	乳房肿块,时觉胀痛,情绪忧郁或急躁,心烦易怒,苔薄白或薄黄,脉弦滑
热毒蕴结证	乳房肿块,增大迅速,疼痛,间或红肿,甚则溃烂、恶臭,或发热,心烦口干,便秘,小便短赤,舌暗红,有瘀斑,苔黄腻,脉弦数
冲任失调证	乳房肿块,月经前胀痛明显,或月经不调,腰腿酸软,烦劳体倦,五心烦热,口干咽燥,舌淡,苔少,脉细无力
气血两虚证	乳房肿块,与胸壁粘连,推之不动,头晕目眩,气短乏力,面色苍白,消瘦纳呆,舌淡,脉沉细无力
脾胃虚弱证	纳呆或腹胀,便溏或便秘,舌淡,苔白腻,脉细弱
肝肾阴虚证	头晕目眩,腰膝酸软,目涩梦多,咽干口燥,大便干结,月经紊乱或停经,舌红,苔少脉细数

表6-18 基本数据

患者编号	实际年龄	发病年龄	初潮年龄	既往月经是否规律	是否痛经	是否绝经	是否有更年期	婚否	育儿胎	产儿胎	流儿胎	生育年龄	是否哺乳	哺乳时间	乳汁量	肿块部位	肿块是否疼痛
20140002	A2	a2	C2	D1	N	Y	Y	Y	3	2	1	D3	Y	E3	F1	G1	N
20140003	A5	a5	C3	D1	Y	Y	Y	Y	2	1	1	D3	Y	E3	F1	G1	N
20140007	A4	a4	C2	D1	Y	Y	Y	Y	1	1	0	D2	Y	E3	F1	G1	N
20140010	A5	a5	C2	D1	Y	Y	Y	Y	2	1	1	D2	Y	E3	F1	G1	N
20140020	A1	a1	C2	D1	N	N	N	Y	2	1	1	D1	Y	E2	F1	G3	Y
20140027	A2	a2	C3	D1	N	N	N	Y	2	1	1	D1	Y	E1	F1	G2	N
20140028	A3	a3	C3	D2	Y	Y	Y	Y	5	2	3	D1	Y	E3	F1	G2	Y
20140004	A3	a3	C2	D1	N	Y	N	Y	1	1	0	D3	N	NULL	F2	G1	N
20140009	A3	a3	C2	D1	Y	Y	Y	Y	1	1	0	D2	N	NULL	F2	G3	N
20140012	A2	a2	C1	D4	N	Y	Y	Y	1	1	0	D2	Y	E1	F2	G4	N
20140016	A5	a4	C2	D3	Y	Y	Y	Y	3	2	1	D2	Y	E3	F2	G5	N
20140017	A3	a3	C2	D4	Y	Y	Y	Y	1	1	0	D2	N	NULL	F2	G1	Y
20140019	A1	a1	C2	D1	Y	N	N	Y	2	1	1	D1	Y	E1	F2	G3	N
20140023	A2	a2	C2	D1	Y	N	N	Y	3	2	1	D1	Y	E3	F2	G1	Y
20140025	A2	a2	C3	D1	N	Y	Y	Y	3	1	2	D1	Y	E2	F2	G5	N
20140026	A3	a3	C2	D1	N	Y	Y	Y	2	1	1	D1	n	NULL	F2	G3	N
20140005	A4	a4	C2	D1	N	Y	N	Y	1	1	0	D3	Y	E3	F3	G1	N
20140006	A4	a4	C3	D1	N	Y	Y	Y	2	1	1	D2	Y	E3	F3	G5	N
20140008	A5	a5	C2	D1	N	Y	Y	Y	3	1	2	D2	Y	E2	F3	G3	Y
20140011	A5	a4	C2	D1	N	Y	Y	Y	2	2	0	D2	Y	E3	F3	G1	N

调查问卷

我们很希望了解一些有关您及您个人健康状况的信息。请独立回答以下所有问题,并圈出对您最合适的答案。答案无"正确"与"错误"之分。对于您提供的个人信息,我们将绝对保密。

[基本信息]

编号			填表日期		年　月　日	
姓名		性别		年龄		确诊为乳腺癌的年龄	
婚姻状况		□已婚　□未婚　□离异　□丧偶				
文化程度		□小学　□初中　□高中　□中专　□大学及以上　□其他				
职业		□工人　□农民　□知识分子　□干部　□个体经商户　□无职业				
工作单位/家庭住址						
联系方式		病人种类		□门诊　□住院		
月经史	初潮　岁;月经(□规律　□不规律);持续　天;间隔　天					
	痛经	□有　□无		末次月经时间		
	闭经	□是　□否[若是,则闭经于　岁;闭经症状(□有　□无)]				
婚育史	婚否	□未婚　□已婚[若已婚,则结婚年龄为　岁]				
	生育状况	□未生育　□已生育[若已生育,则育　胎,生产　胎,流产　胎,首胎生于　岁,末胎生于　岁]				
哺乳史	是否哺乳	□是　□否[若是,则哺乳　个孩子;最长哺乳　年　月,最短哺乳　年　月]				
	乳汁量	□少　□一般　□多		哺乳部位	□双侧　□左侧　□右侧	
乳腺肿块	部位	□外上　□内上　□外下　□内下　□乳头后				
	发生时间及经过					
乳腺疼痛	有无疼痛	□有　□无	性质	□刺痛　□胀痛　□隐痛　□灼痛		
	与月经来潮关系	□有　□无				
乳头溢液		□有　□无	性质	□水样　□乳汁样　□血样　□脓性　□浆液性		
皮肤水肿		□有　□无	腋下肿块		□有　□无	
乳头乳晕糜烂		□有　□无	其他病症			
曾经治疗	新辅助治疗	化疗:方案(剂量)　　已进行　周期 内分泌治疗:方案(剂量)　使用时间				
	术前治疗	部位:□乳房　□内乳区　□锁骨区　剂量:　次数:				
	辅助治疗	化疗:方案(剂量)　　已进行　周期 内分泌治疗:方案(剂量)　使用时间				
	中医药治疗	治疗时间: 效果:				

诊断量表

[术后病理及免疫组化资料]

原发肿瘤直径	区域淋巴结状态	TN 分明	组织学类型	组织学分级

P－Gp	GSTπ	TOPO Ⅱ	Ki－67	VEGF 表达	P53 表达

[病程阶段分期]

围手术期	围化疗期	围放疗期	巩固期

标准定义表

诊断量表

1.肝气郁结证					
定义	肝失疏泄,气机郁滞,所表现人情志抑郁,胁胀,胁痛等证候				
必备证素	肝,气滞		或兼证素	心神[脑],(胆),胞宫	
常见证候及计量值					
3分		2分		1分	
抑郁或忧虑//喜叹气	□	情志有关	□	排便不爽	□
胁胀	□	烦躁//急躁易怒	□	嗳气	□
乳房胀	□	胸闷	□	咽部异物感	□
乳腺癌	□	腹胀//脘痞胀	□	口苦	□
胁痛//右上腹痛	□	胀痛或窜痛	□		
		大便时溏时结	□		
		痛经	□		
		月经错乱	□		
		乳房结块	□		
		肝大//胆囊肿大//脾大//	□		
		脉弦	□		
小计(A)	×3分= 分	小计(B)	×2分= 分	小计(C)	×1分= 分
总分41分		总分得(A+B+C)		分	

标准定义表

标准	详细信息
纳入标准	☐病理诊断为乳腺癌 ☐病历完整,能提供既往接受检查、治疗等相关信息,包括发病年龄、月经状态、原发肿瘤大小、区域淋巴结状态、组织学类型、组织学分级、P53 表达、VEGF 表达等,作为临床病理及肿瘤生物学特征指标 ☐没有精神类疾病,能自主回答问卷调查者
纳入标准	☐本研究中临床、病理、肿瘤生物学指标不齐全者 ☐存在第二肿瘤(非乳腺癌转移) ☐精神病患者或不能自主回答问卷调查者 ☐不愿意参加本次调查者或中途退出本次调查者 ☐填写的资料无法根据诊疗标准进行分析者

(2)数据预处理

由于采用纸质问卷的方式收集数据,因此需要先将数据录入,并对数据进行描述性分析、数据清洗、变量规约和数据变换等处理工作,最终形成适用于关联规则建模的数据。

数据描述。对收集得到的 1253 份问卷识别其有效性,经筛选后保留其中的930 份问卷,即原始数据集,如图 6-23 所示。

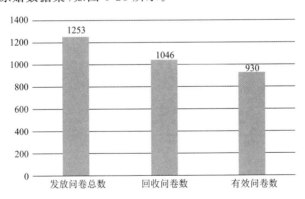

图 6-23 数据描述图

变量规约。调查问卷中的问题可概括为 73 个变量,为了提高关联规则挖掘的效率,从中剔除掉冗余的无关变量。经规约后,选择其中六种病型的得分、TNM 分期变量,见表 6-19。

表 6-19 进行变量规约后的数据表

患者编号	肝气郁结证得分	热毒蕴结证得分	冲任失调证得分	气血两虚证得分	脾胃虚弱证得分	肝肾阴虚证得分	TNM 分期
20140001	7	30	7	23	18	17	H4

续表

患者编号	肝气郁结证得分	热毒蕴结证得分	冲任失调证得分	气血两虚证得分	脾胃虚弱证得分	肝肾阴虚证得分	TNM 分期
20140179	12	34	12	16	19	5	H4
……	……	……	……	……	……	……	……
20140930	4	4	12	12	7	15	H4

应用 Apriori 关联规则算法时,要求输入和输出变量应为离散型数据,因此需要先对本案例中的变量进行数据离散化处理。即先构造新变量,再获得新的证型系数,进而使用聚类算法对数据进行离散化处理,得到用于建模型的数据。

为了更好地反映出中医证素分布的特征,采用证型系数代替具体单证型的证素得分,证型相关系数计算公式为:证型系数＝该证型得分/该证型总分。针对各种证型得分进行变量构造后的数据集见表 6-20。

表 6-20　针对各种证型得分进行变量构造后的数据表

肝气郁结证型系数	热毒蕴结证型系数	冲任失调证型系数	气血两虚证型系数	脾胃虚弱证型系数	肝肾阴虚证型系数
0.175	0.682	0.171	0.535	0.419	0.447
0.3	0.773	0.293	0.372	0.442	0.132
……	……	……	……	……	……
0.1	0.091	0.293	0.279	0.163	0.395

采用聚类算法对各个证型系数进行离散化处理,将每个变量聚成四类,离散后数据见表 6-21 至表 6-26。

表 6-21　肝气郁证型系数离散表

范围标识	肝气郁结证型系数范围	范围内元素的个数
A1	(0,0.179]	244
A2	(0.179,0.258]	355
A3	(0.258,0.35]	278
A4	(0.35,0.504]	53

表 6-22　热毒蕴结证型系数离散表

范围标识	热毒蕴结证型系数范围	范围内元素的个数
B1	(0,0.15]	325
B2	(0.15,0.296]	396
B3	(0.296,0.485]	180
B4	(0.485,0.78]	29

表 6-23 充任失调证型系数离散表

范围标识	冲任失调证型系数范围	范围内元素的个数
C1	(0,0.201]	296
C2	(0.201,0.288]	393
C3	(0.288,0.415]	206
C4	(0.415,0.61]	35

表 6-24 气血两虚证型系数离散表

范围标识	气血两虚证型系数范围	范围内元素的个数
D1	(0,0.172]	283
D2	(0.172,0.251]	375
D3	(0.251,0.357]	228
D4	(0.357,0.552]	44

表 6-25 脾胃虚弱证型系数离散表

范围标识	脾胃虚弱证型系数范围	范围内元素的个数
E1	(0,0.154]	285
E2	(0.154,0.256]	307
E3	(0.256,0.375]	244
E4	(0.375,0.526]	94

表 6-26 肝肾阴虚证型系数离散表

范围标识	肝肾阴虚证型系数范围	范围内元素的个数
F1	(0,0.178]	200
F2	(0.178,0.261]	237
F3	(0.261,0.353]	265
F4	(0.353,0.607]	228

经数据预处理后,得到用于建模的数据,见表 6-27。

表 6-27 建模数据集

肝气郁结证型系数	热毒蕴结证型系数	冲任失调证型系数	气血两虚证型系数	脾胃虚弱证型系数	肝肾阴虚证型系数	TNM 分期
A1	B4	C1	D4	E4	F4	H4
A3	B4	C3	D4	E4	F1	H4
……	……	……	……	……	……	……
A1	B1	C3	D3	E2	F4	H4

6.2.4.3 基于 Apriori 算法构建关联规则模型

(1)模型构建

依据本案例的分析目标:采用 Apriori 关联规则算法挖掘乳腺癌患者的 TNM 分期与中医症结之间的关系。关联规则算法用于确定数据集中项与项之间的关联关系,解释了它们之间的位置关系,利用这种统计规律从一个变量的信息推断另一个变量的信息。当置信度、支持度等关联规则的评价指标满足一定条件时,认为这些关联规则是显著有效的。

概括来看,应用 Apriori 关联规则算法的步骤是:先设置模型的最小支持度、最小置信度等阈值,接着输入数据构建 Apriori 关联规则算法,根据设定的阈值,筛选出符合标准的规则。若所有的规则都不符合标准,就需要重新设定阈值。本案例为了保证数据分析的准确性和精度,核定关联规则的最小支持度为 6%,最小置信度为 75%。

(2)模型分析

根据上述运行结果,我们得出了 5 个关联规则,如 A3-F4-H4 表示 A3,F4=>H4,类似的,D2-F3-H4-A2 的意思是 D2,F3,H4=>A2。但是,并非所有关联规则都是有意义的,只需关注那些以 H 为规则结果的规则,见表 6-28。

表 6-28 关联规则表

X			X=>Y	
规则编号	范围标识 1	范围标识 2	支持度(%)	置信度(%)
1	A3	F4	7.85	87.96
2	C3	F4	7.53	87.5
3	B2	F4	6.24	79.45

每个关联规则都可以表示成 X=>Y,其中 X 表示各个证型系数范围标识组合而成的规则,Y 表示 TNM 分期为 H4 期。A3 表示肝气郁结证型系数处于 (0.258,0.35]范围内的数值,B2 表示热毒蕴证型系数处于(0.15,0.296]范围内的数值,C3 表示冲任失调证型系数处于(0.288,0.415]范围内的数值,F4 表示肝肾阴虚证型系数处于(0.353,0.607]范围内的数值。

对关联规则进行分析,可以得到以下结论。

• A3、F4=>H4 支持度最大,达到 7.85%,置信度最大,达到 87.96%,说明肝气郁结证型系数处于(0.258,0.35],肝肾阴虚证型系数处于(0.353,0.607]范围内,TNM 分期诊断为 H4 期的可能性为 87.96%,而这种情况发生的可能性为 7.85%。

- C3、F4=>H4 支持度 7.53%,置信度 87.5%,说明冲任失调证型系数处于(0.288,0.415],肝肾阴虚证型系数处于(0.353,0.607]范围内,TNM 分期诊断为 H4 期的可能性为 87.5%,而这种情况发生的可能性为 7.53%。
- B2、F4=>H4 支持度 6.24%,置信度 79.45%,说明热毒蕴结证型系数处于(0.15,0.296],肝肾阴虚证型系数处于(0.353,0.607]范围内,TNM 分期诊断为 H4 期的可能性为 79.45%,而这种情况发生的可能性为 6.24%。

综合以上分析,TNM 分期为 H4 期的三阴乳腺癌患者证型主要为肝肾阴虚证、热毒蕴结证、肝气郁结证和冲任失调,H4 期患者肝肾阴虚证和肝气郁结证的临床表现较为突出,其置信度最大达到 87.96%。对于模型结果,从医学角度进行分析,古今医家皆认为乳腺癌的形成与"肝气不舒郁积而成"有关,心理学中抑郁内向的 C 型人格特征也被认为是肿瘤发生的高危因素之一,所以 IV 期三阴乳腺癌患者多有肝气郁结证的表现。

(3)模型应用

模型结果表明,TNM 分期为 IV 期的三阴乳腺癌者证型主要为肝肾阴虚证、热毒蕴结证、肝气郁结证和冲任失调证。其中,IV 期患者肝肾阴虚证和肝气郁结证的临床表现较为突出,其置信度最大达到 87.96%,且肝肾阴虚证临床表现都存在。故当 IV 期患者出现肝肾阴虚证之表现时,应当选取滋补肝肾、清热解毒类抗癌中药,以滋养肝肾为补,清热解毒为攻,攻补兼施,截断热毒蕴结证的出现,为患者接受进一步治疗争取机会。由于患者多有肝气郁结证的表现,在进行治疗时需本着身心一体、综合治疗的精神,重视心理调适。一方面要在药方中注重疏肝解郁,另一方面需要及时疏导患者抑郁、焦虑的不良情绪,帮助患者建立合理的认知,树立继续治疗延长生存期的勇气。

6.3 分类方法

分类是数据分析的主要任务之一。数据分类的基本思想是构造一个模型或者分类来预测研究对象的分类属性。

分类问题其实和回归问题很像，只不过我们现在要来预测的 y 的值只局限于少数的若干个离散值。首先关注的是二值化分类问题，也就是说，要判断的 y 只有两个取值，0 或者 1。之后再扩展到多种类的情况。例如，要建立一个垃圾邮件筛选器，就可以用 x 表示一个邮件中的若干特征，如果这个邮件是垃圾邮件，y 就设为 1，否则 y 为 0。0 也可以被称为消极类别，而 1 就称为积极类别，有的情况下也分别表示成"一"和"＋"。对于给定的一个 x，对应的 y 也称为训练样本的标签。例如，银行信用等级评估中的"安全"和"风险"；客户流失分析中的"是"和"否"；上市公司财务分析中的"财务状况正常"和"财务状况异常"等等。

数据分类问题一般分为以下步骤。首先，预处理数据得到人们想要的形式；其次，将预处理后的数据随机分成训练集和测试集，分别用来训练模型参数和测试模型优劣；再次，建立分类器或者模型，使用训练集来训练模型；复次，在训练完成的模型上使用测试集来计算模型的分类准确率，并选出最好的模型；最后，利用上述过程所得的最优分类器或模型对其余未知数据进行分类预测。

目前，常用的机器学习分类方法主要包括逻辑回归、决策树、随机森林、朴素贝叶斯、支持向量机、人工神经网络等。接下来我们逐一介绍理论部分与相关案例。

6.3.1 逻辑回归

（1）逻辑回归简介

说到分类问题，就不得不说到最基本的处理模型——逻辑回归。它虽然是在做一个回归，但是因为给出的是一个 0 到 1 之间的值，所以也可以将它理解为事件发生的概率，模型输出值表示第一件事发生的概率，那么它的反面就表示第二件事发生的概率。这样，逻辑回归自然就可以处理二分类问题。

逻辑回归的主要思想是，根据现有的数据对分类边界建立回归公式，以此进行分类。这里的"回归"一词源于最佳拟合，表示要找到最佳拟合参数集。因为此处考虑的是二分类问题，所以需要找一个函数来描述这一模型，而 sigmoid 函数恰好有这一特点。sigmoid 函数具体的计算公式如下：

$$g(x) = \frac{1}{1 + e^x}$$

这个函数具有良好的性质，它将任意输出的值 x 都投射到 0 到 1 之间，因此可以将它理解为一个概率值。

图 6-24 给出了 sigmoid 函数的图像。当 x 为 0 时，sigmoid 函数值为 0.5，随着 x 的增大，对应的 sigmoid 值就逼近 1；随着 x 的减小，sigmoid 值将逼近 0。因此，为了实现逻辑回归分类器，可以在每个特征上都乘以一个回归系数，然后把这个所有结果值相加，将这个和带入 sigmoid 函数中，进而得到一个在 0 到 1 之间的数值。任意大于 0.5 的数据被归入 1 类，小于 0.5 的数据即被归入 0 类。所以，逻辑回归可以被看作一种概率估计。过程如下：

$$g(\theta^T x) = \frac{1}{1 + e^{-\theta^T x}}$$

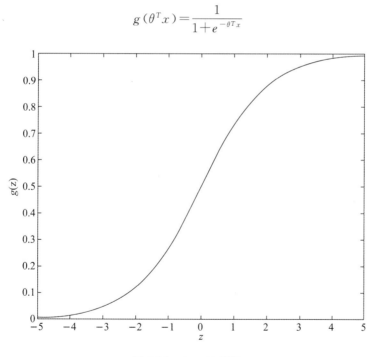

图 6-24　sigmoid 函数

确定好分类器的函数形式之后，就需要确定其中的参数最佳值是多少。这里对数据提出一些基本假设，然后使用最小二乘法回归与最大似然估计来推导，那么接下来就给这个分类模型做一系列的统计学假设，最后用最大似然法来拟合参数。

首先假设：

$$P(y=1|x;\theta)=h_\theta(x)$$
$$P(y=0|x;\theta)=1-h_\theta(x)$$

更简洁的写法是：

$$P(y|x;\theta)=(h_\theta(x))^y\ (1-h_\theta(x))^{1-y}$$

假设 m 个训练样本都是各自独立生成的，那么就可以按如下的方式来写参数的似然函数：

$$L(\theta)=p(y\mid X;\theta)$$
$$=\prod_{i=1}^{m}p(y^{(i)}\mid x^{(i)};\theta)$$
$$=\prod_{i=1}^{m}(h_\theta(x^{(i)}))^{y^{(i)}}\ (1-h_\theta(x^{(i)}))^{1-y^{(i)}}$$

化简为：

$$l(\theta)=\log L(\theta)$$
$$=\sum_{i=1}^{m}(y^{(i)}\log(h_\theta(x^{(i)}))+(1-y^{(i)})\log(1-h_\theta(x^{(i)})))$$

怎么让似然函数最大？用梯度上升法。即为：

$$\theta:=\theta+a\ \nabla_\theta l(\theta)$$

回到这里，注意更新方程中用的是加号而不是减号，是因为现在是在找一个函数的最大值，而不是找最小值。先从只有一组训练样本 (x,y) 来开始，然后求导数来推出随机梯度上升规则：

$$\frac{\partial}{\partial\theta_j}l(\theta)=(y\ \frac{1}{g(\theta^T x)}-(1-y)(1-\frac{1}{g(\theta^T x)}))\frac{\partial}{\partial\theta_j}g(\theta^T x)$$
$$=\left(y\ \frac{1}{g(\theta^T x)}-(1-y)\left(1-\frac{1}{g(\theta^T x)}\right)\right)g\ (\theta^T x)\ (1-g\ (\theta^T x))$$
$$\frac{\partial}{\partial\theta_j}\theta^T x$$
$$=(y((1-g(\theta^T x))-(1-y)g(\theta^T x))x_j$$
$$=(y-h_\theta)x_j$$

上面的式子中，用到了对函数求导的定理 $g'(z)=g(z)(1-g(z))$。然后就得到了随机梯度上升规则：

$$\theta_j=\theta_j+a(y^{(i)}-h_\theta(x^{(i)}))x_j^{(i)}$$

这里,我们就可以求解出模型中的参数,完成了模型的求解。

(2)逻辑回归建模步骤

概括来看,利用逻辑回归模型进行分类的步骤是:

1)依据分析目标,设定模型的因变量和自变量;

2)写出模型的线性回归方程,并估计模型中的各个参数;

3)对模型的拟合程度以及各变量进行显著性检验,确定最优模型;

4)依据拟合模型计算每个观测值的拟合概率并进行分类预测。若拟合概率大于 0.5,则分类结果为 $Y=1$;若拟合概率小于 0.5,则分类结果为 $Y=0$。

需要指出的是,在大多数情况下若无明确说明,则建议取 0.5 作为分类的分割点。对于逻辑回归模型分类正确率的评价标准是,设在一个大小为 n 的样本中,$Y=1$ 的样本有 n_1 个,$Y=0$ 的样本有 n_2 个,则可以以 $\max(n_1/n, n_2/n)$ 作为分类正确率的评价基准。只要检验集中的分类正确率大于基准率,就可以认为拟合的逻辑模型是有效的。

(3)逻辑回归小结

不难发现,逻辑回归模型很容易实现二分类的任务。其计算代价不高,且容易理解和实现;但同时容易出现过拟合的问题,导致分析精度可能不高。此外,逻辑回归对数据类型的要求也是很高的,必须是数值型的数据,所以对于文字类数据就一筹莫展。而对于文字类的数据进行分类,接下来的决策树模型就给出了一个很好的答案。

6.3.2 决策树

(1)决策树简介

决策树是一种基本的分类和回归的方法。前面在逻辑回归模型中,提到逻辑回归不能很好地处理文字类数据的分类问题,而决策树模型就很好地解决了这个问题。决策树模型呈树形结构,在分类问题中,表示基于特征对实例进行分类的过程。它可以认为是 if-then 规则的集合,也可以认为是定义在特征空间和类空间上的条件概率分布。

决策树,即最终得出一个树状结构图作为人们想要的分类器,如图 6-25 所示。

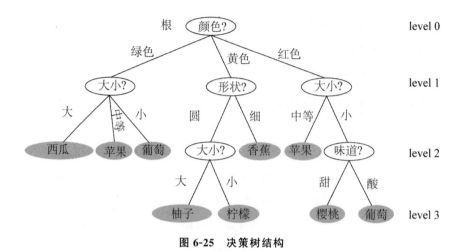

图 6-25　决策树结构

　　先解释这个图的含义,在后面的算法部分,再解释如何根据已有的数据实现这个图。

　　首先根据数据对其分类。图中的数据特征有颜色、大小、形状、味道等,水果的种类有西瓜、苹果、葡萄、香蕉、柚子、柠檬、樱桃等,图从上到下分为四个等级。当任意给定一个数据时,根据决策树,可以看出它的颜色是什么。若为黄色,则进入第二等级,进一步判断它的形状。若形状为圆时,同样进入下一等级判断。若大小属性为小,那么就判定出这个水果是柠檬。这便是决策树所给出的答案。通过这一过程,可以发现数据并不是数值型的,而是文字型的,这样的一个模型很好地实现了逻辑回归不能做的分类问题。

　　下面对图中决策树的一些术语进行解释,以便进行后面的算法介绍。从图中可以看出,决策树是一种树状结构,能够自上而下构建。最上面的节点(颜色)称为根节点,中间的五个节点(大小、形状、味道)为非叶节点,也称中间节点,最下面的判断结果为叶节点(终节点)。构造决策树的核心就是在每一步如何选择适当的属性对训练集样本进行拆分。构建决策树之后,任何人都能根据决策树对未知的数据进行分类。依据不同的分割方法可以得到不同的决策树。下面将介绍如何进行决策树的特征选择。

　　决策树的学习算法主要包括三部分:特征选择、树的生成和树的剪枝,主要算法是 ID3、C4.5 与 CART。在此按照顺序依次介绍。

　　(2)特征选择——ID3 算法

　　决策树的特征选择主要是基于准则来选择的。不同的准则有自己的优缺点,从而得到的符合自己准则的最优决策树自然有一些差别。最常用的准则是 ID3。

因为 ID3 是建立在熵的理念之上。在信息学与概率统计中，熵是表示随机变量不确定性的一个度量。设 X 是一个取值有限个值的离散随机变量，其概率分布为：

$$P(X=x_i)=p_i, i=1,2,\cdots,n$$

则随机变量 X 的熵定义为：

$$H(X)=-\sum_{i=1}^{n} p_i \log p_i$$

为了简便，也可以直接写成：

$$H(P)=-\sum_{i=1}^{n} p_i \log p_i$$

可以发现：当 $p=0$ 或者 $p=1$ 时，熵为 0，此时表示随机变量完全没有不确定性；而 $p=0.5$ 时，熵达到最大值，此时表示随机变量的不确定性最大。在此基础上，可以定义条件熵。随机变量 X 在给定条件下随机变量 Y 的条件熵为 $H(Y \mid X)$，定义为 X 给定条件下 Y 的条件概率分布的熵对 X 的数学期望：

$$H(Y \mid X)=\sum_{i=1}^{n} p_i H(Y \mid X=x_i)$$

而 ID3 算法提出，我们希望做出一个节点的判断后，获得信息收益是最大的。做出这次判断是最明智的选择，也就是说，该节点选择某一特征进行划分是最合理的。这里定义信息增益为 $g(D,A)$，它表示集合 D 的熵 $H(D)$ 与特征 A 在给定条件下 D 的条件熵之差，即为：

$$g(D,A)=H(D)-H(D \mid A)$$

总结一下，根据信息增益准则的特征选择方法即为：对训练集合 D，计算每个特征的信息增益，并比较它们的大小，选择信息增益最大的特征。对应的建模过程如下：

输入：训练数据集合 D，特征集 A，阈值 e；

输出：决策树 T。

1）若 D 中所有实例都属于同一类，那么决策树 T 为单节点树，并将该类作为该节点的类标记，返回 T；

2）若集合 A 为空集，决策树同样为单节点树，并将 D 中实例数最大的类作为该节点的类标记，返回 T；

3）否则，按照信息增益的思想，计算 A 中各个特征对 D 的信息增益，选择信息增益最大的特征 A_g 进行再一次分类；

4)若 A_g 特征的信息增益小于阈值 e,则直接置决策树 T 为单节点树,并将 D 中实例最大的类作为该节点的类标记,返回 T;

5)否则,对于 A_g 的每一可能值 a_i,依据 $A_g = a_i$ 将 D 分割为若干非空子集 D_i,将 D_i 中实例数最大的类作为标记,构建子节点,由节点与子节点构成决策树 T,返回 T;

6)对第 i 个子节点,以 D_i 为训练集,以 $A - \{A_g\}$ 为特征集,递归调用前面五步,得到子树 T_i,返回 T_i。

否则对 D 中的数据进行划分,构建子节点,一直到集合中所有数据归类完毕,最终得到决策树。

(3)特征选择——C4.5 算法

由于 ID3 算法在选择特征时会倾向选择特征类多的进行优先分类,所以 C4.5 算法对其进行改进。其最大的特点在于它是以信息熵和信息增益比作为分割依据来选择最优分割点。

在前面的基础上,我们只需要解释信息增益比的含义。特征 A 对训练数据集 D 的信息增益比 $g_R(D,A)$ 定义为其信息增益 $g(D,A)$ 与训练数据集 D 关于特征 A 的值的熵 $H_A(D)$ 之比,即:

$$g_R(D,A) = \frac{g(D,A)}{H_A(D)}$$

其中:

$$H_A(D) = -\sum_{i=1}^{n} \frac{D_i}{D} \log_2 \frac{D_i}{D}$$

其中,n 是特征 A 取值的个数。

对应的建模过程如下:

输入:训练数据集合 D,特征集 A,阈值 e;

输出:决策树 T。

1)若 D 中所有实例都属于同一类,那么决策树 T 为单节点树,并将该类作为该节点的类标记,返回 T;

2)若集合 A 为空集,决策树同样为单节点树,并将 D 中实例数最大的类作为该节点的类标记,返回 T;

3)否则,按照信息增益比的思想,计算 A 中各个特征对 D 的信息增益比,选择信息增益比最大的特征 A_g 进行再一次分类;

4)若 A_g 特征的信息增益比小于阈值 e,则直接置决策树 T 为单节点树,并将

D 中实例最大的类作为该节点的类标记,返回 T;

5)否则,对于 A_g 的每一可能值 a_i,依据 $A_g = a_i$ 将 D 分割为若干非空子集 D_i,将 D_i 中实例数最大的类作为标记,构建子节点,由节点与子节点构成决策树 T,返回 T;

6)对第 i 个子节点,以 D_i 为训练集,以 $A - \{A_g\}$ 为特征集,递归调用前面五步,得到子树 T_i,返回 T_i。

否则对 D 中的数据进行划分,构建子节点,一直到集合中所有数据归类完毕,最终得到决策树。

(4)特征选择－CART 算法

CART 决策树方法是统计学家里奥·布莱曼(Leo·Breiman)在 1984 年提出的一种用于分类算法的决策树方法。CART 决策树分为分类树和回归树,当因变量 Y 为分类变量的情况时为分类树,当因变量 Y 为连续变量的情况时为回归树。

CART 决策树的优点体现在以下几个方面:

1)只能建立二叉树,即在每个非叶节点上有且只有两个分支;

2)利用 Gini 系数作为分割样本时的主要依据;

3)对于自变量和因变量不做任何形式的分布假定;

4)不受异常值、缺失值、变量共线性、异方差等问题的影响;

5)能够有效处理高维变量问题,即利用大量变量中的最重要信息得到有用的结论。

建立 CART 决策分类树的步骤如下:

1)树的生长。在根节点,数据是不纯的(原始数据中各属性类别混杂,一个样本的不纯度越小,说明它的样本越纯)。通过确定一个节点的不纯度以确定最佳的分割节点。CART 树采用 Gini 系数计算不纯度,即

$$\sum_{i=1}^{k} p(i \mid t)\{1 - p(i \mid t)\}$$

对每一个变量的所有可能产生的分割计算 $\Delta i(s,t) = i(t) - p_L[i(t_L)] - p_R[i(t_R)]$,以确定每个变量的最优分割点。在对所有变量比较它们确定的最优分割点,选择最大的 $\Delta i(s,t)$ 作为根节点的分割变量。

2)依次重复以上步骤,最终使每个叶节点只有一类或有很少的样本。

3)树的剪枝。一棵较大的树会产生过拟合问题,且不易理解。因而,需要对树进行剪枝,使其在复杂度和精确度之间权衡。CART 决策树的剪枝主要从最大的树自下而上剪枝。剪枝利用交叉验证和复杂性损失相结合的方式进行。最优的

CART 树应使最小交叉验证损失在一个标准差之内。

(5)决策树小结

决策树主要分为特征选择、生成与修枝。前面算法中,我们介绍了特征选择的方式。

决策树的生成,通常使用信息增益最大、信息增益比最大或基尼指数最小作为特征选择的准则。决策树的生成往往通过计算信息增益或其他指标,从根节点开始,递归产生决策树。这相当于用信息增益或其他准则不断地选取局部最优的特征,或将训练集分割为能够基本正确分类的子集。

决策树的修枝,由于生成的决策树存在过拟合问题,需要对它进行修枝以简化生成的决策树。决策树的修枝,往往从已生成的树上剪掉一些叶节点或以上的子树,并将其父节点或根节点作为新的叶节点,从而简化生成的决策树。

最后,决策树能很好地处理多种数据的分类问题。它的主要特点是模型具有可读性,分类速度快。学习时,利用训练数据,根据损失函数最小化原则建立决策树模型。预测时,对新的数据,利用决策树模型进行分类。当然,决策树也有自己的缺点。一棵决策树给出的结果判断不一定有说服力,要是对于同一数据集合做多个决策树,综合它们给出的结果,这样效果可能会更好。这便是后续的随机森林模型。

6.3.3 随机森林

(1)随机森林简介

前面介绍的决策树模型在本质上都是单个预测器。其最大的问题是不稳定,即当训练样本集合有很小的波动或变化时,由此生成的分类器会有较大变化。随机森林算法可以有效克服这一缺陷。简单地说,随机森林模型由数以百计的决策树模型组合而成,由此得到的分类结果更准确、更稳健。

实现随机森林算法的步骤是:

1)利用 Bootstrap 重抽样方法从 N 个原始训练样本中抽取 n 个子样本(n<N),且每个样本的容量都与原始训练集中的样本个数相同。

2)对 n 个样本建立 n 棵 CART 决策树模型,且每棵决策树都允许充分生长而不做剪枝。

3)将 n 棵决策树的分类结果进行汇总,分类决策如下式:

$$H(x) = \arg\max_Y \sum_{i=1}^{k} I(h_i(x) = Y)$$

$H(x)$表示组合分类模型,是单个决策树分类模型,Y表示输出变量(目标变量),$I(.)$是示性函数,图 6-26 为随机森林的一个过程略图。

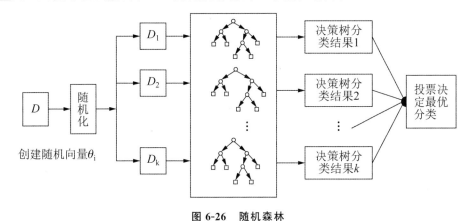

图 6-26 随机森林

应用随机森林算法进行分类预测时需要注意以下三点:

1)随机森林算法的分类精度不会随着 CART 决策树(弱分类器)数量的增加而提高。通常 $300\sim500$ 棵决策树的组合是适宜的。

2)随机森林的分类精度与每棵决策树的分类精度以及决策树之间的相关度有密切关系。通常,决策树之间相关系数越低、每棵决策树分类精度越高的随机森林模型的分类效果越好。

3)由于采用 Bootstrap 自助抽样法获取多个样本子集,因此随机森林算法对异常值和缺失值等噪声数据具有较好的容忍度。

(2)随机森林小结

随机森林算法提出用多个分类器组成一个大的分类器。相比其他决策树分类模型,随机森林算法具有显著优点。

使用袋外估计(Out-of-Bag,简称 OOB)评价模型的分类误差。袋外估计,是指当随机森林模型利用 Bootstrap 抽样法抽取样本时,原始训练集中会有接近 37% 的样本不会出现在 Bootstrap 样本中,这些数据被称作袋外数据(out-of-bag),可以直接用于检验模型的分类精度(相当于测试集或检验集)。每一棵利用 Bootstrap 法构造的决策树都可以得到一个 OOB 误差估计,对所有决策树的 OOB 估计取平均就可以得到随机森林模型的一个泛化误差估计。

变量重要性的度量。相比决策树,随机森林模型不能直接给出决策树的决策规则,即无法给出模型的显性表达式。但它可以度量各个输入变量的重要性,这有助于处理经济金融或生命科学中的高维变量问题。其基本思想是对某个变量加入一定的噪声后,利用 OOB 数据测试其 OOB 误差估计,若 OOB 误差出现显著变化,则说明该变量是一个重要变量,会显著影响目标对象。

随机特征选取。这是指随机森林模型在构建每棵决策树时,可以随机选择输入变量。假设共有 T 个变量,则从这 T 个变量中以无放回的抽样方法随机选择 t 个(t<T)变量作为决策树生长的变量,这样单棵决策树在分割点的分割只考虑这 t 个变量。随机特征数(输入变量的个数)都会对单棵树的精度、决策树之间的相关度和随机森林模型的分类精度有直接影响。对于小样本集合(N<1000),随机特征数增加时,单棵决策树的分类精度基本不变而相关系数会增加,随机森林模型的 OOB 误差会增加;对于大样本集合(N>4000),随机特征数增加时,单棵决策树的分类精度和相关性都会增加,随机森林模型的 OOB 误差会下降。

6.3.4 朴素贝叶斯

朴素贝叶斯是以概率论为基础的分类方法。它假定一个属性分类值对给定类的影响独立于其他属性值,故称为"朴素",反映了其条件独立的特性。朴素贝叶斯分类方法的基本思想是,对于给出的待分类项,求解在此项出现的条件下各个类别出现的概率,哪个最大,就认为此待分类项属于哪个类别。

设对于二分类问题,在给定的自变量 $X(x_1,\cdots,x_p)$ 和分类型因变量 $Y(Y=1,Y=0)$ 下,分别计算概率 $P(Y=1|X_1=x_1,\cdots,X_p=x_p)$ 和 $P(Y=0|X_1=x_1,\cdots,X_p=x_p)$,若前者大于后者,则属于类别 $Y=1$;反之,属于类别 $Y=0$。

(1)贝叶斯定理

设自变量为 $X(x_1,\cdots,x_p)$,因变量为属性类别 $Y(y_1,\cdots,y_c)$。记 $P(Y|X)$ 为后验概率。例如,设 $X(x_1,\cdots,x_p)$ 表示某客户的年龄、性别、收入等个人特征或消费行为,$Y(y_1,\cdots,y_c)$ 表示该客户是否会流失。则后验概率 $P(Y|X)$ 表示在给定该客户个人特征条件或消费行为条件下,是否流失的概率。记 $P(Y)$ 为先验概率,表示该公司客户在不考虑其个人特征或消费行为情况下是否流失的概率。同理,$P(X|Y)$ 表示在已知客户是否流失的条件下,其具有特定个人特征或消费行为的概率。基于此,贝叶斯定理为:

$$P(Y|X)=\frac{P(Y)P(X|Y)}{P(X)}$$

还需要强调的是,朴素贝叶斯中的"朴素"是指在计算 $P(X|Y)$ 时,做出各特征属性条件独立的假定,以降低计算的复杂度,即:

$$P(x \mid y_i)P(y_i) = P(x_1 \mid y_i)P(x_2 \mid y_i)\cdots P(x_p \mid y_i) = P(y_i)\prod_{j=1}^{p}P(x_j \mid y_i)$$

（2）朴素贝叶斯建模步骤

基于贝叶斯定理的思想，朴素贝叶斯分类方法的基本思想可以表述为：若 $P(Y_i \mid X) > P(Y_j \mid X)$，则属于类别 i；若 $P(Y_i \mid X) < P(Y_j \mid X)$，则属于类别 j。

基于此，朴素贝叶斯分类方法的建模步骤是：

1）设定原始数据集中的自变量 $X(x_1,\cdots,x_p)$ 和因变量 $Y(y_1,\cdots,y_c)$，并获取训练集样本。

2）根据贝叶斯定理，对于因变量中的 c 个类别属性，在给定 $X(x_1,\cdots,x_p)$ 的条件下计算具有最高后验概率 $P(Y_j \mid X_1=x_1,\cdots,X_p=x_p)$ 的属性类别 $Y(y_1,\cdots,y_c)$。

3）依据贝叶斯定理计算结果做出分类判断：若 $P(Y_i \mid X) > P(Y_j \mid X)$，则属于类别 i；若 $P(Y_i \mid X) < P(Y_j \mid X)$，则属于类别 j。

（3）朴素贝叶斯分类示例

下面以一个简单的例子说明，即使是对大量的训练数据集，朴素贝叶斯分类也是一个简单的计算过程。已知一个包含 7 个样本的小数据集，共有 4 个变量，分别记为 X_1、X_2、X_3 和类别 C，见表 6-29。计划预测新样本 $X=\{1,2,2,\text{class}=?\}$，对于每一个样本，$X_1$、$X_2$ 和 X_3 为自变量，Y 为因变量，即分类变量。

表 6-29 贝叶斯样本数据

样本	X_1	X_2	X_3	Y
1	1	2	1	1
2	0	0	1	1
3	2	1	2	2
4	1	2	1	2
5	0	1	2	1
6	2	2	2	2
7	1	0	3	1

由于只有两个类别，因而只需要计算 $P(X \mid Y)P(Y)$ 中 $Y=1$ 和 $Y=2$ 两种情况下的最大值即可。首先，计算每个类的先验概率 $P(C_i)$，基于训练数据集可知：

$$P(Y=1)=4/7$$
$$P(Y=2)=3/7$$

然后，用训练集计算新样本 $X=\{X_1=1,X_2=2,X_3=2,Y=?\}$ 每个属性值的条件概率：

$$P(X_1=1 \mid C=1)=2/4$$

$$P(X_1=1 \mid C=2)=1/3$$

$$P(X_2=2 \mid C=1)=1/4$$

$$P(X_2=2 \mid C=2)=2/3$$

$$P(X_3=2 \mid C=1)=1/4$$

$$P(X_3=2 \mid C=2)=2/3$$

在假设各变量相互独立的条件下,条件概率 $P(X \mid Y)$ 为:

$$P(X \mid Y=1)=P(X_1=1 \mid Y=1) \times P(X_2=2 \mid Y=1) \times P(X_3=2 \mid Y=1)$$

$$=0.5 \times 0.25 \times 0.25$$

$$=0.03125$$

$$P(X \mid Y=2)=P(X_1=1 \mid Y=2) \times P(X_2=2 \mid Y=2) \times P(X_3=2 \mid Y=2)$$

$$=0.33 \times 0.66 \times 0.66$$

$$=0.14375$$

最后,用先验概率乘以条件概率:

$$P(Y=1 \mid X)=P(X \mid Y=1)P(Y=1)=0.03125 \times 0.5714=0.0179$$

$$P(Y=2 \mid X)=P(X \mid Y=2)P(Y=2)=0.14375 \times 0.4286=0.0616$$

因为 $P(Y=1 \mid X) < P(Y=2 \mid X)$,所以认为新样本属于 $Y=2$ 这个类别。

需要注意的是,朴素贝叶斯分类器的分类效果在很大程度上取决于各变量之间条件独立的程度。若各变量之间确实条件独立,则朴素贝叶斯分类器的分类效果好;若各变量之间不完全条件独立,则朴素贝叶斯分类器的分类效果有待检验。

6.3.5 支持向量机

(1)支持向量机介绍

支持向量机(Support Vector Machine,SVM)是由万普尼克(Vapnik)等人在1992 年提出的一种新的分类方法。在 2013 年神经网络算法复苏之前,支持向量机一直都是最好的分类方法。

在此先了解一下支持向量机可以做出什么样的分类效果,如此,也明白支持向量机强大的地方。

首先,对于数据具备线性可分的假设,支持向量机帮助人们找到一个最优的分类器,将数据完美地分开,从而实现分类任务。

从图 6-27 中可以看到,实际上给出了两个分类器 A、B。因为 A 将所有的点分开得更完美,所以模型给出的是 A,而不是 B。假设分类器是一个人,他希望将数据两边尽可能地分开,所以尽力地张开双臂,以图扩大中间的空间,最终在不断"支撑"开的过程中,得到最优的分类器 A。而边界上的这些点就决定了你的手臂能撑开多少,当不能再继续撑开时,你的手臂即称为支持向量。这就是支持向量机的命名来源。当然,现实中的数据往往就是不可线性划分的,这也是支持向量机的另一部分。

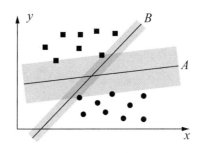

图 6-27　分类器

当数据不是线性可分时,支持向量机等理论提出可以采用一定的手段,把低维中不可分的数据,投射到高维空间,就可以实现数据的可分。这个手段,我们称为核技巧(如图 6-28 所示)。

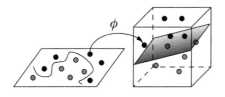

图 6-28　核技巧

假设一个人用力拍了一下桌子,桌上凌乱的花生仁和花生壳(如图 6-28 左图)全部飞到空中(如图 6-28 右图),因花生壳轻,空气阻力小,浮在花生仁上面,此时,它们是线性可分的。原本桌上凌乱的两种花生是线性不可分的数据,而使用力气拍桌子是核技巧,花生从二维桌面到三维空中的过程就是数据从低维到高维的投射过程。自然,用多少的力气拍桌子就成了关键,而这部分内容与如何求解最优分类器 A 理论已经得到完全的保障。台湾大学林智仁(Lin Chih-Jen)教授等开发了基于 Matlab 的包实现支持向量机的各个过程——LIBSVM。接下来,本节给出数学上的一些说明与建模过程,更多地介绍支持向量机。

(2)支持向量机建模步骤

支持向量机通过搜索最大间隔分离超平面来实现分类,并期望具有较大间隔的超平面对测试集或者未知分类的数据集比具有较小间隔的超平面更准确。也就是找到你的手臂撑开最大时,你所在的位置(称为超平面),而手臂长度即为最大间隔。下面结合图例给出数学解释与建模过程。图 6-29 是支持向量机的实现过程,图中标注了基本信息以表述实现过程。

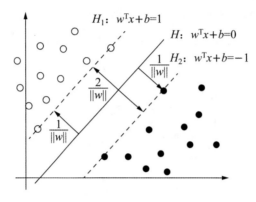

图 6-29 支持向量机

首先,设定超平面,即人准备张开手臂的起始位置。记用于分离的超平面 H 为:

$$w^T x + b = 0$$

其中:

$$w^T = (w_1, w_2, \cdots, w_n)$$

表示权重向量,n 是数据 x 的维数,b 称为偏置。此时,数据完全可分,我们将两类点对应的类别分别记为 1 和 -1,分别表示正样本和负样本。

正样本都位于超平面 H 的上方,且满足:

$$w^T x + b > 0$$

负样本都位于超平面 H 的下方,且满足:

$$w^T x + b < 0$$

其次,确定支持向量,即手臂的张开情况。在此设定分类器 H 的边缘,分别为:

$$H_1 : w^T x + b = 1$$

$$H_2 : w^T x + b = -1$$

其中,对于正样本点,若位于 H_1 上,就是人手臂的边缘。支持向量的长度就是手臂长度,可以求解出来。求解这个长度的最大值,其实就唯一对应了一组 w。对于其他不在手臂的边缘点,它们对于最后 w 的取值是没有影响的。这类点因为都在边界之上了,所以都满足:

$$w^T x + b > 1$$

同理,对于负样本也是如此,负边界以下的点都满足:

$$w^T x + b < -1$$

接着,确定最大间距的计算公式,即求手臂长度。这其实是一个带约束的最优化问题,涉及凸优化理论。这里直接给出最后的结果。我们希望最小化$\|w\|$。可以利用训练集合数据得到最大间距时的决策边界:

$$d(X^T) = \sum_{i=1}^{l} y_i a_i X_i X^T + b_0$$

其中,y 表示支持向量的属性分类,X^T 表示检验集,a 和 b 是由优化或支持向量机算法自动确定的数值参数,l 是支持向量的个数。需要注意的是,支持向量机算法的复杂性不在于数据中变量的维数,而取决于确定的支持向量个数。这就是支持向量机算法不容易出现过拟合问题的本质原因。

以上步骤适用于线性可分的数据分类情况。对于数据线性不可分的情况,无法找到一条将这些属性分类分开的直线。此时,将线性支持向量机扩展到非线性支持向量机的步骤是:首先,用非线性映射将原始的数据投射到高维空间。其次,在新的空间搜索线性分离超平面。在新空间找到的最大间隔超平面对应于原低维空间的非线性的分离超平面。

(3)支持向量机小结

至此,上文简单介绍了支持向量机的来源、功能与实现过程等。支持向量机的基本思想是,使用一种非线性映射将训练集数据映射到高维上,在新的维度上搜索一个最佳的线性超平面,不同类别的数据总能被超平面分开。

不难发现支持向量机的几大优点,就是其对非线性数据的划分能力是强大的,对于分类问题的处理是高度准确的,而且不容易出现过拟合问题。基于这些优点,从 20 世纪末到 2013 年之前,支持向量机在分类问题领域都得到一致认可。有利必有弊,实现这么多功能也就使得模型参数众多,大型问题上参数千万级别。此时,即使是最快的支持向量机模型,也需要较长的训练时间。

2013 年之前,支持向量机处于有理论支持,能实现强大分类功能,但参数众多的地步;而神经网络处于没有理论支持,能实现简单分类功能,且参数众多的地步。这也就是为什么支持向量机能发展,但神经网络进入寒冬的原因。后面章节将介绍神经网络如何实现回归。

6.3.6 神经网络

前面支持向量机提到,因为其具备理论基础且能解决分类问题而优于神经网络,同时参数多是它们两者的缺陷。20 世纪,计算力不够,而实现分类需要大量的数据来训练,这些都使得神经网络发展滞后。直到 2012 年,卷积神经网络 AlexNet 很好地实现了多分类任务,同时参数量级显著下降,神经网络完成回归,人们再次开始关注。

由于神经网络已经是目前最热门的模型,本节较前面的模型做更多的介绍。

(1)神经网络介绍

1890 年,心理学家威廉·詹姆斯(William James)出版了第一部详细论述人脑结构及功能的专著《心理学原理》,他认为一个神经细胞受到刺激激活后可以把刺激传播到另一个神经细胞,并且神经细胞激活是细胞所有输入叠加的结果。同时,生物学家已经知晓了神经元的组成结构。一个神经元通常具有多个树突,主要用来接受传入信息;而轴突只有一条,轴突尾端有许多轴突末梢,可以给其他多个神经元传递信息。轴突末梢跟其他神经元的树突产生连接,从而传递信号,如图 6-30 所示。这个连接的位置在生物学上叫作"突触"。

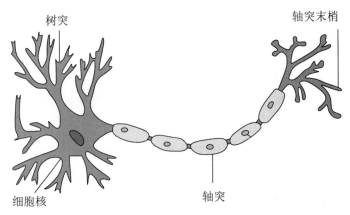

图 6-30　神经元结构

1943 年,神经学家沃伦·麦卡洛克(Warren McCulloch)和数学家沃尔特·皮茨(Walter Pitts)参考了生物神经元的结构后,发表了抽象的 M-P 神经元模型,它也是后来的感知机的基础。M-P 神经元模型(如图 6-31 所示)虽然简单,但已经建立了神经网络大厦的地基,故也被认为是人工神经网络(Artificial neural network,ANN)的起点。M-P 神经元研究,下层神经元是否有神经反应发生,由与之相连的上一层的 n 个神经元共同决定。比如,膝跳反射就是需要人们外界刺激的力度达到一定时才会发生。但在 M-P 神经元模型中的权重的值都是预先设置的,不能通过学习过程来更新。

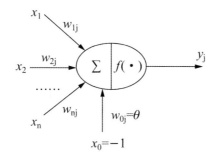

图 6-31　M-P 模型

1949 年,生理学家赫布(Hebb)出版了《行为组织学》,提出了赫布学习率并且描述了神经元权值的赫布调整规则。他指出在神经网络中,信息存储在连接权值中,并提出假设神经元 A 到神经元 B 的连接权与从 B 到 A 的连接权是相同的。人脑神经细胞的突触(也就是连接)上的强度是可以变化的。于是计算科学家们开始考虑用调整权值的方法来让机器学习。这些都为后面的学习算法奠定了基础。尽管神经元模型与赫布学习率都已诞生,但限于当时的计算机能力,直到接近 10 年后,第一个真正意义的神经网络才诞生。

1957 年,罗森布莱特(Rosenblat)提出了一个由两层神经元组成的神经网络——感知机(Perceptron)。它是当时首个可以学习的人工神经网络,也是后来的神经网络和支持向量机(Support Vector Machine,SVM)的基础。罗森布莱特现场演示了其学习识别简单图像的过程,在当时的社会引起了轰动。在科研机构的大力投入与美国军方大力资助下,神经网络迎来了接下来 10 年的高潮期。感知器在 M-P 模型基础上,提出了可以计算 w 的算法,这样一来,对于任意线性可分的数据,就可以通过学习的方法,找到 w,得到分类器实现分类如图 6-32 所示。同时因为加入了 sign 符号函数作为判别函数(激活函数),所以输出由{0,1}改成了{-1,1}。

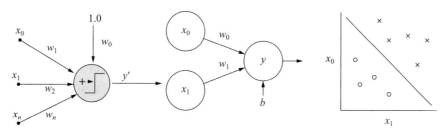

图 6-32　线性分类器

但感知器(也称单层神经网络)存在两个方面的问题:一是感知器只能做简单的线性分类任务,必须拓展到多层才能实现稍微复杂的任务;二是感知器提出的对参数的学习方法是 Widrow-Hoff 算法(梯度下降法),它也是 1986 年提出来的 BP

算法的前驱,但这种算法对于多层神经网络难以处理,这也使得神经网络在初期难以发展。当人工智能之父明斯基(Minsky)指出这点时,事态开始发生变化。

1969年,明斯基(Minsky)与派珀特(Papert)在出版的(感知器)《*Perceptron*》一书中,详细的数学证明了感知器的弱点:单层感知器模型只能解决线性分类问题且是建立在数据可分的强假设之上,并不能解决非线性问题。尤其是感知器无法解决异或问题(XOR,如图6-33所示)这样的简单分类任务。注意:能解决非线性问题的SVM是1995年科琳娜·柯蒂斯(Corinna Cortes)和万普尼克(Vapnik)首先提出的,即VC维理论。

能够求解非线性问题的网络应具有隐层,而从理论上还不能证明将感知器模型扩展到多层网络是有意义的;且其认为如果将计算层增加到两层,计算量则过大,但又没有有效的学习算法。所以,研究更深层的网络是没有价值的。

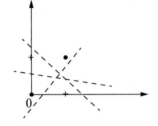

输入		输出
x_{i1}	x_{i2}	y_i
0	0	0
0	1	1
1	0	1
1	1	0

图 6-33 XOR 问题

1969—1982年,由于明斯基在学术界的地位和影响,神经网络的研究陷入了冰河期,又被称为"AI winter"。其间也有一些进展,如:格罗斯伯格(Grossberg)夫妇提出了自适应共振机理论和三个ART系统;科霍宁(Konhonen)教授提出了自组织映射(SOM)理论;日本学者福岛邦彦(Kunihiko Fukushima)的新认知机(Neocognitron)等。虽然神经网络领域的研究人员大幅度减少,但仍有为数不多的学者在困难时期坚持致力于神经网络的研究。

直到Hopfield神经网络与BP算法诞生,神经网络才进入了复兴时期。

1982年,美国加州理工学院的物理学家约翰·霍普菲尔德(John J. Hopfield)博士提出了Hopfield神经网络。Hopfield神经网络引用了物理力学的分析方法,把网络作为一种动态系统并研究这种网络动态系统的稳定性。Hopfield的文章发表重新打开了人们的思路,吸引了很多非线性电路科学家、物理学家和生物学家来研究神经网络。

1985年,辛顿(Hinton)和赛杰诺维斯基(Sejnowski)借助统计物理学的概念和方法提出了一种随机神经网络模型(Generative Stochastic Neural Network)——

玻尔兹曼机。一年后他们又改进了模型,提出了受限玻尔兹曼机(Restricted Boltzmann Machine,RBM)。这一成果使得神经网络在 20 世纪末被支持向量机打败后,在 21 世纪重新回到人们视野中。

1986 年,大卫·鲁梅尔哈特(David E. Rumelhart)以及詹姆斯·麦克兰德(James L. McCelland)研究小组发表了《并行分布式处理》,并与 Hinton、Williams 等人提出了多层感知器的误差反向传播算法(Backpropagation,BP)。它的成绩是十分显著,在此之前,虽然有了多层神经网络的结构,但是仍然无法完成参数的学习过程,而 BP 算法解决了两层神经网络所需要的复杂计算量问题,即模型参数能完成更新,从而实现了 Minsky 关于多层网络的设想,最终带动了业界使用两层神经网络研究的热潮。直到今天,BP 算法对于神经网络也是最重要的。

两层神经网络在多个地方的应用说明了其效用与价值。10 年前困扰神经网络界的异或问题被轻松解决。神经网络在此时已经可以发力于语音识别、图像识别、自动驾驶等多个领域。

但神经网络仍然存在若干问题:尽管使用了 BP 算法,一次神经网络的训练仍然耗时太久,而且困扰训练优化的一个问题就是局部最优解问题,这使得神经网络的优化较为困难;同时,隐藏层的节点数需要调参,使用不太方便。神经网络再次陷入困境。

1995 年,科琳娜·柯蒂斯和万普尼克提出支持向量机(Support Vector Machines,SVM),且该算法迅速走进人们的视野。SVM 很快就在若干个方面体现出了对比神经网络的优势:无须调参;高效;全局最优解。基于以上种种理由,SVM 迅速打败神经网络算法成为主流。直到 2006 年,基于 RBM 的 DBN 使得神经网络回归;2012 年,AlexNet 的诞生,神经网络才真正地完成逆袭。

之后在 1997 年,脸谱首席人工智能科学家杨立昆(Yann LeCun)提出了 LeNet-5,这是一个七层的卷积网络,并最终成功用于银行支票的数字识别。这也是现代深度学习网络的基础。2012 年,AlexNet 在此基础上诞生,杨立昆也被称为"卷积神经网络之父"。

此后,基于 LeNet-5 的深度学习,网络不断进化。同时,很多优化的方案被不断提出,网络变得更好。比如,激活函数从最初单层感知器模型的 sign 函数,变化为多层神经网络使用的 sigmoid 函数,接着为了解决深度学习中梯度弥散而引入的 ReLU 函数(2013 年提出);针对层数较多而导致的过拟合问题,而被提出的 Dropout、数据增强(Data-Augmentation)技术;BN 技术的引入解决了训练难的问题。

  ImageNet 项目于 2007 年由斯坦福华人教授李飞飞创办,目标在于收集大量带有标注信息的图片、数据提供计算机视觉模型训练。ImageNet 拥有 1500 万张图片,2200 类,其中大约 100 万张标注了图片中主要物体的定位边框。ImageNet 下载了互联网近 10 亿张图,使用亚马逊的土耳其机器人平台实现众包的标注过程,来自 167 个国家 5 万人一起筛选标注。

  2010 年,ILSVRC 竞赛开始创办(Large Scale Visual Recognition Challenge)。ILSVRC 比赛使用 120 万张图,包含 1000 类,最后从中选一个子集——top1/top5 作为评测指标。在 2012 年之前,比赛的冠军都是以 SVM 为基础,到 2012 年开始使用深度学习,见表 6-30。

表 6-30 图像识别 ILSVRC

郑积网络	AlexNet	VGGNet	GoogleNet	ResNet
年份	2012 冠军	2014 亚军	2014 冠军	2015 冠军
网络层数	8 层网络	19 层网络	22 层网络	152 层
top-5 错误率	16.4%	7.3%	6.7%	3.57%

  最后,用图 6-34、图 6-35、图 6-36、图 6-37 四张图总结一下神经网络。

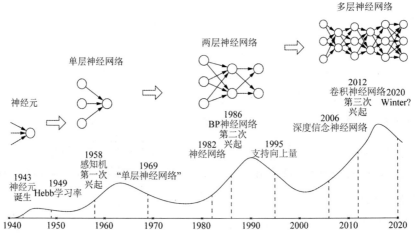

图 6-34 神经网络发展 1

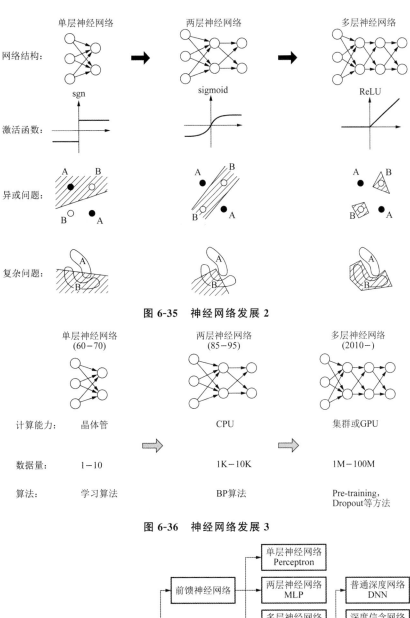

图 6-35 神经网络发展 2

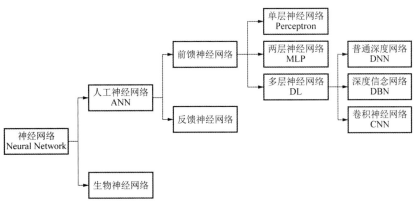

图 6-36 神经网络发展 3

图 6-37 神经网络发展 4

（2）不同结构的神经网络及其作用

神经网络经过近几年的发展，内容庞大，此处只介绍一些基本的思想理念与结构用处以引导入门。不同的神经网络结构适用于不同的任务。目前，神经网络主要分为三种结构：全连接神经网络、卷积神经网络、循环神经网络。其余的网络结构基本都是在此基础上进行微调，但主要思想仍是如此。

全连接神经网络即前一层节点与后一层节点都相连接的网络结构。这类网络能解决简单的分类问题，缺点是参数多；卷积神经网络引入卷积结构，降低参数个数，很好地实现多分类问题，也是目前图像领域用得最多的网络结构，如人脸识别、医学图像、智能驾驶等；循环神经网络主要用于解决语言类的问题。后两种是基于第一种的，接下来介绍第一种网络结构的建模过程。后续，将给出一个基于此类网络做图像识别的简单案例。

（3）神经网络的建模步骤

下面简要介绍人工神经网络的建模步骤。

这里所说的神经网络，指 BP 人工神经网络－全连接神经网络，这是基于 BP 算法的。它利用输出后的误差来估计输出层的直接前导层的误差，再用这个误差估计更前一层的误差，如此反向传播后就获得了其他所有层的误差估计。图 6-38 是一个三层的 BP 神经网络的工作原理图。

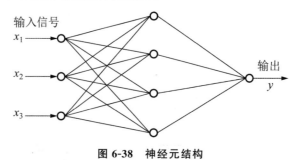

图 6-38　神经元结构

首先，设定学习次数的上限，初始化学习次数为 0，对权值和阈值赋值－1—1 的随机数。

其次，根据输入数据，网络正向传播，得到中间层和输出层的值。比较输出层和真实值的误差，用误差函数判别是否小于误差上限。若不小于，则更新中间层和输出层的权值和阈值。

最后，基于更新的权值和阈值，再次输入样本数据得到新的中间层与输出层的值，计算误差是否符合标准。

反复如此，判断学习次数是否达到指定值，若达到，则学习过程结束。

6.3.7 案例分析——公司破产概率的估计

6.3.7.1 背景与数据分析目标

诊查发现运营不良的金融商业机构是审计核查的一项重要功能,审计核查的分类失败会导致灾难性的后果,比如,美国 20 世纪 80 年代的储蓄－贷款的惨败事件。

数据分析目标:构建多元的 Logistic 回归模型,预测部分公司的破产概率。数据分析的流程包括:获取和收集数据、数据预处理、建立 Logistic 回归模型、模型检验与应用。

6.3.7.2 数据获取与预处理

本案例利用 66 家公司的一些运营的财务比率,其中有 33 家在两年后破产,另外 33 家在同期保持偿付能力。对原始数据进行数据变换处理,得到 X_1、X_2、X_3 三个变量,它们的含义及本案例数据见表 6-31 和公式。

表 6-31 公司破产数据集

行	Y	X_1	X_2	X_3	行	Y	X_1	X_2	X_3
1	0	−62.8	−89.5	1.7	34	1	43.0	16.4	1.3
2	0	3.3	−3.5	1.1	35	1	47.0	16.0	1.9
3	0	−120.8	−103.2	2.5	36	1	−3.3	4.0	2.7
4	0	−18.1	−28.8	1.1	37	1	35.0	20.8	1.9
5	0	−3.8	−50.6	0.9	38	1	46.7	12.6	0.9
6	0	−61.2	−56.2	1.7	39	1	20.8	12.5	2.4
7	0	−20.3	−17.4	1.0	40	1	33.0	23.6	1.5
8	0	−194.5	−25.8	0.5	41	1	26.1	10.4	2.1
9	0	20.8	−4.3	1.0	42	1	68.6	13.8	1.6
10	0	−106.1	−22.9	1.5	43	1	37.3	33.4	3.5
11	0	−39.4	−35.7	1.2	44	1	59.0	23.1	5.5
12	0	−164.1	−17.7	1.3	45	1	49.6	23.8	1.9
13	0	−308.9	−65.8	0.8	46	1	12.5	7.0	1.8

续表

行	Y	X_1	X_2	X_3	行	Y	X_1	X_2	X_3
14	0	7.2	−22.6	2.0	47	1	37.3	34.1	1.5
15	0	−118.3	−34.2	1.5	48	1	35.3	4.2	0.9
16	0	−185.9	−280.0	6.7	49	1	49.5	25.1	2.6
17	0	−34.6	−19.4	3.4	50	1	18.1	13.5	4.0
18	0	−27.9	6.3	1.3	51	1	31.4	15.7	1.9
19	0	−48.2	6.8	1.6	52	1	21.5	−14.4	1.0
20	0	−49.2	−17.2	0.3	53	1	8.5	5.8	1.5
21	0	−19.2	−36.7	0.8	54	1	40.6	5.8	1.8
22	0	−18.1	−6.5	0.9	55	1	34.6	26.4	1.8
23	0	−98.0	−20.8	1.7	56	1	19.9	26.7	2.3
24	0	−129.0	−14.2	1.3	57	1	17.4	12.6	1.3
25	0	−4.0	−15.8	2.1	58	1	54.7	14.6	1.7
26	0	−8.7	−36.3	2.8	59	1	53.5	20.6	1.1
27	0	−59.2	−12.8	2.1	60	1	35.9	26.4	2.0
28	0	−13.1	−17.6	0.9	61	1	39.4	30.5	1.9
29	0	−38.0	1.6	1.2	62	1	53.1	7.1	1.9
30	0	−57.9	0.7	0.8	63	1	39.8	13.8	1.2
31	0	−8.8	−9.1	0.9	64	1	59.5	7.0	2.0
32	0	−64.7	−4.0	0.1	65	1	16.3	20.4	1.0
33	0	−11.4	4.8	0.9	66	1	21.7	−7.8	1.6

其中，

$$X_1 = \frac{未分配利润}{总资产}$$

$$X_2 = \frac{支付利息税金前的利润}{总资产}$$

$$X_3 = \frac{销售额}{总资产}$$

$$Y = \begin{cases} 0, \text{若两年后破产} \\ 1, \text{若两年后仍有偿付能力} \end{cases}$$

6.3.7.3　建立 Logistic 回归模型

以是否破产作为因变量,其余变量为自变量,构建 Logistic 回归模型。与一元回归线性模型以及多元线性回归模型不同的是,对 Logistic 回归模型采用最大似然估计方法。模型估计结果见表 6-32。

表 6-32　Logistic 回归模型估计结果

变量	系数	标准误	Z 一检查	p 一值	优势比	95％置信区间	
						下限	上限
常数	-10.15	10.84	-0.94	0.349			
X_1	0.33	0.30	1.10	0.27	1.39	0.77	2.51
X_2	0.18	0.11	1.69	0.09	1.20	0.97	1.48
X_3	5.09	5.08	1.00	0.32	161.98	0.01	3.43×106
对数似然 $= -2.906$		$G = 85.683$		$d.f. = 3$		p 一值 < 0	

最终的模型为:

$$\hat{g}(X_1, X_2, X_3) = -10.15 + 0.33X_1 + 0.18X_2 + 5.09X_3$$

另外,表中第三列为模型回归系数的标准差估计,第四列和第五列是对模型回归系数的检验,用于判断模型回归系数的检验。可以看出,在 $\alpha = 0.1$ 的显著性水平下,变量 X_2 通过了检验,说明它对因变量的影响是显著的。表中第六列为对应自变量的优势比,它表示当模型中其他自变量固定不变时,该自变量每增加一个单位,与之对应的相对优势比,即 P(两年后仍具有偿付能力)$/P$(两年后破产)这一概率的比值。也就是说,在本案例中 X_2 每增加一个单位,P(两年后仍具有偿付能力)$/P$(两年后破产)会增加 $e^{0.181}$ 倍,约为 20%。

6.3.7.4　模型检验

为了考查变量组合起来后是否对解释 Logistic 模型有作用,需要检验模型各回归系数是否同时为 0,这与多元线性回归模型和一元线性模型中的模型系数检验是相通的作用。表 6-32 中的 G 统计量就起到这个作用。G 统计量近似服从卡方分布,其 p 值远小于 0.05,说明这些变量合起来时对 Logistic 回归有显著影响。

而对于模型中变量的选择,前面的检验以确定 X_1、X_2 和 X_3 这三个变量组合后具有解释能力,但是否可以从中删减部分变量以优化模型呢?这类似于变量选择问题。对此,由于 Logistic 回归模型采用最大似然法进行估计,因此若去掉其中一个变量,再重新拟合模型后,可通过新模型的似然函数值进行判断。若对数似然值没有明显变化,则可以进行删减。表 6-33 给出了剔除变量 X_3 后,利用 X_1 和 X_2 建立的新模型的拟合结果。模型删除 X_3 后,模型检验统计量为 3.66(其中 $3.66=2\times(-2.906-(-4.736)))$,由于 $3.66<3.84$(3.84 为 5% 显著水平下卡方分布对应的临界值),所以 X_3 可以去掉。

表 6-33　用 X_1 和 X_2 建立 Logistic 回归模型的估计结果

变量	系数	标准误	$Z-$检查	$p-$值	优势比	95%置信区间	
						下限	上限
常数	-0.550	0.951	-0.580	0.563			
X_1	0.157	0.0750	2.100	0.036	1.170	1.010	1.360
X_2	0.195	0.122	1.590	0.112	1.210	0.960	1.540
对数似然$=-4.736$		$G=82.024$		$d.f.=2$		$p-$值<0	

同理可以检验是否可以剔除变量 X_2,表 6-34 列出了剔除 X_2 后,利用 X_1 拟合的一元 Logistic 回归模型的拟合结果。此时检验统计量为 6.332($6.332=2\times(-4.736-(-7.902)))$,$6.332>3.84$,由于自由度为 1 卡方分布的临界值为 3.84,小于该临界值,因而认为不能把 X_2 从模型中剔除。因此,用于预测公司破产概率的 Logistic 回归模型应包括 X_1 和 X_2 这两个变量。

表 6-34　用 X_1 建立 Logistic 回归模型的估计结果

变量	系数	标准误	$Z-$检查	$p-$值	优势比	95%置信区间	
						下限	上限
常数	-1.167	0.816	-1.430	0.153			
X_1	0.177	0.057	3.090	0.002	1.190	1.070	1.330
对数似然$=-7.902$		$G=75.692$		$d.f.=1$		$p-$值<0	

最后,采用分类正确率判断利用 X_1 和 X_2 拟合得到的最优 Logistic 回归模型的拟合精度。本案例中,模型的分类正确率为 0.97,有两个样本被错判,分别是 9 号和 36 号。模型整体拟合效果较好。

6.3.8　案例分析——基于分类模型的窃漏电行为分析

6.3.8.1　问题背景与数据分析目标

在很多地区,窃漏电现象屡禁不止。传统的窃漏电防范或防止措施是定期巡检、校验或他人举报,这些方法对人的依赖性太强,特别是潜在的不易发现的窃漏电用户。在一些条件相对成熟的地区,电力部门往往会组织营销稽查人员利用计量异常报警功能或电能查询方式进行在线监控,如集中用电量异常、载荷异常、主站报警、线路损坏等。进而通过监测报警时间前后用户用电的电流、电压、符合数据等,建立基于指标加权的用电量数据分析模型监测窃漏电情况。但这种方法虽然能用于分析用电是否存在异常等行为,但很多情况下用电异常可能源于终端误报或漏报,这不易于快速定位哪些存在窃漏电的用户。而从数据分析角度来看,加权指标模型的不足在于各指标权重的确定往往是建立在专家的先验和经验之上,不同专家的经验也有可能存在差异,这就使模型的预测效果欠佳。

本案例的数据分析目标是,依据当前电力自动化系统收集得到的电流、电压、功率等用电负荷数据和终端报警信息,建立窃漏电行为的分类模型,利用新模型识别和预测潜在的窃漏电用户。显然,异常告警信息和用电负荷数据能够反映用户用电的一般特征,稽查工作人员发现的窃漏电用户则为模型的构建提供了重要的参考和辅助信息。综上,数据分析的一般流程是:首先,从电力系统和营销系统中获取大用户用电负荷、终端报警、违约处罚等原始数据;其次,对收集到的数据进行预处理,比较正常用电与违约用电客户之间的特征,发现二者之间存在显著差异的指标;再次,对数据进行必要的预处理,满足构建分类模型的基本条件;最后,建立窃漏电用户的分类模型,并基于模型进行实时监测与预测分析。

6.3.8.2　数据获取与预处理

(1)数据获取

表 6-35 给出了某企业大用户的用电负荷数据,采集时间间隔为 15 分钟,即 0.25 小时,利用这些数据进一步计算该大用户的用电量。

表6-35 某企业大用户的用电负荷数据

用户编号	时间	有功总	B相	C相	电流A相	电流B相	电流C相	电压A相	电压B相	电压C相	功率因数	功率因数A	功率因数B	功率因数C
03190010000019011001	2011/11/10	202.0	0	349.2	33.6	0	33.4	10500	0	10500	0.784	0.573	—10000	0.996
03190010000019011001	2011/11/10 0:15	194.8	0	355.4	32.4	0	34.0	10500	0	10500	0.789	0.573	—10000	0.996
03190010000019011001	2011/11/10 0:30	210.4	0	366.0	35.0	0	35.0	10500	0	10500	0.784	0.573	—10000	0.996
03190010000019011001	2011/11/10 0:45	199.6	0	376.4	33.2	0	36.0	10500	0	10500	0.793	0.573	—10000	0.996
03190010000019011001	2011/11/10 1:00	191.2	0	334.6	31.8	0	32.0	10500	0	10500	0.785	0.573	—10000	0.996
03190010000019011001	2011/11/10 1:15	192.4	0	340.8	32.0	0	32.6	10500	0	10500	0.786	0.573	—10000	0.996
03190010000019011001	2011/11/10 1:30	192.4	0	353.4	32.0	0	33.8	10500	0	10500	0.790	0.573	—10000	0.996
03190010000019011001	2011/11/10 1:45	197.2	0	357.6	32.8	0	34.2	10500	0	10500	0.789	0.573	—10000	0.996
03190010000019011001	2011/11/10 2:00	178.0	0	320.8	29.6	0	30.4	10500	0	10600	0.788	0.573	—10000	0.996
03190010000019011001	2011/11/10 2:15	173.2	0	311.6	28.8	0	29.8	10500	0	10500	0.788	0.573	—10000	0.996
03190010000019011001	2011/11/10 2:30	185.2	0	332.4	30.8	0	31.8	10500	0	10500	0.787	0.573	—10000	0.996
03190010000019011001	2011/11/10 2:45	175.6	0	326.2	29.2	0	31.2	10500	0	10500	0.791	0.573	—10000	0.996
03190010000019011001	2011/11/10 3:00	164.8	0	311.6	27.4	0	29.8	10500	0	10500	0.793	0.573	—10000	0.996
03190010000019011001	2011/11/10 3:15	185.8	0	317.8	31.2	0	30.4	10400	0	10500	0.782	0.573	—10000	0.996
03190010000019011001	2011/11/10 3:30	169.6	0	303.2	28.2	0	29.0	10500	0	10500	0.787	0.573	—10000	0.996
03190010000019011001	2011/11/10 3:45	179.2	0	320.0	29.8	0	30.6	10500	0	10500	0.787	0.573	—10000	0.996
03190010000019011001	2011/11/10 4:00	175.6	0	305.2	29.2	0	29.2	10500	0	10500	0.784	0.573	—10000	0.995
03190010000019011001	2011/11/10 4:15	178.6	0	324.0	30.0	0	31.0	10400	0	10500	0.788	0.572	—10000	0.995

续表

用户编号	时间	有功总	B相	C相	电流A相	电流B相	电流C相	电压A相	电压B相	电压C相	功率因数	功率因数A	功率因数B	功率因数C
0319001000019011001	2011/11/10 4:30	173.2	0	313.6	28.8	0	30.0	10500	0	10500	0.788	0.573	−10000	0.996
0319001000019011001	2011/11/10 4:45	166.0	0	297.0	27.6	0	28.4	10500	0	10500	0.787	0.573	−10000	0.996
0319001000019011001	2011/11/10 5:00	170.8	0	303.2	28.4	0	29.0	10500	0	10500	0.786	0.573	−10000	0.996
0319001000019011001	2011/11/10 5:15	176.8	0	322.0	29.4	0	30.8	10500	0	10500	0.789	0.573	−10000	0.996
0319001000019011001	2011/11/10 5:30	175.6	0	301.0	29.2	0	28.8	10500	0	10500	0.783	0.573	−10000	0.995
0319001000019011001	2011/11/10 5:45	164.4	0	299.0	27.6	0	28.6	10400	0	10500	0.789	0.573	−10000	0.996
0319001000019011001	2011/11/10 6:00	168.4	0	315.8	28.0	0	30.2	10500	0	10500	0.792	0.573	−10000	0.996
0319001000019011001	2011/11/10 6:15	165.6	0	284.4	27.8	0	27.2	10400	0	10500	0.783	0.573	−10000	0.996
0319001000019011001	2011/11/10 6:30	164.4	0	297.0	27.6	0	28.4	10400	0	10500	0.788	0.573	−10000	0.996
0319001000019011001	2011/11/10 6:45	188.2	0	334.6	31.6	0	32.0	10400	0	10500	0.787	0.573	−10000	0.996
0319001000019011001	2011/11/10 7:00	179.8	0	315.8	30.2	0	30.2	10400	0	10500	0.785	0.572	−10000	0.996
0319001000019011001	2011/11/10 7:15	165.6	0	290.0	27.8	0	28.0	10400	0	10400	0.785	0.573	−10000	0.996
0319001000019011001	2011/11/10 7:30	219.0	0	391.0	36.4	0	37.4	10500	0	10500	0.787	0.573	−10000	0.996
0319001000019011001	2011/11/10 7:45	227.6	0	403.6	38.6	0	38.6	10400	0	10500	0.786	0.573	−10000	0.996

表 6-36、表 6-37 分别给出了该企业大用户的终端报警数据,以及某企业大用户违约、窃漏电处理通知书。其中与窃漏电相关的报警能较好地识别用户的窃漏电行为。

表 6-36　终端报警信息

用户名称	时间	计量点 ID	报警编号	报警名称
某企业大用户	2010/4/1 0:01	0319001000045110001	135	最大需量复零
某企业大用户	2010/4/2 18:44	0319001000045110001	152	电流不平衡
某企业大用户	2010/4/2 18:47	0319001000045110001	143	A 相电流过负荷
某企业大用户	2010/4/2 18:47	0319001000045110001	145	C 相电流过负荷
某企业大用户	2010/4/2 21:07	0319001000045110001	152	电流不平衡
某企业大用户	2010/4/2 21:22	0319001000045110001	145	C 相电流过负荷
某企业大用户	2010/4/2 21:25	0319001000045110001	143	A 相电流过负荷
某企业大用户	2010/4/3 5:45	0319001000045110001	145	C 相电流过负荷

表 6-37　用户违约、窃电处理通知书

用户基本信息	用户名称	某企业大用户		用户编号	7210100429	
	用电地址	……		用电类别	大工业	报装容量 1515kVA
	计量方式	高供高计	电流互感器变化	100/5	电压互感器变化	10 000V/100V
现场情况	我局用电检查人员根据群众举报,于 2014 年 11 月 17 日到你户进行用电检查,发现你户(客户编号:7210100429)配电变压器(3 台容量为 400kVA 和 1 台容量为 315kVA)的高压计量柜前门封印(SJL00014930)被人为破坏,计费电能表(NO.01026660)条形码 NO.SFF5104000864)的计量接线盒 C 相电压连接片被人为断开,计费电能表显示 C 相电流为 0,现场检测计费电能表 C 相同时失压失流,导致少计电量。即时报当地公安机关并拍照取证,现场对你户作停电处理。当时计费电能表抄见有功止码为 16448.77					
违约、窃电行为	故意使供电企业用电计量装置不准或失效					
计算方法及依据	确定依据:计量自动化系统记录(2014 年 11 月 12 日计费电能表存在失压失流记录,直至 2014 年 11 月 17 日 C 相电压和电流数值均为 0) 结论:现确定你户窃电时间由 2014 年 11 月 12 日至 2014 年 11 月 17 日,共 6 天 根据现场计量装置检查情况,计费电能表 C 相失压失流,依据计量自动化系统召测数据分析,你计费电能表(NO.01026660)条形码 NO.SFF5104000864)的 2014−11−12 功率因数:COS(30°+φ)=0.572,即 φ=25.11°,cosφ=0.905。更正系数−1=2.74−1.74。 2014 年 11 月 12 日计费电能表记录互感器变比为 10000/100,根据《供电营业规则》第一百零二条规定,窃电者应按所窃电量补交电费,并承担补交电费三倍的违约使用电费具体计算如下: 计费电能表已计收电量=(16448.77−16431.45)×100/5×10000/100=34640(kw·h) 窃电电量=已计收电量×更正率=34640×1.74=60274(kw·h) 窃电电费=60274×0.6709=40437.83(元) 城市建设附加费=60274×0.014=843.84(元) 违约使用电费=40437.83×3=121313.49(元) 合计金额=40437.83+843.84+121313.49=162595.16(元)					
	合计电费:162595.16 元			大写金额:拾陆万贰仟伍佰玖拾伍圆壹角陆分		

与窃漏电相关的原始数据主要有：用电负荷数据、终端报警数据、违约窃电处罚信息以及用户档案资料等，故分别从营销系统和计量自动化系统中抽取用于建立窃漏电诊断建模时需要的数据。从营销系统获取用户基本信息（用户名称、用户编号、用电地址、用电类别、报装容量、计量方式、电流互感器变比、电压互感器变比）、违约窃电处理记录、计量方法及依据，从计量自动化系统采集相关变量数据。例如，实时负荷数据，包括时间点、计量点、总有功功率、A/B/C 的相有功功率、电流、电压、功率因数。为了尽可能地全面覆盖各种窃漏电方式，样本数据应包含不同用电类别的所有窃漏电用户及部分正常用户的基础数据。窃漏电用户的窃漏电开始时间和结束时间是表征其窃漏电的关键时间节点，在这些时间节点上，用电负荷和终端报警等数据也会有一定的特征变化，故样本数据抽取时务必要包含关键时间节点前后一定范围的数据，并通过用户的负荷数据计算出当天的用电量，计算公式为 $f_l = 0.25 \sum m_i$。其中，f_l 为第 l 天的用电量，m_i 为第 l 天每隔 15 分钟的总用功功率，对它进行累加就可以得到当天总用电量。

基于此，本案例抽取某市近五年来所有的窃漏电用户有关数据和不同用电类别正常用电用户共 208 个用户的有关数据，时间为 2009 年 1 月 1 日至 2014 年 12 月 31 日，同时包含每天是否有窃漏电情况的标识。

（2）数据描述

数据收集的区间为 2009 年 1 月 1 日至 2014 年 12 月 31 日，数据包含了所有记录的窃漏电用户。图 6-39 给出了不同类型窃漏电用户数量的直方图，从图中可以看出，非居民类别的用户基本不存在窃漏电问题，因此在后续分析中可以剔除非居民用户。

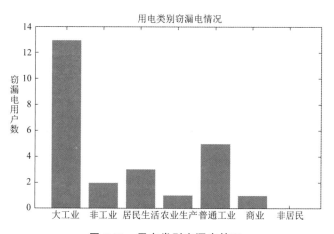

图 6-39 用电类别窃漏电情况

　　图 6-40 和表 6-38 给出了正常用电用户与窃漏电用户用电量的周期性统计分析。从图、表中可以看出,正常用电用户的用电量变化趋势较为平稳,呈现明显的周期性规律,并无明显的波动迹象。

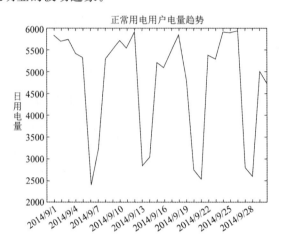

图 6-40　正常用电用户电量趋势

表 6-38　正常用电用户与窃漏电用户用电量的周期性统计

日　期	日电量(kW)	日　期	日电量(kW)
2014/9/1	5840	2014/9/16	5072
2014/9/2	5704	2014/9/17	5480
2014/9/3	5754	2014/9/18	5832
2014/9/4	5431	2014/9/19	4816
2014/9/5	5322	2014/9/20	2748
2014/9/6	2392	2014/9/21	2536
2014/9/7	3225	2014/9/22	5384
2014/9/8	5296	2014/9/23	5288
2014/9/9	5488	2014/9/24	5928
2014/9/10	5713	2014/9/25	5896
2014/9/11	5542	2014/9/26	5952
2014/9/12	5928	2014/9/27	2792
2014/9/13	2848	2014/9/28	2600
2014/9/14	3048	2014/9/29	5000
2014/9/15	5216	2014/9/30	4704

　　另外,窃漏电用户的用电量特征如图 6-41 和表 6-39 所示。与正常用电用户相对比可以看出,窃漏电用户的用电量呈现显著的下降趋势。在前期呈现周期性特征,但后期用电量不存在周期性,逐渐呈现下降趋势。可见,这是窃漏电用户从正常用电到窃漏电所表现出来的重要特征。

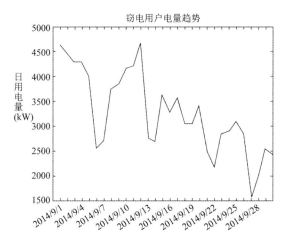

图 6-41 窃电用户电量趋势

表 6-39 窃漏电用户的用电量数据

日 期	日电量(kW)	日 期	日电量(kW)
2014/9/1	4640	2014/9/16	3260
2014/9/2	4450	2014/9/17	3590
2014/9/3	4300	2014/9/18	3040
2014/9/4	4290	2014/9/19	3030
2014/9/5	4010	2014/9/20	3410
2014/9/6	2560	2014/9/21	2490
2014/9/7	2720	2014/9/22	2160
2014/9/8	3740	2014/9/23	2850
2014/9/9	3850	2014/9/24	2900
2014/9/10	4150	2014/9/25	3090
2014/9/11	4210	2014/9/26	2840
2014/9/12	4680	2014/9/27	1530
2014/9/13	2760	2014/9/28	2020
2014/9/14	2680	2014/9/29	2540
2014/9/15	3630	2014/9/30	2440

（3）数据预处理

实质上，电力计量自动化系统中，一般的窃漏电用户只占大用户的很小一部分，而且像银行、税务机关、学校等大用户通常也不存在窃漏电行为。因此，在进行数据分析时，应先将这部分大用户剔除。系统中的用电负荷不能直接体现出用户的窃漏电行为，终端报警存在很多误报和漏报的情况，故需要进行数据探索和预处理,总结窃漏电用户的行为规律,再从数据中提炼出描述窃漏电用户的特征指标。最后结合历史窃漏电用户信息,整理出识别模型的专家样本数据集,再进一步构建分类模型,实现窃漏电用户的自动识别。

1)数据清洗

这里数据清洗的目标是剔除掉原始数据中的冗余数据,即通过数据描述性分析,删除掉那些不可能存在窃漏电的大用户,以及节假日期间的用电数据(相比工作日期间的用电量,节假日期间的用电量偏低,见表6-40)。

2)缺失数据处理

由于原始数据中存在一定量的项目缺失数据。依据数据分析目标,若将这些缺失数据全部剔除,将在一定程度上影响数据分析结果。因此,本案例采用拉格朗日插补法插补缺失数据,插补后数据见表6-41。

表 6-40 三个用户一个月工作日用电量数据

用户用电量(kW) 日期	用户 A	用户 B	用户 C
2014/9/1	235.8333	324.0343	478.3231
2014/9/2	236.2708	325.6379	515.4564
2014/9/3	238.0521	328.0897	517.0909
2014/9/4	235.9063		514.89
2014/9/5	236.7604	268.8324	
2014/9/8		404.048	486.0912
2014/9/9	237.4167	391.2652	516.233
2014/9/10	238.6563	380.8241	
2014/9/11	237.6042	388.023	435.3508
2014/9/12	238.0313	206.4349	487.675
2014/9/15	235.0729		
2014/9/16	235.5313	500.0787	660.2347
2014/9/17		411.2069	621.2346
2014/9/18	234.4688	395.2343	611.3408
2014/9/19	235.5	344.8221	643.0863
2014/9/22	235.6354	385.6432	642.3482
2014/9/23	234.5521	401.6234	

续表

用户用电量（kW） 日期	用户 A	用户 B	用户 C
2014/9/24	236	409.6489	602.9347
2014/9/25	235.2396	416.8795	589.3457
2014/9/26	235.4896		556.3452
2014/9/29	236.9688		538.347

表 6-41　用电量插补数据

用户用电量（kW） 日期	用户 A	用户 B	用户 C
2014/9/4	235.9063	203.4621	514.89
2014/9/5	236.7604	268.8324	493.3526
2014/9/8	237.1512	404.048	486.0912
2014/9/10	238.6563	380.8241	516.233
2014/9/15	235.0729	237.3481	609.1936
2014/9/17	235.315	411.2069	621.2346
2014/9/23	234.5521	401.6234	618.1972
2014/9/26	235.4896	420.7486	556.3452
2014/9/29	236.9688	408.9632	538.347

3）数据转换。

尽管收集得到的原始数据能直观地反映用户窃漏电行为的统计规律，但为了更好地适用于建立识别和预测用户窃漏电行为的分类模型，仍需要对一些指标进行转换。主要指标包括：用电量趋势、线损增长率和终端告警数。用电量趋势表征电量下降的趋势程度；线损增长率反映电路线缆的磨损或损坏程度；终端告警数体现告警的综合影响程度。

对于用电量趋势的计算，以统计当天设定前后 5 天为统计窗口期，计算这一天内的电量下降趋势情况。首先计算 11 天的平均电量趋势，计算公式为：

$$k_i = \frac{\sum\limits_{l=i-5}^{i+5}(f_i - \overline{f})(l - \overline{l})}{\sum\limits_{l=i-5}^{i+5}(l - \overline{l})^2}$$

若电量趋势是不断下降的，则认为具有一定的窃电可能性，计算这 11 天内，当天比前一天用电量趋势为递减的天数 D，则电量趋势下降指标为：

$$T = \sum_{n=i-4}^{i+5} D(n)$$

对于线损指标的计算,可结合线户拓扑关系计算出用户所属线路在当天的线损率,一条线路上同时供给多个用户,若第 l 天的线路供电量为 s_l,线路上各个用户的总用电量为 $\sum\limits_m f_i^{(m)}$,线路的线损率公式为:

$$t_l = \frac{s_l - \sum\limits_m f_l^{(m)}}{s_l}$$

线路的线损率可作为用户线损率的参考值,若用户发生窃漏电,则当天的线损率会上升,但由于用户每天的用电量存在波动,单纯以当天线损率上升了作为窃漏电特征则误差过大,所以考虑前后几天的线损率平均值,判断其增长率是否大于 1%,若线损率的增长率大于 1%,则具有窃漏电的可能性。进而,统计当天设定前后 5 天为统计窗口期,首先分别统计当天与前 5 天之间的线损率平均值 V_i^1 和统计当天与后 5 天之间的线损率平均值 V_i^2,若前者比后者的增长率大于 1%,则认为具有一定窃电可能性。定义线损指标为:

$$E(i) = \begin{cases} 1, \dfrac{V_i^1 - V_i^2}{V_i^1} > 1\% \\ 0, 否则 \end{cases}$$

6.3.8.3 模型构建

经数据预处理,得到 2009 年 1 月 1 日至 2014 年 12 月 31 日所有窃漏电用户及正常用户的电量、告警及线损数据和该用户在当天是否窃漏电的标识,按窃漏电评价指标进行处理的 291 个样本数据,部分数据见表 6-42。

表 6-42 按窃漏电评价指标处理后的样本数据

时间	用户编号	电量趋势下降指标	线损指标	告警类指标	是否窃漏电
2014 年 9 月 6 日	9900667154	4	1	1	1
2014 年 9 月 20 日	9900639431	4	0	4	1
2014 年 9 月 17 日	9900585516	2	1	1	1
2014 年 9 月 14 日	9900531154	9	0	0	0
2014 年 9 月 17 日	9900491050	3	1	0	0
2014 年 9 月 13 日	9900461501	2	0	0	0
2014 年 9 月 22 日	9900412593	5	0	2	1
2014 年 9 月 20 日	9900366180	3	1	3	1

续表

时间	用户编号	电量趋势下降指标	线损指标	告警类指标	是否窃漏电
2014年9月19日	9900322960	3	0	0	0
2014年9月9日	9900254673	4	1	0	0
2014年9月18日	9900196505	10	1	2	1
2014年9月16日	9900145248	10	1	3	1
2014年9月6日	9900137535	2	0	3	0
2014年9月7日	9900064537	4	0	2	0
2014年9月9日	9110103867	3	0	3	0
2014年9月23日	9010100689	0	0	3	0
2014年9月21日	8910101840	9	0	3	1
2014年9月11日	8910101209	0	0	2	0
2014年9月19日	8910101132	8	1	4	1

基于样本数据,随机抽取80%的数据用于构建训练集,剩余的20%作为测试集,分别采用神经网络和CART决策树构建窃漏电用户的分类预测模型。因变量为是否存在窃漏电行为,自变量为电量趋势下降指标、线损类指标和告警类指标。

对于神经网络方法,设定它的输入节点数为3,输出节点数为1,隐藏层节点数为10。而对于激活函数,在隐藏层使用 $Rehi(x) = \max(x, 0)$ 作为激活函数,实验表明,该激活函数能够大幅提高模型的准确率。训练样本建模分类准确率为 $(161+58)/(161+58+6+7) \times 100\% = 94.4\%$,正常用户被误判为窃漏电用户占正常用户的 $7/(161+7) \times 100\% = 4.2\%$,窃漏电用户被误判为正常用户占正常窃漏电用户的 $6/(6+58) \times 100\% = 9.4\%$。神经网络模型的判别矩阵如图6-42所示。

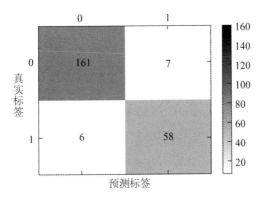

图6-42 神经网络模型的判别矩阵

对于CART决策树方法,分类准确率为 $(160+56)/(160+56+3+13) \times 100\% = 93.1\%$,正常用户被误判为窃漏电用户占正常用户的 $13/(13+160) \times$

$100\% = 7.5\%$,窃漏电用户被误判为正常用户占正常窃漏电用户的 $3/(3+56) \times 100\% = 5.1\%$。决策树模型的判别矩阵如图 6-43 所示。

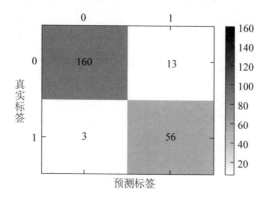

图 6-43 决策树模型的判别矩阵

对比 CART 决策树模型和神经网络模型,二者的分类准确率相差不大,分别为 94%和 93%。为了进一步评估模型分类的性能,采用 ROC 曲线评价方法进行评估(如图 6-45 所示),一个优秀分类器所对应的 ROC 曲线应该是尽量靠近左上角的。经过对比发现神经网络的 ROC 曲线比 CART 决策树的 ROC 曲线更加靠近单位方形的左上角,神经网络 ROC 曲线下的面积更大,说明神经网络模型的分类性能较好,能应用于窃漏电用户识别。

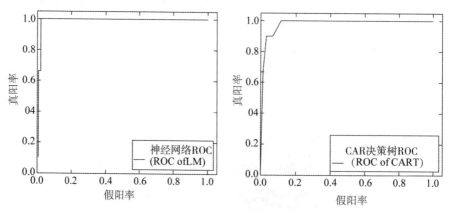

图 6-44 神经网络和 CART 决策树模型的 ROC 曲线图

在线监测用户用电负荷及终端报警数据,得到模型输入数据,利用构建好的窃漏电用户识别模型计算用户的窃漏电诊断结果,实现窃漏电用户实时诊断,并与实际稽查结果做对比,见表 6-43。可以发现,正确识别出的窃漏电用户有 10 个,错误地判断用户为窃漏电用户有一个,诊断结果没发现窃漏电用户有四个,整体来看窃漏电诊断的准确率是比较高的。

表 6-43 模型结果

客户编号	客户名称	窃电开始日期	结果
7110100608	某塑胶制品厂	2014.6.2	正确诊断
9900508537	某经济合作社	2014.8.20	正确诊断
9900531988	某模具有限公司	2014.8.21	正确诊断
8210101409	某科技有限公司	2014.8.10	正确诊断
8910100571	某股份经济合作社	2014.2.23	漏判
8210100795	某表壳加工厂	2014.6.1	正确诊断
9900287332	某电子有限公司	2014.5.15	漏判
6710100757	某镇某经济联合社	2014.2.21	漏判
9900378363	某装饰材料有限公司	2014.7.6	误判
9900145275	某实业投资有限公司	2014.11.3	正确诊断
8410101508	某玩具厂有限公司	2014.9.1	正确诊断
9900150075	某镇某经济联合社	2014.4.14	漏判
8010106555	某电子有限公司	2014.5.19	正确诊断
7410101282	某投资有限公司	2014.2.8	正确诊断
8410101060	某电子有限公司	2014.5.4	正确诊断

6.3.9 案例分析——基于随机森林模型的财务失败预警

6.3.9.1 背景与数据分析目标

随着我国资本市场的快速发展,资本市场已逐渐成为我国各大小企业筹集资金的重要途径。上市公司作为资本市场的主体,其经营业绩的优劣直接影响资本市场的发展,因此针对上市公司财务预警问题的研究具有重要的意义。对上市公司的经营业绩进行财务预警分析并建立企业财务预警模型已成为国内外众多公司进行财务分析的重点,建立预警模型可以预知财务危机的征兆,预防财务危机的发生并避免类似的危机再次发生。

财务失败预警是指借助企业提供的财务报表、经营计划及其他相关会计资料,利用财务管理、会计理论、统计方法、金融、企业管理和市场营销等理论,采用比率分析、比较分析、因素分析及多种分析方法,对企业的经营活动、财务活动等进行分析预测,以发现企业在经营管理活动中潜在的经营风险和财务风险,并在危机发生之前向企业经营者发出警告,督促企业管理当局采取有效措施,避免潜在的风险演变成损失,起到未雨绸缪的作用;而且,作为企业经营预警系统的重要子系统,也可为企业纠正经营方向、改进经营决策和有效配置资源提供依据。

财务风险从发生、发展到演变是一个日积月累渐进的过程,所以它的发生具有一定的先兆性并且可以预测。财务风险预警在管理企业财务风险方面发挥着重要作用,它也是企业预警体系的重要组成因素。财务失败预警可以在危害企业财务状况的关键因素出现时提前发出警告,提醒企业经营管理已出现问题,并督促企业经营管理人员及时寻找造成企业财务状况恶化的原因,控制财务风险。目前我国上市公司良莠不齐,有些公司规模小、底子薄,抗风险能力较差,因此上市公司建立财务失败预警系统的意义十分重要。有效的财务预警系统可以帮助上市公司预知财务风险,避免重复危机再次发生,也可以防止危机的扩大。

概括来看,我国上市公司出现财务失败、陷入财务困境的原因主要有三点。第一,资本结构不合理。所谓资本结构,狭义地说,是指企业长期负债和权益资本的比例关系。广义上则指企业各种要素的组合结构。资本结构是企业融资的结果,它决定了企业的产权归属,也规定了不同投资主体的权益以及所承受的风险。它在很大程度上决定着企业的偿债和再融资能力,决定着企业未来的盈利能力,是企业财务状况的一项重要指标。合理的融资结构可以降低融资成本,发挥财务杠杆的调节作用,使企业获得更大的自有资金收益率。而有些公司资本结构不合理,过高的负债且较低的偿债能力,使得公司无力偿还债务进而陷入财务困境。第二,资产流动及变现能力下降。目前我国部分行业上市公司存在库存过剩的问题,错误评估其销售能力造成资产流动性下降,大量库存堆积,致使资产变现下降,无法偿还到期债务进而出现财务失败。第三,内部因素。上市公司内部的诸多因素也是导致陷入财务危机的重要原因之一,比如不少企业董事会与管理当局混同,在管理者缺少制衡和监督的情形下,管理当局无法自律自重,经常出现数据造假。另外,在企业内部环境中,财务控制也是造成财务危机的重要一环。良好的企业财务控制能够减少财务危机出现的概率;而薄弱的财务控制反而能加剧财务危机的出现。企业的财务控制包括债务期限安排、财务预警管理、现金的流通以及存货的控制。以上都是造成上市公司出现财务失败的原因。

本案例的数据分析目标是:首先,建立上市公司财务失败预警指标体系;其次,基于指标体系,建立基于随机森林算法的上市公司财务失败预警模型;最后,利用Apriori关联规则算法,挖掘上市公司财务失败的原因。

6.3.9.2 数据获取与预处理

(1)建立上市公司财务失败预警指标体系

依据上市公司财务经营的基本活动,并依照建立指标体系的全面性、代表性、科学性的基本原则,从上市公司的盈利能力、偿债能力、资本结构水平、现金流量水平、营运能力、成长能力这六个方面共选取了17个指标建立上市公司财务预警模型的评价指标体系,见表6-44。

表6-44 上市公司财务预警模型指标体系

上市公司财务预警模型指标体系		
盈利能力	资产报酬率 X_1	正指标
	销售毛利率 X_2	正指标
	销售毛利率 X_3	正指标
偿债能力	流动比率 X_4	适度指标
	速动比率 X_5	适度指标
成长能力	净利润增长率 X_6	正指标
	总资产增长率 X_7	正指标
营运能力	存货周转率 X_8	正指标
	应收账款周转率 X_9	正指标
	流动资产周转率 X_{10}	正指标
	固定资产周转率 X_{11}	正指标
	总资产周转率 X_{12}	正指标
现金流水平	销售现金比率 X_{13}	正指标
	每股经营活动现金流量 X_{14}	正指标
	经营活动现金流量 X_{15}	正指标
资本结构水平	资产负债率 X_{16}	适度指标
	股东权益比率 X_{17}	适度指标

(2)数据预处理

选取2011年年报数据中已被标为ST的公司以及带有*ST的公司的2007年至2011年这五年的数据,剔除掉数据缺失过多的公司后,共计选取131家公司658个观测值,对上市公司的行业划分按照中国证监会的行业划分标准,将我国上市公司共分为13大类,分别是农林牧渔业(A)、采掘业(B)、制造业(C)、电力、煤气及水的生产和供应业(D)、建筑业(E)、交通运输仓储业(F)、信息技术业(G)、批发和零售贸易业(H)、金融保险业(I)、房地产业(J)、社会服务业(K)、传播与文化产业(L)和综合类(M)。图 6-45 列出了这 131 家公司的各行业分布,由于金融行业与其他行业在资本结构、经营方式等多方面存在较大差异,因此本案例的研究剔除掉金融行业。从图中可以看出,我国上市公司中陷入财务困境的公司主要集中在制造业。

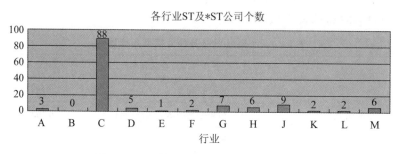

图 6-45 ST 公司及 * ST 公司各行业分布

本案例数据预处理工作主要包括两个方面:一是数据标准化;二是变量规约。

1)数据标准化

由于上市公司之间存在比较显著的行业差异性,因此在对上市公司建立财务预警模型前,需要剔除行业之间不可比因素对指标值的影响。为了使数据具有可比性,首先对各指标分行业进行标准化处理。标准化处理过程中,为避免异常值及其他因素对均值及标准差的影响,本案例采用 Bootstrap 重抽样技术计算各指标的均值及标准差。首先将适度指标转化为正指标,依据下式进行正向化处理:

$$y_{ij} = \frac{1}{|x_{ij} - k|}$$

式中 k 表示适度值,该适度值取第 i 个对象所在行业的第 j 个指标的均值,对适度指标进行正向化处理之后,再对所有指标分行业进行标准化处理,标准化处理公式选择均值为 0,方差为 1 的 Z 值标准化方法:

$$z_{ij} = \frac{(x_{ij} - \mu)}{\sigma}$$

式中均值取第 i 个对象所在行业的第 j 个指标的均值,标准差取第 i 个对象所在行业的第 j 个指标的标准差。

2)变量规约

构建财务预警模型的指标体系时,传统的做法是,通过 ANOVA 单因素方差分析法,以公司类型作为因素变量,计算出 ST 公司和正常公司之间有显著差异的指标,作为模型输入变量。本案例一方面为了剔除冗余变量,另一方面为了保证随机森林模型的估计精度,采用基于 Bootstrap 法的 ANOVA 单因素方差分析法和随机森林变量重要性删选方法共同确定财务预警模型的指标体系。在单因素方差分析中加入 Bootstrap 法的目的是利用 Bootstrap 法去估计组内均值,使均值更加准确,另外 Bootstrap 法还可以起到扩充 ST 组样本的作用。随机森林变量重要性删选的基本原理是对一个变量加入一定的噪声后,随机森林模型的分类精度会显著降低,若 OOB 误差率显著增加,则说明该变量重要;若 OOB 误差率没有显著增加,则说明该变量不重要。在随机森林模型中评价变量重要性有两种常用的方法,一种是基尼系数法,另一种是预测精度法。本案例利用基尼系数法。表 6-45 为单因素方差分析删除的变量,本案例对数据逐年进行五次单因素方差分析,删除掉有两年以上不显著的变量;图 6-46 为随机森林模型变量重要性删选结果。依据单因素方差分析的结果,剔除掉变量 X_8, X_9, X_{11}, X_{15},同时由于变量 X_{16} 和 X_{17} 具有较大的相关性,为了避免信息重叠,剔除掉 X_{17}。根据随机森林变量重要性度量的结果删除变量 X_3, X_5, X_{13}, X_{14},最后选择 $X_1, X_2, X_4, X_6, X_7, X_{10}, X_{12}, X_{16}$ 作为财务预警模型的指标体系,即模型中的输入变量。从该结果中可以看出上市公司陷入财务困境的主要问题在盈利能力、短期偿债能力、成长能力、营运能力和资本结构这几个方面。

表 6-45 单因素方差分析删选变量结果

年份	2007		2008		2009		2010		2011	
检验结果	F 统计量	P 检验值	F 统计量	P 检验值	F 统计量	P 检验值	F 统计量	P 检验值	F 统计量	P 检验值
X_8	1.260	0.262	1.064	0.302	0.396	0.529	5.952	0.015	0.054	0.817
X_9	0.646	0.422	0.543	0.461	9.035	0.003	1.251	0.264	0.025	0.876
X_{11}	7.657	0.006	0.108	0.742	0.108	0.743	5.640	0.018	0.807	0.369
X_{15}	2.303	0.129	3.053	0.081	8.819	0.004	2.542	0.111	18.353	0.000

随机森林模型变量删选

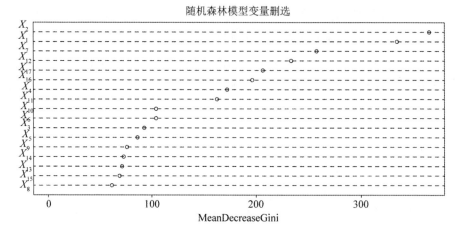

图 6-46　随机森林模型变量删选结果

注：Mean Decrease Gini 指标代表使用某一个特征进行分裂时，GINI 系数下降的平均幅度，越高表明基于该特征的分裂质量越好。

6.3.9.3　建立基于随机森林算法的财务失败预警模型

（1）样本平衡化处理

根据数据预处理的结果以及最终确定的指标体系，建立基于随机森林分类模型的财务预警模型。各种分类模型都只对类别较对称的数据具有很好的识别能力，但本案例的数据中 ST 样本过少而正常公司样本过多，这样就会使分类模型无法对目标类型进行较好的分类。为了克服分类模型自身的缺陷，可以对数据采取"增少减多"的处理，利用有放回的分层抽样技术增加 ST 样本，分层变量为行业和年份，使每年的 ST 样本均为 500，共计 2500 个 ST 样本。再利用不放回的分层抽样技术，分层变量为行业和年份，在五年的数据中各抽取每年样本量为 1000 的正常上市公司作为样本。按照 4∶1 的比例设置为训练集和测试集，利用 2007 年至 2010 年的数据让模型充分学习，再在 2011 年的测试集上检验模型外推能力。训练集数据为 2007 年至 2010 年的数据，正常公司样本 4000，ST 样本 2000，共计 6000 个观测值；测试集数据为 2011 年的数据，正常公司样本 1000，ST 样本 500，共计 1500 个观测值。

（2）模型建立

随机森林模型做如下设定：选择净资产收益率、资产报酬率、流动比率、净利润增长率、总资产周转率、流动资产周转率、总资产周转率和资产负债率作为模型输入变量，公司类型为分类变量；建立 500 棵决策树，作为财务预警模型，将 ST 公司判定为正常公司的损失,会大于将正常公司判定为 ST 公司的损失,因此将 ST 公司的错分再抽样概率值,设置为大于正常公司的错分再抽样概率值。对于随机变量的输入个数的选择依据前文给出的公式,共有 8 个变量,开方后结果为 2 或 3,表 6-46 给出了随机输入变量为 2 和 3 时的模型预测精度,结果表明随机输入变量为 2 或 3 无显著差距,随机变量为 2 个时模型精度较高,因此选择随机变量输入为 2 个。

表 6-46　随机森林模型比较

误差类型	随机输入变量＝2	随机输入变量＝3
训练集 OOB 错分率	3.82％	4.03％
训练集正常公司错分率	5.60％	5.95％
训练集 ST 公司错分率	0.20％	0.21％
测试集正常公司错分率	4.20％	5.00％
测试集 ST 公司错分率	14.80％	15.40％

(3)模型评估与比较

为了评估随机森林模型的效果,本案例还建立了 Logistic 逻辑回归模型、CART 决策树模型、SVM 支持向量机模型和人工神经网络模型,仍然选择前文的八个变量作为输入变量,训练集和测试集亦不变。表 6-47 为各个模型的比较结果,结果表明随机森林模型与其他四个模型相比较,在训练集上的 ST 公司的判别正确率较其他模型有显著优势,总正确率也高于其他四个模型;另外,在测试集上随机森林模型也具有良好的外推能力,预测精度优于其他四个模型;同时正如前文所言,将 ST 公司预测为正常公司的损失要大于将正常公司预测为 ST 公司,而从模型效果看,随机森林模型的 ST 公司判别正确率显著高于另外四个模型。其他四个模型中神经网络模型与 SVM 支持向量机模型预测精度基本相同,而逻辑回归模型预测效果较其他四个模型相比略差一些。

表 6-47　模型比较

模型	训练集			测试集		
	正常公司正确率	ST 公司正确率	总正确率	正常公司正确率	ST 公司正确率	总正确率
RFC	94.65％	99.60％	94.25％	95.80％	85.20％	92.27％
Logistic	89.85％	78.40％	85.23％	90.40％	72.50％	84.15％
CART	90.32％	79.20％	86.62％	91.50％	76.60％	86.53％
SVM	92.73％	79.65％	88.37％	94.00％	73.80％	87.26％
神经网络	91.15％	83.65％	88.65％	92.50％	75.60％	86.20％

注:正常公司正确率表示将正常公司判定为正常公司,ST 公司正确率表示将 ST 公司判定为 ST 公司。

为了更好地比较各模型的预测结果,还绘制了各模型比较的 ROC 曲线图,如图 6-47 所示。ROC 曲线是用来反映各模型预测效果的曲线,曲线越靠近左上角准确性就越高。图中纵轴表示 TPR(true positive rate),即代表将 ST 公司判别正确的比例;横轴表示 FPR(false positive rate),即代表将 ST 公司判别错误的比例。从图中可以看出随机森林模型在训练集上的效果已接近理想状态;而在测试集上也好于另外四个模型。基于以上分析,说明随机森林分类模型这种基于非参数原理的组合分类模型要优于单一模型。

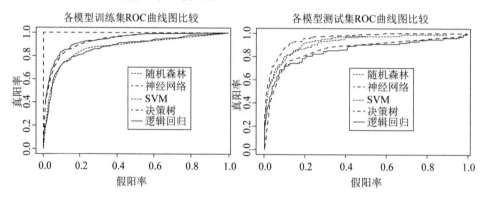

图 6-47　各模型 ROC 曲线图比较

6.3.9.4　基于 Apriori 算法分析上市公司财务失败的影响因素

(1)数据说明

将 Aprioir 关联规则算法引用到上市公司财务失败的研究中,旨在寻找使 ST 公司陷入财务危机的原因。由于本案例着重研究 ST 公司的财务数据,ST 公司的数据相对整个数据集而言较少,所以此处仅选取置信度和提升度来检验关联规则的有效度,而不采用支持度。

(2)数据预处理

因为关联规则是间接数据挖掘,考察变量之间的相互关系,所以为了能够充分考察财务失败公司的数据特征,使用财务失败预警指标体系中的全部 17 个变量作为输入变量。另外 Aprioir 算法只能处理分类型变量,无法处理数值型变量,故先对 17 个指标进行离散化处理,但考虑到股东权益比率是资产负债率的倒数,存在重复计算影响输出结果,所以将其排除,利用剩余的 16 个指标进行关联分析。首先对数据采用 Z 值标准化处理,最后离散时选择最小值、1/4 位点、中位数、3/4 位点、最大值这五个值建立四个区间,当 X 值落在最小值与 1/4 位点之间计为 1;落在 1/4 位点和中位数之间计为 2;落在中位数和 3/4 位点之间计为 3;落在 3/4 位点和最大值之间时计为 4。各指标离散值取值范围见表 6-48。

表 6-48　各指标离散值取值范围

离散值	取值范围			
	资产报酬率 X_1	销售毛利率 X_2	销售毛利率 X_3	流动比率 X_4
1	$[-34.77, -0.32)$	$[-20.35, -1.87)$	$[-2.52, -1.40)$	$[-0.47, -0.41)$
2	$[-0.32, -0.29)$	$[-1.87, -1.28)$	$[-1.40, -0.91)$	$[-0.41, -0.36)$
3	$[-0.29, -0.06)$	$[-1.28, -0.56)$	$[-0.91, -0.25)$	$[-0.36, -0.29)$
4	$[-0.06, 0.94]$	$[-0.56, 20.10]$	$[-0.25, 4.47]$	$[-0.29, 2.34]$

离散值	取值范围			
	速动比率 X_5	净利润增长率 X_6	总资产增长 X_7	存货周转率 X_8
1	$[-0.42, -0.38)$	$[-14.185, -0.26)$	$[-1.50, -0.81)$	$[-0.67, -0.34)$
2	$[-0.38, -0.34)$	$[-0.26, -0.02)$	$[-0.81, -0.65)$	$[-0.34, -0.06)$
3	$[-0.34, -0.29)$	$[-0.02, 0.03)$	$[-0.65, -0.46)$	$[-0.06, 0.21)$
4	$[-0.29, 2.24]$	$[0.03, 22.31]$	$[-0.46, 3.70]$	$[0.21, 1.64]$

离散值	取值范围			
	应收账款周转 X_9	流动资产周转率 X_{10}	固定资产周转 X_{11}	总资产周转 X_{12}
1	$[-0.050, -0.049)$	$[-1.43, -0.83)$	$[-0.52, -0.44)$	$[-1.60, -1.19)$
2	$[-0.049, -0.047)$	$[-0.83, -0.33)$	$[-0.44, -0.37)$	$[-1.19, -0.95)$
3	$[-0.047, -0.042)$	$[-0.33, 0.39)$	$[-0.37, -0.22)$	$[-0.95, -0.23)$
4	$[-0.042, 0.210)$	$[0.39, 2.85]$	$[-0.22, 3.01]$	$[-0.23, 2.92]$

离散值	取值范围			
	销售现金比 X_{13}	每股经营活动现金流量 X_{14}	经营活动现金流量 X_{15}	资产负债率 X_{16}
1	$[-0.79, -0.33)$	$[-2.43, -0.57)$	$[-1.04, -0.24)$	$[-1.67, 0.67)$
2	$[-0.33, -0.16)$	$[-0.57, -0.45)$	$[-0.24, -0.21)$	$[0.67, 1.73)$
3	$[-0.16, -0.02)$	$[-0.45, -0.26)$	$[-0.21, -0.19)$	$[1.73, 2.81)$
4	$[-0.02, 2.46]$	$[-0.26, 0.92]$	$[-0.19, 0.23]$	$[2.81, 10.61]$

（3）建立关联规则

基于数据预处理后的数据集，建立 Apriori 关联规则算法，关联规则结果见表 6-49。

表 6-49　ST 公司关联规则

后项	前项	置信度	提升度
分类＝ST	经营现金净流量＝1 资产负债率＝4	100％	11.767
分类＝ST	固定资产周转率＝1 资产负债率＝3 资产报酬率＝1	100％	11.324
分类＝ST	销售现金比率＝1 净利润增长率＝2 流动比率＝1	100％	10.872

表 6-49 以第一个规则为例,用条件概率可以表示为:

$$P(经营现金净流量＝1,资产负债率＝4 \mid 分类＝ST)＝1$$

(4)关联规则结果分析

由于数据中的频繁项较大而 ST 样本过少,因此本案例得出关联规则中的支持度较低,鉴于此,本案例根据置信度和提升度作为关联规则的检验水平。对 2011 年制造业 ST 公司的关联规则研究中取置信度大于 80％且提升度大于 10 的规则,发现主要指标有:流动比率＝1、总资产周转率＝1、资产负债率＞3,具体量化值见表 6-50。

表 6-50　指标量化表

指标分类值	指标分类值取值范围	反映问题
流动比率＝1	$[-0.47,-0.41)$	偿债能力
总资产周转率＝1	$[-1.60,-1.19)$	营运能力
资产负债率＞3	$(1.73,10.61)$	资本结构

流动比率主要反映了公司的偿债能力,它是流动资产对流动负债的比率,用来衡量企业流动资产在短期债务到期以前可以变为现金用于偿还负债的能力,当流动比率＜1时,表明资金流动性较差;总资产周转率综合反映了企业整体资产的营运能力,一般情况下,该数值偏低,表明企业总资产周转速度偏慢、销售能力较差、资产利用效率较低;资产负债率指公司年末的负债总额同资产总额的比率,表示公司总资产中有多少是通过负债筹集的,该指标是评价公司负债水平的综合指标,同时资产负债率是逆指标,该指标数值越高,说明公司负债水平高。通过关联规则,可以发现制造业上市公司被 ST 的公司在偿债能力、营运能力、资本结构方面出现一定问题。表 6-50 给出的流动比率、资产负债率、总资产周转率的取值范围都可作为预警区间,当制造业上市公司的某指标在此区间内时,应注意调整经营战略避免陷入财务危机。

6.3.10 案例分析——决策树算法在体育比赛中的应用

6.3.10.1 背景与数据分析目标

随着信息时代的高速发展,数据挖掘技术已在多个领域被广泛应用,如超市购物篮分析、客户细分、信用评级等多个领域。但目前数据挖掘技术在体育比赛中对比赛数据的深度挖掘与应用,大多是利用因子分析与聚类分析相结合的方式对数据进行分析,这种分析方法虽然可以通过降维技术使多维数据降维成几个公共因子,但是因子分析会有信息损失,且公共因子是对几个指标的反映,这就使指标不能充分反映原始数据的信息。

本案例以美国职业篮球比赛的数据作为研究数据,选取主客场、比赛结果、得分、失分、快攻得分、快攻失分、内线得分、内线失分、篮板球个数、助攻次数、失误次数、投篮命中率、三分球命中率13项指标,分析比赛结果与以上指标的关系,同时选取圣安东尼奥马刺队作为研究球队。选取马刺队的原因是该队近年来阵容比较稳定,打法比较成熟,这样可以使数据的波动较小,降低误差。

本案例的数据分析目标是:利用CART决策树算法对圣安东尼奥马刺队的胜负影响因素进行分析。

6.3.10.2 数据收集与预处理

本案例选取了美国职业篮球联赛圣安东尼奥马刺队的近200场比赛的相关团队数据作为研究所用数据,选取马刺队的数据的原因是因为马刺队近年阵容较为稳定,便于长期观察分析,减小外界因素造成的误差,部分数据见表6-51。数据中,主客1代表主场,0代表客场;投篮命中率和三分命中率皆为百分数。

表 6-51 部分数据

比赛场次	主客	胜负	得分	失分	快攻得分	快攻失分	内线得分	内线失分	篮板	助攻	失误	投篮命中率	三分命中率
1	1	win	122	109	22	24	40	38	35	29	14	51.5	44.4
2	1	lose	90	99	23	23	40	32	41	24	13	38.8	23.1
3	0	win	97	88	8	7	42	36	39	28	18	46.3	30.8
4	0	win	112	110	24	19	54	56	45	22	23	44.6	38.1

续表

比赛场次	主客	胜负	得分	失分	快攻得分	快攻失分	内线得分	内线失分	篮板	助攻	失误	投篮命中率	三分命中率
5	1	win	124	121	27	18	42	50	47	28	11	49.0	42.9
6	0	win	95	91	6	10	38	32	46	22	16	42.4	46.2
7	1	win	107	95	23	11	40	46	41	21	16	49.3	61.1
8	1	win	116	93	36	17	52	38	47	21	13	48.2	44.4
9	0	win	117	104	10	15	36	36	45	16	12	45.2	30.8

表 6-52 描述了圣安东尼奥马刺队的主客场胜负关系，从表中可以看出在统计的 200 场比赛中，胜利 145 场失利 55 场，其中，主场胜利 88 场失利 13 场，客场胜利 57 场失利 42 场，图 6-48 为图形描述。

表 6-52　主客场胜负

		负	胜	总计
主客场	客场	42	57	99
	主场	13	88	101
总计		55	145	200

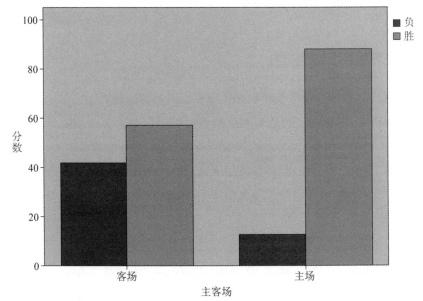

图 6-48　主客场胜负图

由表 6-53 中可以看出,圣安东尼奥马刺队的进攻能力较好,场均得分已经超过 100 分,且标准差在 11.5 分左右,说明马刺队的进攻比较稳定;同时从数据中可以看出马刺队在失误这项数据上,场均失误仅为 12.92 次,且标准差为 3.32 次,这说明马刺队团队配合十分默契;还有值得关注的一项是助攻次数,马刺队场均助攻高达 22.15 次,这一数据处于美国职业篮球联赛 30 支球队的前列,说明马刺队是一支以团队篮球为主的球队。当马刺队的助攻次数大于 20 次时,胜率是相当高的,反而当助攻次数较低时,胜率较低,说明助攻次数的多少是影响球队胜率的一个重要因素;另外,马刺队的场均失分为 96.99 分,这一数据说明马刺队以防守见长。马刺队在 30 支球队中以防守顽强而著称,当马刺队的场均失分控制在 100 分以下时,胜率十分高,而当失分大于 100 分时,胜率较低。

表 6-53　数据描述统计

	平均值	标准差	最小值	最大值
得分	102.08	11.5	71	147
失分	96.99	11.12	71	128
快攻得分	14.52	7.33	2	36
快攻失分	13.94	6.26	2	32
内线得分	42.57	9.89	18	90
内线失分	40.74	7.95	16	62
篮板	42.25	5.72	27	57
助攻	22.15	4.85	11	39
失误	12.92	3.32	5	23
投篮命中率	47.10	5.60	33.3	64.6
三分命中率	38.02	11.34	0	64.3

6.3.10.3　建立决策树模型

(1)模型建立

从全部数据中选择 70% 作为训练集,剩余 30% 为测试集。将胜负作为模型的因变量,其余变量作为自变量,构建 CART 决策树。决策树模型如图 6-49 所示。

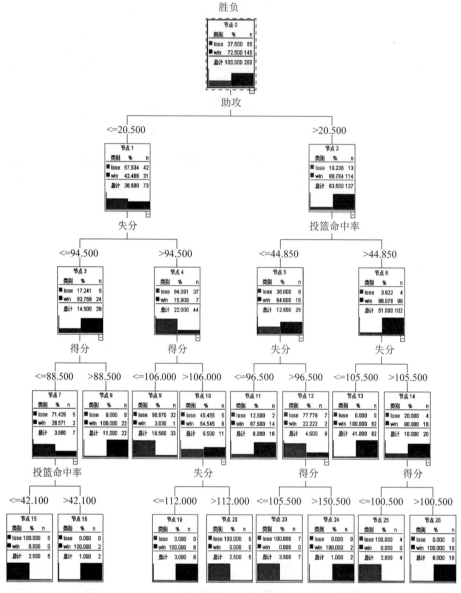

图 6-49　助攻数据

　　图 6-50、图 6-51 显示了马刺队在不同条件下的 CART 分枝树的胜负情况,胜负作为根节点,第一个分支是助攻,当助攻大于 20.5 次时,马刺队胜 114 场仅失利 13 场;当助攻大于 20.5 次时,第二个分支是投篮命中率,当投篮命中率大于 44.85％时,胜利 98 场,失利 4 场;第三个分支是失分,当失分小于 105.5 分时,马刺队全部胜利,此时该节点为最后的叶节点,都属于胜利属性决策树的结束分支。

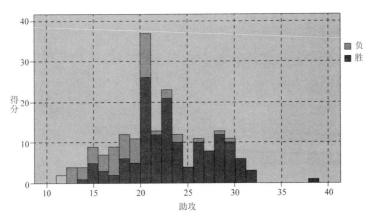

图 6-50　助攻数据

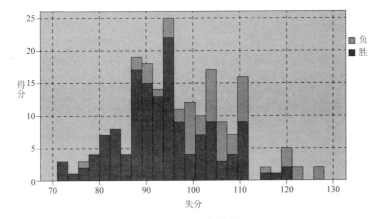

图 6-51　防守数据

（2）模型评价

表 6-54 描述了对该模型的预测评价,从表中可以看到,训练集中的 133 个样本,预测正确的为 130 个,正确率为 97.74％,预测错误的为 3 个,错误率为 2.26％;而测试集共包括样本 65 个,预测正确的为 62 个,正确率为 95.38％,预测错误的为 3 个,错误率为 4.62％,说明模型效果良好。同时,表中为输出的样本类型、预测结果和预测置信度的部分结果。从表中可以看出预测置信度较高,反映出模型效果良好。

表 6-54　预测结果

全部样本	训练集		测试集	
准确	130	97.74％	62	95.38％
错误	3	2.26％	3	4.62％

基于以上分析,可以发现影响马刺队战绩的关键因素是助攻与防守,马刺队是一支注重防守与团队的球队,当马刺队打出团队篮球并且表现出较高防守水平时,球队的胜率很高,因此若想击败马刺队,首先要加强防守,切断马刺队的传球。

6.4 回归分析

6.4.1 回归分析简介

（1）回归分析的模型形式

回归分析是根据变量间具体的相关关系形式，选择一个合适的数学模型，以近似反映变量间的平均变化关系。在回归分析中，人们所感兴趣的、待研究的变量称为因变量（或称为被解释变量、响应变量），而影响响应变量的一个或多个因素称为自变量（或称为解释变量、预测变量）。例如，在房地产评估中，评估师可能将房屋价格与建筑物的结构特征、需要缴纳的税费等影响房屋价格的因素联系起来。再如，香烟的消费量可能与吸烟者的年龄、性别、香烟价格等紧密相关。进而，用 Y 表示因变量，$X_1, X_2, \cdots, X_p$ 表示 p 个自变量，因变量与自变量之间的真实关系可用下面的函数关系表示：

$$Y = f(X_1, X_2, \cdots, X_p) + \varepsilon$$

其中，ε 为随机误差，表示变量间近似关系产生过程中的偏差。

回归分析虽然可以从数量上反映变量之间的联系形式或密切程度，但无法用于确定性地判断变量内在联系的有无，也无法单独以此来确定哪个变量为因、哪个变量为果。如果对本没有内在联系的变量进行回归分析，就可能出现"伪回归"问题。因此，在进行回归分析时一定要将定量分析与定性分析相结合，确保数据分析结果的科学性和可靠性。

（2）回归分析的分类

依据因变量与自变量的关系，回归分析可以分为线性回归分析与非线性回归分析。这里的线性与非线性不是表示 Y 与 X 之间的关系，而是指等式中的回归参数是线性还是非线性。为了分析方便，在某些情况下非线性形式也可以转换为线性形式，如对自变量进行对数化处理 $y = \log(x)$。依据自变量的个数，回归分析还可以分为一元回归分析和多元回归分析。对于前者，回归模型中只包括一个自变量；对于后者，回归模型中包含一个以上的自变量。本书重点讨论因变量为连续型变量，且变量间呈现线性关系时的线性回归分析。线性回归分析也是数据分析中最常见的形式,基于线性回归模型,可以对感兴趣的因变量进行预测研究。

(3)回归分析的步骤

回归分析的步骤一般分为以下六步:

1)问题的陈述:能够恰当地陈述研究问题是关键的,这有助于确定需要分析或研究哪些问题。其重要性体现在,若陈述模糊甚至陈述错误一个研究问题,就会导致错误选择因变量和自变量、统计分析方法或模型形式。

2)变量的选择:根据具体的问题或听取研究领域专家的意见,选择最合适的变量。变量的个数不宜过多,但也不能遗漏重要的变量。

3)设定模型形式:模型形式的设定取决于变量间的函数关系形式。对于线性关系,一般的模型设定形式为:

$$Y = \beta_0 + \beta_1 X_1 + \beta_2 X_2 + \cdots + \beta_p X_p + \varepsilon$$

对于非线性关系,模型的设定形式需要根据具体的非线性形式确定,例如对于指数关系,模型形式可设定为:

$$Y = \beta_0 + e^{\beta_1 X_1} + \varepsilon$$

需要指出的是,回归分析中对模型的随机误差项 ε 的概率分布是有严格假定的,一是误差项的期望值为 0,二是误差项的方差为常数,三是误差项之间不存在相关关系,即协方差为 0,四是自变量与误差项之间线性无关,五是随机误差项服从正态分布。对于随机误差项的检验以及不满足假设条件情形下的处理方法,本书不再赘述,感兴趣的读者可以参阅计量经济学等教材和文献。

4)模型拟合:对于线性回归模型,最常用的拟合方法是最小二乘估计法。在某些假设下,最小二乘估计法有很多优良的统计性质。除了最小二乘估计法以外,在不同的情况下还可以采用最大似然等其他估计方法。例如,在高维数据情形下(自变量多,甚至超过样本观测个数,常见于生命科学中的基因数据),最小二乘估计法会失效。此时,主成分回归、岭回归、Lasso、Lars 等是较好的模型估计方法。

5)模型检验与评价:检验的目的是发现拟合模型是否存在缺陷。回归模型的检验主要包括理论意义检验、统计学检验和计量经济学检验。理论意义检验是指模型拟合得到的参数估计值是否与科学理论和实践工作者的经验相符。统计学检验是指对模型整体的拟合程度、参数估计和回归方程的显著性检验。计量经济学检验是指对模型残差的四个假设条件进行检验,它们是线性、误差项相互独立、误差项呈正态分布、同方差性。

6)预测:若回归模型通过了各种检验,就可以利用拟合模型进行预测。但是需要指出的是,回归预测是一种有条件的预测。在进行回归预测时,必须先给出自变量 X 的具体数值。当给出的自变量 X 属于样本内的数值时,基于回归模型的预测值称为内插检验或事后预测;当给出的自变量 X 属于样本之外时,基于回归模型的预测值称为外推预测或事前预测。

6.4.2 一元线性回归模型

(1)模型形式

一元线性回归模型只包含一个因变量和一个自变量。模型的形式如下:

$$Y = \beta_0 + \beta_1 X + \varepsilon$$

其中,β_0 和 β_1 分别表示模型的截距项和模型的回归系数,ε 表示随机误差项。

(2)模型估计

一元线性回归模型中的回归系数通常采用最小二乘估计法进行估计。最小二乘估计法的思想是,使 Y 的估计值从整体上尽可能地接近其实际观测值。也就是说,让模型残差 e_i 的总和越小越好。又由于模型的残差有正有负,简单的代数和会相互抵消。因而通常采用残差平方和测度总偏差。设:

$$Q = \sum_{i=1}^{n} e_i^2 = \sum_{i=1}^{n} (Y - \hat{\beta}_0 - \hat{\beta}_1 X)^2$$

为使 Q 达到最小,要求 Q 对 $\hat{\beta}_0$ 和 $\hat{\beta}_1$ 的偏导数等于 0,经整理后,有:

$$\hat{\beta}_1 = \frac{n\sum XY - \sum X \sum Y}{n\sum X^2 - (\sum X)^2}$$

$$\hat{\beta}_0 = \overline{Y} - \hat{\beta}_1 \overline{X}$$

除了回归系数以外,一元线性回归模型中还需要估计总体随机误差项的方差。由于随机误差项本身是不能直接观测的,需用最小二乘估计法的残差进行估计,即:

$$S^2 = \frac{\sum e^2}{n-2}$$

S^2 又叫作回归估计的标准误差。标准误差越小,表明观测值与拟合值之间的离差越小,回归曲线具有较强的代表性。反之,表明观测值与拟合值之间的离差越大,回归曲线的代表性较差。

(3)模型检验

• 模型拟合优度

拟合优度检验是对回归模型拟合效果的检验。其中涉及的三个重要指标是:

总平方和 SST、回归平方和 SSR 和残差平方和 SSE。利用这三个指标,可以构建可决系数,这是评价回归模型拟合程度的重要指标。

$$R^2 = \frac{SSR}{SST}$$

它表示了模型的总离差中可解释部分所占的比例。可决系数越高,模型拟合效果越好;可决系数越小,模型拟合效果越差。其中,

$$SST = SSR + SSE$$

$$SST = \sum_{i=1}^{n} (Y_i - \overline{Y})^2$$

$$SSR = \sum_{i=1}^{n} (\hat{Y}_i - \overline{Y})^2$$

$$SSE = \sum_{i=1}^{n} (\hat{Y}_i - Y_i)^2$$

图 6-52 给出了它们之间的具体关系与形式。

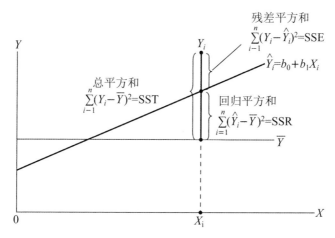

图 6-52　误差关系

• 显著性检验

一元线性回归模型的显著性检验主要是指对各回归系数的显著性检验,检验的目的是确定自变量是否对因变量有显著影响。检验的步骤主要包括以下几个方面。

①提出假设。原假设 $H_0 : \beta_1 = 0$,备择假设 $H_1 : \beta_1 \neq 0$

②确定显著性水平。显著性水平的大小根据犯第一类错误和第二类错误的损失确定,一般情况下,取显著性水平为 0.05。

③计算 t 统计量。$t_{\hat{\beta}_1} = \frac{\hat{\beta}_1}{S_{\hat{\beta}_1}}$,其中 $S_{\hat{\beta}_1}$ 为回归系数 $\hat{\beta}_1$ 的标准误差。

④确定临界值。T 检验的临界值是由显著水平和自由度决定的,可通过查表

的方式确定临界值 t_a。

⑤做出推断。若 $t_{\hat{\beta_1}}>t_a$，则拒绝原假设，认为自变量对因变量的影响是显著的；若 $t_{\hat{\beta_1}}<t_a$，则接受原假设，认为自变量对因变量的影响不显著。

（4）模型预测

依据最终确定的一元线性回归模型进行预测，预测值为：

$$\hat{Y}_i=\hat{\beta_0}+\hat{\beta_1}X_i$$

这里的回归预测是一种有条件的预测，也就是说，必须先给出自变量的具体取值。

6.4.3 多元线性回归模型

（1）模型形式

现实中，影响因变量的自变量通常不止一个，而是多个，此时只考虑一个变量是不够的。多元线性回归模型用于研究两个及两个以上自变量对一个因变量的相对变动关系。它是对一元线性回归模型的扩展，其基本原理与一元线性回归模型相似，在个别环节上相对更复杂。模型的一般形式是：

$$Y=\beta_0+\beta_1X_1+\beta_2X_2+\cdots+\beta_pX_p+\varepsilon$$

其中，$\beta_1,\beta_2\cdots\beta_p$ 称为回归参数，β_0 称为回归模型的截距项。对多元线性回归模型的一个重要假设是自变量之间不能存在较强的相关关系，否则会引起多重共线性问题。此外，也要求模型中的样本量要大于自变量个数。

（2）模型估计

多元线性回归模型的回归系数估计也采用最小二乘估计法。设：

$$Q=\sum_{i=1}^{n}e_i^2=\sum_{i=1}^{n}(Y-\hat{\beta_1}-\hat{\beta_2}X_1-\cdots-\hat{\beta_p}X_p)^2$$

为了求解方便，将回归方程写成矩阵形式：

$$Y=\hat{B}X+e$$

因此，回归模型的参数估计为：

$$\hat{B}=(X'X)^{-1}X'Y$$

模型的随机误差项的方差利用残差平方和除以其自由度进行估计，有：

$$S^2=\frac{\sum e^2}{n-k}$$

其中，k 为自变量个数，残差平方和 $\sum e_i^2$ 为：

$$\sum e_i^2=Y'Y-\hat{B}X'Y$$

(3)模型检验

● 模型拟合优度。多元线性回归模型的拟合优度仍可采用一元线性回归模型的可决系数进行计算,即:

$$R^2 = \frac{SSR}{SST}$$

但由于在多元线性回归模型中,回归模型所含的变量数目未必相同,仍以上式衡量拟合优度欠妥。因此,常用修正的可决系数 $\overline{R}^2$:

$$\overline{R}^2 = 1 - \frac{n-1}{n-k}(1-R^2)$$

● 模型显著性检验。多元线性回归模型的显著性检验主要包括两个方面:一是回归系数的显著性检验;二是回归方程的显著性检验。

回归系数显著性检验的目的是检验各个自变量是否对因变量有显著影响,对于没有显著影响的自变量可以从回归模型中剔除。其基本原理与一元线性回归模型相同,此处不再重复叙述。采用 T 统计量:

$$t_{\hat{\beta}_j} = \frac{\hat{\beta}_j}{S_{\hat{\beta}_j}} \qquad j = 1, 2, \cdots, p$$

$t_{\hat{\beta}_j}$ 的值越大,自变量对因变量的影响越显著。

回归方程的显著性检验用于检验回归模型总体函数的线性关系是否显著,实质上是判断回归平方和与残差平方和比值的大小问题。其步骤是:

①提出假设。假设总体回归方程不显著,原假设 H_0: $\beta_1 = \beta_2 = \cdots = \beta_p = 0$,备择假设 H_1: $\beta_1, \beta_2 \cdots \beta_p$ 不全为 0。

②方差分析。列出方差分析表见表 6-55。

表 6-55　方差分析表

离差平方和	平方和	自由度	方差
回归平方和	$SSR = \sum_{i=1}^{n}(\hat{Y}_i - \overline{Y})^2$	$k-1$	$SSR/(k-1)$
残差平方和	$SSE = \sum_{i=1}^{n}(\hat{Y}_i - Y_i)^2$	$n-k$	$SSE/(n-k)$
总离差平方和	$SST = \sum_{i=1}^{n}(Y_i - \overline{Y})^2$	$n-1$	

③计算 F 统计量。

$$F = \frac{SSR/(k-1)}{SSE/(n-k)}$$

其中,k 表示变量个数,n 表示观测值个数。$k-1$ 对应回归平方和的自由度,$n-k$ 对应残差平方和的自由度。F 统计量服从自由度为 $k-1$ 和 $n-k$ 的 F 分布。

④做出判断。选取显著性水平为 0.05,查找分布表确定 F 分布的临界值 F_a。若 $F>F_a$,拒绝原假设,认为总体回归函数中自变量与因变量之间的线性回归关系显著;拒绝原假设,认为总体回归函数中自变量与因变量之间的线性关系不显著,建立了的多元线性回归模型没有意义。

(4)模型预测

通过各种关系的检验得到较好的回归模型后可用于数值预测。基于回归模型的预测值为:

$$\hat{Y}_i = \hat{\beta}_0 + \hat{\beta}_1 X_{1i} + \hat{\beta}_2 X_{2i} + \cdots + \hat{\beta}_p X_{pi}$$

6.4.4　案例分析——计算机维修时间的一元线性回归分析

6.4.4.1　背景与数据分析目标

在工业生产活动中,生产元件个数与花费时间存在明显的统计关系。一家以销售和维修小型计算机为主营业务的小公司,需要研究维修时间和计算机中需要维修或更换的电子元件的个数之间的关系,进而用于未来几年需要雇佣的工程师数量、运营成本等经营活动。从所有数据中抽取了一部分维修记录作为样本。

数据分析的目标是:构建一元回归分析模型,研究维修电子元件个数与工作时间之间的关系。

6.4.4.2　数据收集、描述性分析与预处理

用于构建一元回归模型的数据集见表 6-56,其中工作时间以分钟计算。原始数据的质量较好,不需要进行相关的数据预处理工作,可直接用于构建一元回归模型。在构建一元回归模型之前,有必要先对数据进行描述性统计分析。

图 6-53 给出了工作时间和维修元件个数之间的散点图。从图中可以看出,工作时间与维修元件个数之间呈现较为明显的线性关系。此外,基于样本数据还可以计算得到工作时间的维修元件个数的平均值和方差,以及维修元件个数和工作时间的协方差和相关系数,这些数据是构建一元回归模型的基础。由计算结果可知,平均维修元件个数为 6 个,平均工作时间为 97.21 分钟,二者之间的协方差为136,相关系数为 0.996,具有较高的正相关性。

表 6-56 样本数据

观测值	工作时间 y	维修元件个数 x
1	23	1
2	29	2
3	49	3
4	64	4
5	74	4
6	87	5
7	96	6
8	97	6
9	109	7
10	119	8
11	149	9
12	145	9
13	154	10
14	166	10

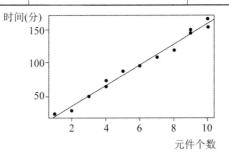

图 6-53 元件个数与时间的散点图

$$\bar{y} = \frac{\sum_{i=1}^{n=14} y_i}{n} = \frac{1361}{14} = 97.21$$

$$\bar{x} = \frac{\sum_{i=1}^{n=14} x_i}{n} = \frac{84}{14} = 6$$

$$cov(y,x) = \frac{\sum_{i=1}^{14} (y_i - \bar{y})(x_i - \bar{x})}{n-1} = \frac{1768}{13} = 136$$

$$cor(y,x) = \frac{\sum_{i=1}^{14} (y_i - \bar{y})(x_i - \bar{x})}{\sqrt{\sum_{i=1}^{14} (y_i - \bar{y})^2 \sum_{i=1}^{14} (x_i - \bar{x})^2}} = \frac{1768}{\sqrt{27768.36 \times 114}} = 0.996$$

在这里需要指出的是,尽管 $cor(y,x)$ 是度量线性关系方向和强度的有力工具,但它不能用来做预测,也就是说,在给定某些变量时,无法用 $cor(y,x)$ 预测另外某个变量的值。回归分析是对相关分析得很好的扩展,因为它建立的模型不仅可以用来度量响应变量和预测变量之间关系的方向和强度,也可以定量描述这些关系。

6.4.4.3 建立一元回归分析模型

设定一元回归分析模型为:

$$维修时间 = \beta_0 + \beta_1 \times 元件个数 + \varepsilon$$

该模型刻画了维修时间和计算机中需要维修的元件个数之间的关系。将其写成数学形式为:

$$Y = \beta_0 + \beta_1 X + \varepsilon$$

采用最小二乘估计法估计一元回归分析模型的参数。根据上表中的数据及数据描述性分析结果,可知:

$$\hat{\beta}_1 = \frac{\sum(y_i - \bar{y})(x_i - \bar{x})}{\sum(x_i - \bar{x})^2} = \frac{1768}{114} = 15.51$$

$$\hat{\beta}_0 = \bar{y} - \hat{\beta}_1 \bar{x} = 97.21 - 15.51 \times 6 = 4.15$$

于是,一元回归模型为:

$$Y = 4.15 + 15.51X + \varepsilon$$

这个模型可以解释为:常数项表示每次维修的起步时间,大致为 4 分钟;元件个数的系数表示每多修一个元件要增加的维修时间,大致为 15.51 分钟。例如,维修 4 个元件时,将 $x=4$ 代入回归方程,得到维修的时间约为 66.2 分钟。

在散点图中绘制由一元回归方程得到的拟合直线如图 6-54 所示。表 6-57 给出了基于模型的拟合值以及残差数据。

表 6-57 拟合结果

观测值	拟合值 $\hat{y}$	残差 ε
1	19.67	3.33
2	35.18	−6.18
3	50.69	−1.69
4	66.20	−2.20
5	66.20	7.80
6	81.71	5.29

续表

观测值	拟合值 $\hat{y}$	残差 ε
7	97.21	−1.21
8	97.21	−0.21
9	112.72	−3.72
10	128.23	−9.23
11	143.74	5.26
12	143.74	1.26
13	159.25	−5.25
14	159.25	6.75

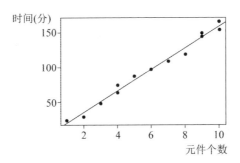

图 6-54　元件个数与时间的散点图

6.4.4.4　模型检验

得到一元回归模型后,还要对模型的拟合效果进行检验。基于前文所述,对于一元回归模型主要进行模型系数检验。X 是否具备对 Y 的预测能力,一般可以通过相关系数和散点图进行直观判断,更严谨的方式是采用统计检验中的 T 检验进行分析。表 6-58 为模型的回归系数表,主要包括:回归参数的最小二乘估计法及其标准误差,对回归参数为 0 进行的 T 检验的统计量值,及其 p 值。其中,原假设为:

$$H_0 : \beta_1 = 0$$

T 检验统计量为:

$$t = \frac{\hat{\beta}_1 - 0}{s_{\hat{\beta}_1}}$$

根据表 6-59 的检验结果可知,T 统计量检验值为 30.71,比临界值 2.18 大得多,因而拒绝原假设,认为在统计意义上,自变量元件个数对因变量维修时间有显著预测能力。基于 p 值检验也可得到相同结论,因为 p 值<0.0001,显著小于检验

水平 0.05，与 T 检验结果相同。

表 6-58　回归系数表

变量	系数(公式)	标准误差(公式)	t 检验(公式)	p 值
常数项	$\beta_0(2.15)$	s.e.$(\beta_0)(2.24)$	$t_0(2.31)$	p_0
X	$\beta_1(2.14)$	s.e.$(\beta_1)(2.25)$	$t_1(2.26)$	p_1

表 6-59　模型的回归系数表

变量	系数	标准误差	t 检验	p 值
常数项	4.162	3.355	1.24	0.2385
元件个数	15.509	0.505	30.71	<0.0001

另外，基于拟合值和残差数据，还可以计算得到模型的拟合优度。在一元回归模型中，模型拟合优度就等于 X 与 Y 的相关系数的平方，即 $R^2 = 0.996^2$。此外，也可分别计算 $SST = 27768.35$，$SSE = 348.85$，再计算：

$$R^2 = 1 - \frac{SSE}{SST} = 1 - \frac{348.85}{22768.35} = 0.985$$

拟合优度的计算结果表明，维修时间接近 99% 的变异可以由自变量元件个数解释，拟合优度越高，表明模型拟合效果越好。

6.4.5　案例分析——主管人员业绩的多元回归分析

6.4.5.1　背景与数据分析目标

诸多企业经常会对员工进行满意度调查，旨在了解员工工作中对他们的上层领导的满意程度，这有助于公司或企业及时了解员工的工作情况，并对中层领导的工作业绩进行综合评价。

本案例的数据分析目标是：采用某个大型金融机构中雇员对主管的满意度调查数据，建立多元回归线性模型，评价雇员对主管的满意度，并了解主管的整体能力。数据分析的基本流程包括：收集和获取数据，了解问卷的基本信息；对数据进行描述性分析和预处理；建立多元线性回归模型；进行模型检验与应用。

6.4.5.2　数据收集、描述性分析与预处理

（1）数据收集与说明

该项调查中有 6 个问卷项目被选作为自变量，表 6-60 给出了这 6 个项目的基

本信息。从表中可以看出,自变量主要分为两种类型,一是关于雇员和主管之间直接的人际关系(X_1,X_2,X_5),二是反映工作整体情况的变量(X_3,X_4)。而另外一个变量则用于反映雇员对公司内的晋升条件的一般评价(X_6)。

表 6-60　变量名称及其定义

变量	定义与解释
Y	主管人员工作能力整体评价
X_1	处理雇员抱怨的态度
X_2	不允许出现特权
X_3	学习新事物的机会
X_4	基于业绩的升职机会
X_5	对不良表现过分严苛
X_6	获得更好工作的速度

在调查中各个雇员对每个问卷项目的评价从非常满意到很不满意分别打 1 到 5 分,进而获得相关数据。然后将这些评价分成两类:{1,2}代表正面评价,{3,4,5}代表负面评价。在公司中随机选择 30 个部门进行调查,每个部门大约有 35 名雇员和 1 名主管。表 6-61 表示每个部门对每个问卷项目给出正面评价的雇员比例,从而获得 7 个变量的 30 个观测数据。

表 6-61　调查数据

n	Y	X_1	X_2	X_3	X_4	X_5	X_6
1	43	51	30	39	61	92	45
2	63	64	51	54	63	73	47
3	71	70	68	69	76	86	48
4	61	63	45	47	54	84	35
5	81	78	56	66	71	83	47
6	43	55	59	44	54	49	34
7	58	67	52	56	66	68	35
8	71	75	50	55	70	66	41
9	72	82	72	67	71	83	31
10	67	61	45	47	62	80	41
11	64	53	53	58	58	67	34
12	67	60	47	39	59	74	41
13	69	62	57	42	55	63	25
14	68	83	83	45	59	77	35
15	77	77	54	72	79	77	46

续表

n	Y	X_1	X_2	X_3	X_4	X_5	X_6
16	81	90	50	72	60	54	36
17	74	85	64	69	79	79	63
18	65	60	65	75	55	80	60
19	65	70	46	57	75	85	46
20	50	58	68	54	64	78	52
21	50	40	33	34	43	64	33
22	64	61	52	62	66	80	41
23	53	66	52	50	63	80	37
24	40	37	42	58	50	57	49
25	63	54	42	48	66	75	33
26	66	77	66	63	88	76	72
27	78	75	58	74	80	78	49
28	48	57	44	45	51	83	38
29	85	85	71	71	77	74	55
30	82	82	39	59	64	78	39

(2)数据描述性分析

表 6-62 给出了数据集的描述性分析。表中给出了各个变量的平均值、标准差、最小值、最大值以及缺失数据个数。从表中可以看出,各组数据均不存在缺失数据,数据集的数据质量较好,可直接用于建立回归模型。

表 6-62　数据描述性分析

变量	平均值	标准差	最小值	最大值	缺失数据个数
Y	64.63	12.17	40.00	85.00	0.00
X_1	66.60	13.31	37.00	90.00	0.00
X_2	53.80	12.07	30.00	83.00	0.00
X_3	56.37	11.74	34.00	75.00	0.00
X_4	64.63	10.40	43.00	88.00	0.00
X_5	74.77	9.89	49.00	92.00	0.00
X_6	42.93	10.29	25.00	72.00	0.00

由于需要建立多元线性回归模型,因而还需要检验各变量之间的相关系数,以判断各变量之间的统计相关关系。表 6-63 给出了各变量之间的相关性系数。从

表中可以看出,各变量之间均存在一定的相关性,但是自变量相关系数普遍不高,可以用于构建多元线性回归模型。

表 6-63 各变量之间的相关系数

	Y	X_1	X_2	X_3	X_4	X_5	X_6
Y	1.00	0.83	0.37	0.62	0.59	0.16	0.16
X_1	0.83	1.00	0.54	0.60	0.67	0.19	0.22
X_2	0.37	0.54	1.00	0.47	0.43	0.06	0.30
X_3	0.62	0.60	0.47	1.00	0.64	0.12	0.53
X_4	0.59	0.67	0.43	0.64	1.00	0.38	0.57
X_5	0.16	0.19	0.06	0.12	0.38	1.00	0.28
X_6	0.16	0.22	0.30	0.53	0.57	0.28	1.00

6.4.5.3 建立多元回归线性模型

设定回归模型为:

$$Y = \beta_0 + \beta_1 X_1 + \beta_2 X_2 + \beta_3 X_3 + \beta_4 X_4 + \beta_5 X_5 + \beta_6 X_6 + \varepsilon$$

对于多元线性回归模型,采用最小二乘估计法模型的各参数,得到模型的估计结果见表 6-64。下表中的第二列为模型参数估计,第三列为各参数估计的标准误差,第四列为参数的 T 检验结果,第五列为 P 值检验结果。这些数据的估计方法已在回归模型中讲解,此处不再赘述。

表 6-64 模型估计结果

变量	系数	标准误	t 检验	p 值
常数项	10.787	11.5890	0.93	0.3616
X_1	0.613	0.1610	3.81	0.0009
X_2	-0.073	0.1357	-0.54	0.5946
X_3	0.320	0.1685	1.90	0.0699
X_4	0.081	0.2215	0.37	0.7155
X_5	0.038	0.1470	0.26	0.7963
X_6	-0.217	0.1782	-1.22	0.2356
$n=30$	$R^2=0.73$	$R^{2a}=0.66$	$\sigma=7.068$	自由度$=23$

依据上表中的估计结果,可以写出模型的一般形式:

$$Y = 10.787 + 0.613X_1 - 0.073X_2 + 0.32X_3 + 0.081X_4$$
$$+ 0.038X_5 - 0.217X_6 + \varepsilon$$

以 X_1 为例,它的回归系数表示:当其他自变量固定不变时,X_1 每变动一个单位,Y 的改变量。概括来看,X_1、X_3、X_4 和 X_5 与 Y 呈现正向关系,而 X_2、X_6 与 Y 呈现负向关系。

6.4.5.4 模型检验与应用

本案例对拟合的多元线性回归模型进行四个方面的检验。

首先,模型拟合优度评价。从表 6-64 中可以看出,模型的拟合优度为 $R^2=0.73$,意味着对主管人员工作能力整体评价中有 73% 的变差可由这 6 个变量解释。拟合优度越接近 1,模型拟合效果越好,即模型的拟合值与观测值的离差越小。另外,前文介绍的多元线性回归模型的调整后,拟合优度 $\bar{R}^2=0.68$。

其次,回归系数的检验。对多元线性回归模型的回归系数同样采用 T 统计量进行检验,若 T 统计量的统计值大于其自由度对应的临界值,则表明自变量对因变量的预测具有显著作用,否则,没有显著作用,可以从模型中剔除。同理,也可以利用参数估计的 P 值进行判断,若 P 值小于 0.05,则认为该自变量对因变量的预测具有显著作用。从模型估计结果可以看出,X_1 和 X_3(P 值小于 0.1)在较大的显著性水平检验下,对因变量具有明显的预测作用。而其他变量没有通过显著性检验,可以从模型中剔除。

再次,回归模型的统计检验。模型的检验主要是如前文所述,利用 F 检验,检验模型的各回归系数是否与 0 有显著区别,即模型是否有效。表 6-65、表 6-66 给出了方差分析表以及本案例的检验结果。由检验结果查询临界值表可知,在案例 F 检验的临界值为 3.71,检验结果大于该临界值,因而拒绝原假设,认为模型整体是有效的。

表 6-65 方差分析表

方差来源	平方和	自由度	均分	F 检验
回归	SSR	p	$MSR=\dfrac{SSR}{p}$	$F=\dfrac{MSR}{MSE}$
残差	SSE	$n-p-1$	$MSE=\dfrac{SSE}{n-p-1}$	

表 6-66 案例的方差分析表

方差来源	平方和	自由度	均分	F 检验
回归	3147.97	6	524.661	10.5
残差	1149.00	23	49.9565	

最后,还可以对模型的残差进行检验。图 6-55、图 6-56 输出了模型的残差检验结果。图 6-55 为模型的拟合值与残差的散点图,一个优良的回归模型残差应在 0 附近上下随机波动,可以看出该模型基本符合这一标准;图 6-56 为回归模型残差的 Q—Q 图,用于检验残差是否服从正态分布,标准是残差值应基本围绕在直线附近,可以看出,该模型的大部分残差都符合这一标准。

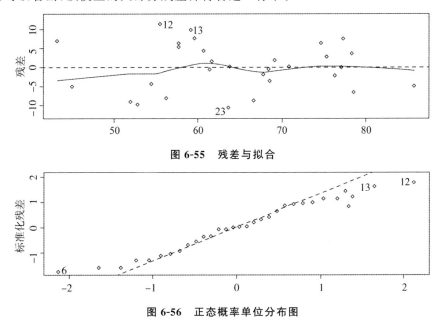

图 6-55 残差与拟合

图 6-56 正态概率单位分布图

以上检验分析说明,本案例拟合得到的多元线性回归模型效果较好,可以用于预测。

参考文献

［1］连海山. 大数据时代的航空公司财务价值管理［J］. 财会研究，2015.

［2］郭才森. 互联网时代航空公司商业模式发展趋势探讨（下）［J］. 空运商务，2016.

［3］余豪士，匡芳君. 基于 Python 的反爬虫技术分析与应用［J］. 智能计算机与应用，2018.

［4］李睿颖，柳炳祥，万义成. 一种基于 K－Means 算法的移动客户聚类分析方法［J］. 数字技术与应用，2016.